#수학기본서
#리더공부비법
#한권으로수학마스터
#학원가입소문난문제집

수학리더
기본

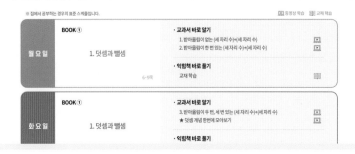

ACA 홈페이지

aca.chunjae.co.kr
⇨ 수학리더 기본 홈스쿨링

천재교육 교재 홈페이지

book.chunjae.co.kr
⇨ 수학리더 기본 홈스쿨링

Chunjae Makes Chunjae

기획총괄	박금옥
편집개발	윤경옥, 박초아, 조은영, 김연정, 임희정, 김수정, 이혜지, 최민주
디자인총괄	김희정
표지디자인	윤순미, 박민정
내지디자인	박희춘, 한유정, 이혜진
제작	황성진, 조규영

발행일	2023년 4월 1일 3판 2024년 4월 1일 2쇄
발행인	(주)천재교육
주소	서울시 금천구 가산로9길 54
신고번호	제2001-000018호
고객센터	1577-0902
교재 구입 문의	1522-5566

수학 리더 기본 6-2

BOOK 1

지피지기 **차례**

BOOK ① 구성과 특장

지피지기

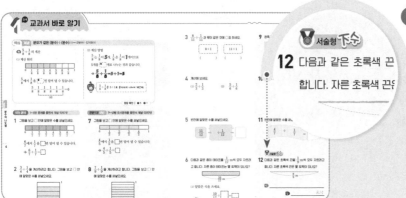

쉬운 문장제 문제를 식을 쓰거나,
단계별로 풀면서 서술형의 기본을 익혀~

교과서 바로 알기

왼쪽 확인 문제를 먼저 풀어 본 후, 개념을
상기하면서 오른쪽 한번 더! 확인 문제를
반복해서 풀어 봐!

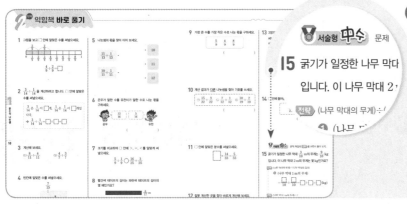

중상 수준의 문제를 단계별로 풀면서
문제 해결력을 키워!

익힘책 바로 풀기

앞에서 배운 교과서 개념과 연계된 익힘책
문제를 풀어 봐!

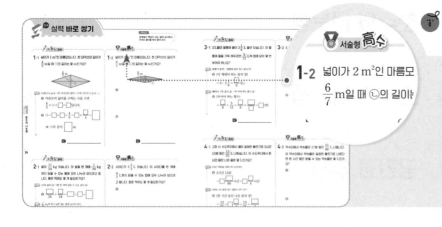

문제에 표시한 핵심 키워드를 보고 문제를 해결한 후,
직접 키워드에 표시하면서 풀어 봐~

실력 바로 쌓기

실력 문제에서 키워드를 찾아내어
단계별로 풀면서 문제 해결력을 키워 봐!

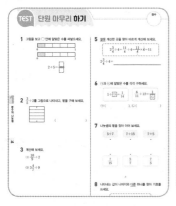

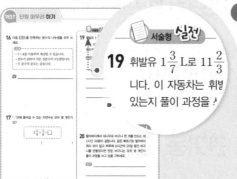

단원을 마무리하면서 실전 서술형 문제를
풀어 봐~

단원 마무리 하기

자주 출제되는 문제를 풀면서 한 단원을
마무리해 봐!

1 분수의 나눗셈

스마트폰을 이용하여 QR 코드를 찍으면
개념 학습 영상을 볼 수 있어요.

1단원 학습 계획표

✔ 이 단원의 표준 학습 일수는 **5일**입니다. 계획대로 공부한 후 확인란에 사인을 받으세요.

이 단원에서 배울 내용	쪽수	계획한 날	확인
1단계 교과서 바로 알기 ● 분모가 같은 (분수)÷(분수) ⑴ ● 분모가 같은 (분수)÷(분수) ⑵ ● 분모가 같은 (분수)÷(분수) ⑶	4~9쪽	월 일	확인했어요! ☺
2단계 익힘책 바로 풀기	10~11쪽	월 일	확인했어요! ☺
1단계 교과서 바로 알기 ● 분모가 다른 (분수)÷(분수) ● (자연수)÷(분수)	12~15쪽	월 일	확인했어요! ☺
2단계 익힘책 바로 풀기	16~17쪽		
1단계 교과서 바로 알기 ● (분수)÷(분수)를 (분수)×(분수)로 나타내기 ● (분수)÷(분수) 계산하기	18~21쪽	월 일	확인했어요! ☺
2단계 익힘책 바로 풀기	22~23쪽		
3단계 실력 바로 쌓기	24~25쪽	월 일	확인했어요! ☺
TEST 단원 마무리 하기	26~28쪽		

핵심 **개념** 분모가 같은 (분수)÷(분수)(1) → (진분수)÷(단위분수)

예 $\frac{5}{8} \div \frac{1}{8}$ 의 계산

(1) 계산 원리

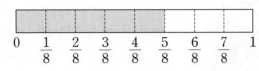

$\frac{5}{8}$ 에서 $\frac{1}{8}$ 을 ❶ 번 덜어 낼 수 있습니다.

$$\frac{5}{8} - \frac{1}{8} - \frac{1}{8} - \frac{1}{8} - \frac{1}{8} - \frac{1}{8} = 0$$

5번

(2) 계산 방법

$\frac{5}{8}$ 는 $\frac{1}{8}$ 이 **5**개, $\frac{1}{8}$ 은 $\frac{1}{8}$ 이 **1**개이므로

5개를 ❷ 개로 나누는 것과 같습니다.

→ $\frac{5}{8} \div \frac{1}{8} = 5 \div 1 = 5$

 $\frac{5}{8} \div \frac{1}{8}$ 은 5÷1로 분자끼리 나누어 계산해.

정답 확인 | ❶ 5 ❷ 1

확인 문제 1~6번 문제를 풀면서 개념 익히기!

1 그림을 보고 □ 안에 알맞은 수를 써넣으세요.

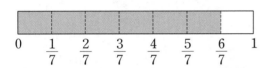

$\frac{6}{7}$ 에서 $\frac{1}{7}$ 을 □ 번 덜어 낼 수 있습니다.

→ $\frac{6}{7} \div \frac{1}{7} =$ □

2 $\frac{3}{4} \div \frac{1}{4}$ 을 계산하려고 합니다. 그림을 보고 □ 안에 알맞은 수를 써넣으세요.

$\frac{3}{4}$ 은 $\frac{1}{4}$ 이 □ 개, $\frac{1}{4}$ 은 $\frac{1}{4}$ 이 □ 개입니다.

→ $\frac{3}{4} \div \frac{1}{4} = 3 \div$ □ = □

한번 더! 확인 7~12번 유사문제를 풀면서 개념 다지기!

7 그림을 보고 □ 안에 알맞은 수를 써넣으세요.

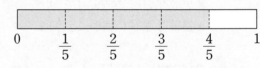

$\frac{4}{5}$ 에서 $\frac{1}{5}$ 을 □ 번 덜어 낼 수 있습니다.

→ $\frac{4}{5} \div \frac{1}{5} =$ □

8 $\frac{7}{9} \div \frac{1}{9}$ 을 계산하려고 합니다. 그림을 보고 □ 안에 알맞은 수를 써넣으세요.

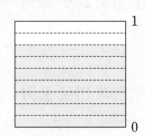

$\frac{7}{9}$ 은 $\frac{1}{9}$ 이 □ 개, $\frac{1}{9}$ 은 $\frac{1}{9}$ 이 □ 개입니다.

→ $\frac{7}{9} \div \frac{1}{9} =$ □ ÷ 1 = □

3 $\frac{8}{11} \div \frac{1}{11}$ 과 몫이 같은 것에 ○표 하세요.

(   )   (   )

9 왼쪽 나눗셈과 몫이 같은 것의 기호를 쓰세요.

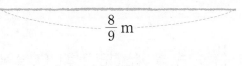

(   )

4 계산해 보세요.

(1) $\frac{2}{3} \div \frac{1}{3}$ (2) $\frac{5}{6} \div \frac{1}{6}$

10 계산해 보세요.

$$\frac{13}{15} \div \frac{1}{15}$$

(   )

5 빈칸에 알맞은 수를 써넣으세요.

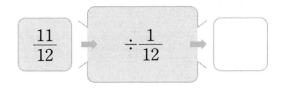

11 빈칸에 알맞은 수를 써넣으세요.

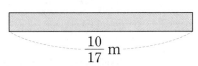

6 다음과 같은 종이 테이프를 $\frac{1}{17}$ m씩 모두 자르려고 합니다. 자른 종이 테이프는 **몇 도막**이 되나요?

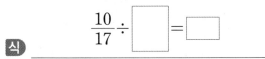
$\frac{10}{17}$ m

(1) 알맞은 식을 쓰세요.

$$\frac{10}{17} \div \boxed{} = \boxed{}$$

식 _____

(2) 자른 종이 테이프는 몇 도막이 되나요?

꼭 단위까지 따라 쓰세요.

(도막)

🏅 서술형 下수

12 다음과 같은 초록색 끈을 $\frac{1}{9}$ m씩 모두 자르려고 합니다. 자른 초록색 끈은 **몇 도막**이 되나요?

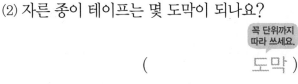
$\frac{8}{9}$ m

식 _____

답 _____ 도막

핵심 개념 분모가 같은 (분수)÷(분수) (2) → 분자끼리 나누어떨어지는 (진분수)÷(진분수)

예 $\frac{6}{7} \div \frac{2}{7}$ 의 계산

(1) 계산 원리

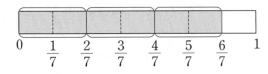

$\frac{6}{7}$에서 $\frac{2}{7}$를 ❶ 번 덜어 낼 수 있습니다.

$$\frac{6}{7} - \frac{2}{7} - \frac{2}{7} - \frac{2}{7} = 0$$
3번

(2) 계산 방법

$\frac{6}{7}$은 $\frac{1}{7}$이 **6**개, $\frac{2}{7}$는 $\frac{1}{7}$이 **2**개이므로

6개를 2개로 나누는 것과 같습니다.

$$\frac{6}{7} \div \frac{2}{7} = 6 \div 2 = ❷$$

분자끼리 **나누어떨어지면** 분자끼리 나누어 계산합니다.

정답 확인 | ❶ 3 ❷ 3

확인 문제 1~6번 문제를 풀면서 개념 익히기!

1 $\frac{8}{9} \div \frac{2}{9}$를 계산하려고 합니다. □ 안에 알맞은 수를 써넣으세요.

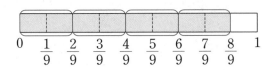

$\frac{8}{9}$에서 $\frac{2}{9}$를 □번 덜어 낼 수 있습니다.

→ $\frac{8}{9} \div \frac{2}{9} = $ □

한번 더! 확인 7~12번 유사문제를 풀면서 개념 다지기!

7 $\frac{9}{10} \div \frac{3}{10}$을 계산하려고 합니다. □ 안에 알맞은 수를 써넣으세요.

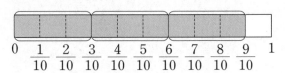

$\frac{9}{10}$에서 $\frac{3}{10}$을 □번 덜어 낼 수 있습니다.

→ $\frac{9}{10} \div \frac{3}{10} = $ □

2 $\frac{10}{11} \div \frac{5}{11}$를 계산하려고 합니다. 수직선을 보고 □ 안에 알맞은 수를 써넣으세요.

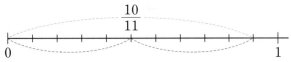

$\frac{10}{11}$은 $\frac{1}{11}$이 10개, $\frac{5}{11}$는 $\frac{1}{11}$이 □개입니다.

→ $\frac{10}{11} \div \frac{5}{11} = 10 \div $ □ = □

8 $\frac{12}{13} \div \frac{4}{13}$를 계산하려고 합니다. 수직선을 보고 □ 안에 알맞은 수를 써넣으세요.

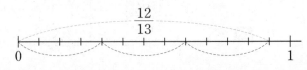

$\frac{12}{13}$는 $\frac{1}{13}$이 □개, $\frac{4}{13}$는 $\frac{1}{13}$이 4개입니다.

→ $\frac{12}{13} \div \frac{4}{13} = $ □ ÷ □ = □

3 □ 안에 알맞은 수를 써넣으세요.

$$\frac{9}{14} \div \frac{3}{14} = \boxed{} \div 3 = \boxed{}$$

9 □ 안에 알맞은 수를 써넣으세요.

$$\frac{15}{17} \div \frac{5}{17} = \boxed{} \div 5 = \boxed{}$$

4 계산해 보세요.

(1) $\dfrac{8}{9} \div \dfrac{4}{9}$

(2) $\dfrac{6}{11} \div \dfrac{3}{11}$

10 계산해 보세요.

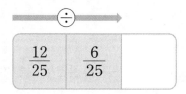

$$\frac{10}{13} \div \frac{2}{13}$$

(   )

5 빈칸에 알맞은 수를 써넣으세요.

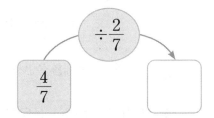

11 빈칸에 알맞은 수를 써넣으세요.

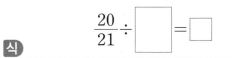

6 찰흙 $\dfrac{20}{21}$ kg을 한 명에게 $\dfrac{5}{21}$ kg씩 나누어 주려고 합니다. **몇 명**에게 나누어 줄 수 있나요?

(1) 알맞은 식을 쓰세요.

$$\frac{20}{21} \div \boxed{} = \boxed{}$$

식 _____

(2) 찰흙을 몇 명에게 나누어 줄 수 있나요?

> 꼭 단위까지 따라 쓰세요.

(명   )

12 길이가 $\dfrac{9}{16}$ m인 철사를 한 명에게 $\dfrac{3}{16}$ m씩 나누어 주려고 합니다. **몇 명**에게 나누어 줄 수 있나요?

식 _____

답 _____ 명

핵심 개념 분모가 같은 (분수)÷(분수)(3)→ 분자끼리 나누어떨어지지 않는 (진분수)÷(진분수)

예 $\frac{5}{7} \div \frac{2}{7}$ 의 계산

(1) 계산 원리

$5 \div 2$

원 5개를 2개씩 묶으면 2묶음과 $\frac{1}{2}$ 묶음이 되므로

❶ □$\frac{1}{2}$ 입니다.

$\frac{5}{7} \div \frac{2}{7}$

$\frac{5}{7}$ 를 $\frac{2}{7}$ 씩 묶으면 2묶음과 $\frac{1}{2}$ 묶음이 되므로 $2\frac{1}{2}$ 입니다.

→ $\frac{5}{7}$ 는 $\frac{1}{7}$ 이 5개, $\frac{2}{7}$ 는 $\frac{1}{7}$ 이 ❷ □ 개이므로 계산 결과가 모두 $2\frac{1}{2}$ 입니다.

(2) 계산 방법

$\frac{5}{7}$ 는 $\frac{1}{7}$ 이 **5**개, $\frac{2}{7}$ 는 $\frac{1}{7}$ 이 **2**개이므로

$\frac{5}{7} \div \frac{2}{7}$ 는 5개를 2개로 나누는 것과 같습니다.

→ $\frac{5}{7} \div \frac{2}{7} = 5 \div 2$

$= \frac{5}{2} = 2\frac{1}{2}$

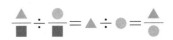

분자끼리 나누어떨어지지 않을 때에는 몫이 분수로 나와.

정답 확인 | ❶ 2   ❷ 2

확인 문제 1~6번 문제를 풀면서 개념 익히기!

1 $\frac{7}{9} \div \frac{2}{9}$ 를 계산하려고 합니다. 물음에 답하세요.

0   1

(1) $\frac{7}{9}$ 을 $\frac{2}{9}$ 씩 몇 번 묶을 수 있는지 그림에 나타내 보세요.

(2) $\frac{7}{9} \div \frac{2}{9}$ 는 얼마인가요?

(   )

2 □ 안에 알맞은 수를 써넣으세요.

$\frac{5}{8} \div \frac{3}{8} = 5 \div \boxed{} = \frac{\boxed{}}{\boxed{}} = \boxed{}$

한번 더! 확인 7~12번 유사문제를 풀면서 개념 다지기!

7 $\frac{3}{5} \div \frac{2}{5}$ 를 계산하려고 합니다. 물음에 답하세요.

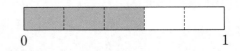

0   1

(1) $\frac{3}{5}$ 을 $\frac{2}{5}$ 씩 몇 번 묶을 수 있는지 그림에 나타내 보세요.

(2) $\frac{3}{5} \div \frac{2}{5}$ 는 얼마인가요?

(   )

8 □ 안에 알맞은 수를 써넣으세요.

$\frac{9}{10} \div \frac{7}{10} = 9 \div \boxed{} = \frac{\boxed{}}{\boxed{}} = \boxed{}$

1 분수의 나눗셈

3 보기 와 같이 계산해 보세요.

보기

$$\frac{8}{17} \div \frac{3}{17} = 8 \div 3 = \frac{8}{3} = 2\frac{2}{3}$$

$$\frac{13}{15} \div \frac{4}{15}$$ _____

9 왼쪽 **3**의 보기 와 같이 계산해 보세요.

(1) $\dfrac{7}{9} \div \dfrac{5}{9}$

(2) $\dfrac{13}{14} \div \dfrac{9}{14}$

4 큰 수를 작은 수로 나눈 몫을 빈칸에 써넣으세요.

$\dfrac{10}{13}$	$\dfrac{7}{13}$

10 큰 수를 작은 수로 나눈 몫을 구하세요.

$\dfrac{6}{7}$	$\dfrac{5}{7}$

(   )

5 계산 결과를 비교하여 ◯ 안에 >, =, <를 알맞게 써넣으세요.

$$\frac{9}{11} \div \frac{4}{11} \bigcirc \frac{9}{19} \div \frac{4}{19}$$

11 계산 결과가 더 큰 사람은 누구인가요?

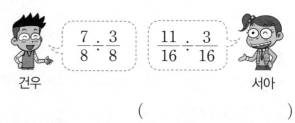

건우 $\dfrac{7}{8} \div \dfrac{3}{8}$ $\dfrac{11}{16} \div \dfrac{3}{16}$ 서아

(   )

서술형 下수

6 남준이는 주스를 $\dfrac{4}{5}$ L, 윤기는 $\dfrac{3}{5}$ L 마셨습니다. 남준이가 마신 주스 양은 윤기가 마신 주스 양의 **몇 배**인가요?

(1) 알맞은 식을 쓰세요.

식 $\dfrac{4}{5} \div \boxed{} = \boxed{}$

(2) 남준이가 마신 주스 양은 윤기가 마신 주스 양의 몇 배인가요?   꼭 단위까지 따라 쓰세요.

(배   )

12 김치 냉장고에 배추김치는 $\dfrac{24}{25}$ kg, 깍두기는 $\dfrac{7}{25}$ kg 있습니다. 김치 냉장고에 있는 배추김치의 무게는 깍두기의 무게의 **몇 배**인가요?

식 _____

답 _____ 배

1 그림을 보고 □ 안에 알맞은 수를 써넣으세요.

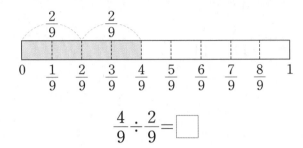

$$\frac{4}{9} \div \frac{2}{9} = \boxed{}$$

2 $\frac{3}{14} \div \frac{1}{14}$ 을 계산하려고 합니다. □ 안에 알맞은 수를 써넣으세요.

$\frac{3}{14}$ 은 $\frac{1}{14}$ 이 □개, $\frac{1}{14}$ 은 $\frac{1}{14}$ 이 □개입니다.

➡ $\frac{3}{14} \div \frac{1}{14} = \boxed{} \div \boxed{} = \boxed{}$

분수의 나눗셈

3 계산해 보세요.

(1) $\frac{8}{11} \div \frac{4}{11}$

(2) $\frac{4}{7} \div \frac{3}{7}$

4 빈칸에 알맞은 수를 써넣으세요.

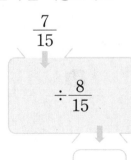

$$\frac{7}{15}$$

$$\div \frac{8}{15}$$

5 나눗셈의 몫을 찾아 이어 보세요.

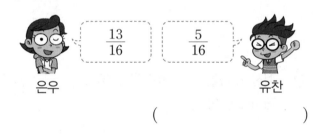

$\frac{11}{13} \div \frac{1}{13}$ •

$\frac{10}{11} \div \frac{1}{11}$ •

• 10

• 11

• 12

6 은우가 말한 수를 유찬이가 말한 수로 나눈 몫을 구하세요.

$\frac{13}{16}$ $\frac{5}{16}$

은우   유찬

(   )

7 크기를 비교하여 ○ 안에 >, =, <를 알맞게 써넣으세요.

$$\frac{5}{9} \div \frac{1}{9} \bigcirc \frac{16}{25} \div \frac{3}{25}$$

8 빨간색 테이프의 길이는 파란색 테이프의 길이의 몇 배인가요?

$\frac{6}{17}$ m

$\frac{1}{17}$ m

식 _____

답 _____

9 가장 큰 수를 가장 작은 수로 나눈 몫을 구하세요.

$$\frac{5}{9} \qquad \frac{4}{9} \qquad \frac{8}{9}$$

(   )

10 계산 결과가 다른 나눗셈을 찾아 기호를 쓰세요.

$$\text{㉠}\ \frac{15}{22} \div \frac{3}{22} \qquad \text{㉡}\ \frac{7}{12} \div \frac{1}{12} \qquad \text{㉢}\ \frac{10}{19} \div \frac{2}{19}$$

(   )

11 ☐ 안에 알맞은 분수를 써넣으세요.

$$\boxed{} \times \frac{14}{33} = \frac{5}{33}$$

12 잘못 계산한 곳을 찾아 바르게 계산해 보세요.

$$\frac{14}{27} \div \frac{2}{27} = \frac{14 \div 2}{27} = \frac{7}{27}$$

$\dfrac{14}{27} \div \dfrac{2}{27}$ _____

13 3장의 수 카드 중 2장을 골라 ☐ 안에 한 번씩만 써넣어 몫이 가장 큰 나눗셈을 만들고 계산해 보세요.

$$\boxed{3},\ \boxed{7},\ \boxed{11} \ \rightarrow\ \frac{\boxed{}}{23} \div \frac{\boxed{}}{23}$$

(   )

14 ☐ 안에 들어갈 수 있는 자연수는 모두 몇 개인가요?

$$\frac{10}{21} \div \frac{2}{21} > \boxed{}$$

(   )

서술형 中수   문제 해결의 전략 을 보면서 풀어 보자.

15 굵기가 일정한 나무 막대 $\frac{3}{10}$ m의 무게는 $\frac{9}{10}$ kg 입니다. 이 나무 막대 2 m의 무게는 몇 kg인가요?

전략 (나무 막대의 무게)÷(나무 막대의 길이)

❶ (나무 막대 1 m의 무게)

$$= \frac{\boxed{}}{10} \div \frac{\boxed{}}{10} = \boxed{} \div \boxed{} = \boxed{} \ (\text{kg})$$

전략 (나무 막대 1 m의 무게)×2

❷ (나무 막대 2 m의 무게)

$$= \boxed{} \times 2 = \boxed{} \ (\text{kg})$$

답 _____

핵심 **개념** 분모가 다른 (분수)÷(분수)

1. 분자끼리 나누어떨어지는 (분수)÷(분수)

(예) $\frac{3}{5} \div \frac{3}{10}$의 계산

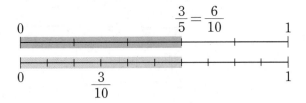

$\frac{3}{5}$은 $\frac{6}{10}$과 같습니다. $\frac{6}{10}$은 $\frac{3}{10}$의 ❶☐배이므로 $\frac{3}{5}$은 $\frac{3}{10}$의 2배입니다.

→ $\frac{3}{5} \div \frac{3}{10} = \frac{6}{10} \div \frac{3}{10} = 6 \div 3 = 2$

2. 분자끼리 나누어떨어지지 않는 (분수)÷(분수)

(예) $\frac{3}{4} \div \frac{2}{7}$의 계산

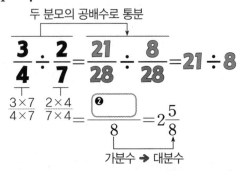

두 분모의 공배수로 통분

$$\frac{3}{4} \div \frac{2}{7} = \frac{21}{28} \div \frac{8}{28} = 21 \div 8$$

$\frac{3 \times 7}{4 \times 7}$ $\frac{2 \times 4}{7 \times 4}$ $= \frac{❷☐}{8} = 2\frac{5}{8}$

가분수 → 대분수

두 분수를 분모가 같게 **통분**하여 분자끼리 나누어 계산합니다.

정답 확인 | ❶ 2 ❷ 21

확인 문제 1~6번 문제를 풀면서 개념 익히기!

1 그림을 보고 $\frac{5}{6} \div \frac{5}{12}$를 계산해 보세요.

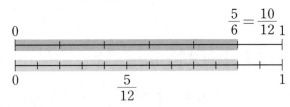

$\frac{5}{6}$는 $\frac{10}{12}$과 같고 $\frac{10}{12}$은 $\frac{5}{12}$의 ☐배입니다.

→ $\frac{5}{6} \div \frac{5}{12} = \frac{☐}{12} \div \frac{5}{12} = ☐$

2 $\frac{1}{6} \div \frac{5}{9}$가 얼마인지 알아보려고 합니다. ☐ 안에 알맞은 수를 써넣으세요.

$\frac{1}{6} = \frac{☐}{18}$, $\frac{5}{9} = \frac{☐}{18}$

→ $\frac{1}{6} \div \frac{5}{9} = \frac{☐}{18} \div \frac{☐}{18} = 3 \div ☐ = ☐$

한번 더! 확인 7~12번 유사문제를 풀면서 **개념 다지기!**

7 그림을 보고 $\frac{2}{3} \div \frac{1}{6}$을 계산해 보세요.

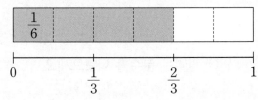

$\frac{2}{3}$는 $\frac{4}{6}$와 같고 $\frac{4}{6}$는 $\frac{1}{6}$의 ☐배이므로 $\frac{2}{3}$는 $\frac{1}{6}$의 ☐배입니다. → $\frac{2}{3} \div \frac{1}{6} = ☐$

8 $\frac{2}{7} \div \frac{1}{2}$이 얼마인지 알아보려고 합니다. ☐ 안에 알맞은 수를 써넣으세요.

$\frac{2}{7} = \frac{☐}{14}$, $\frac{1}{2} = \frac{☐}{14}$

→ $\frac{2}{7} \div \frac{1}{2} = \frac{☐}{14} \div \frac{☐}{14} = 4 \div ☐ = ☐$

1 분수의 나눗셈

3 계산해 보세요.

$$\frac{5}{9} \div \frac{2}{3}$$

9 나눗셈의 몫을 구하세요.

$$\frac{3}{4} \div \frac{3}{8}$$

(   )

4 보기 와 같이 계산해 보세요.

보기
$$\frac{2}{5} \div \frac{1}{4} = \frac{8}{20} \div \frac{5}{20} = 8 \div 5 = \frac{8}{5} = 1\frac{3}{5}$$

$$\frac{3}{8} \div \frac{1}{6}$$

10 보기 와 같이 계산해 보세요.

보기
$$\frac{1}{2} \div \frac{6}{7} = \frac{7}{14} \div \frac{12}{14} = 7 \div 12 = \frac{7}{12}$$

$$\frac{5}{12} \div \frac{7}{9}$$

5 잘못 계산한 곳을 찾아 바르게 계산해 보세요.

$$\frac{9}{10} \div \frac{9}{40} = 10 \div 40 = \frac{10}{40} = \frac{1}{4}$$

$$\frac{9}{10} \div \frac{9}{40}$$

11 잘못 계산한 곳을 찾아 바르게 계산해 보세요.

$$\frac{5}{6} \div \frac{2}{9} = 5 \div 2 = \frac{5}{2} = 2\frac{1}{2}$$

$$\frac{5}{6} \div \frac{2}{9}$$

 서술형 下수

6 식초 $\frac{12}{13}$ L를 작은 그릇 한 개에 $\frac{3}{26}$ L씩 나누어 담으려고 합니다. 작은 그릇은 **몇 개** 필요한가요?

(1) 알맞은 식을 쓰세요.

$$\frac{12}{13} \div \boxed{} = \boxed{}$$

식 _____

(2) 작은 그릇은 몇 개 필요한가요?   꼭 단위까지 따라 쓰세요.

(개   )

12 밀가루 $\frac{4}{7}$ kg을 봉지 한 개에 $\frac{4}{21}$ kg씩 나누어 담으려고 합니다. 봉지는 **몇 개** 필요한가요?

식 _____

답 _____ 개

핵심 개념 (자연수)÷(분수)

예 $6 \div \dfrac{3}{4}$ 의 계산

> 사과 6 kg을 따는 데 $\dfrac{3}{4}$ 시간이 걸렸을 때 1시간 동안 딸 수 있는 사과의 무게 구하기

(1) $\dfrac{1}{4}$ 시간 동안 딸 수 있는 사과의 무게 구하기

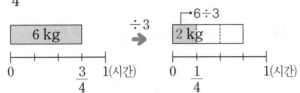

$\dfrac{1}{4}$ 시간은 $\dfrac{3}{4}$ 시간을 3으로 나눈 것과 같으므로 $\dfrac{1}{4}$ 시간 동안 딸 수 있는 사과의 무게는 6을 3으로 나눈 것과 같습니다.

➡ $6 \div \boxed{❶} = 2 \,(\text{kg})$

(2) 1시간 동안 딸 수 있는 사과의 무게 구하기

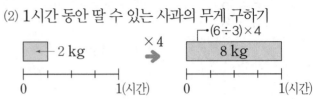

1시간은 $\dfrac{1}{4}$ 시간의 4배이므로 (1)에서 구한 2 kg 을 4배 한 것과 같습니다.

➡ $2 \times \boxed{❷} = 8 \,(\text{kg})$

따라서 1시간 동안 딸 수 있는 사과의 무게는

$$6 \div \dfrac{3}{4} = \underset{(1)}{(6 \div 3)} \times 4 = 8 \,(\text{kg}) \text{입니다.}$$

$$\bullet \div \dfrac{\blacktriangle}{\blacksquare} = (\bullet \div \blacktriangle) \times \blacksquare$$

정답 확인 | ❶ 3 ❷ 4

확인 문제 1~5번 문제를 풀면서 개념 익히기!

[1~2] 수박 $\dfrac{2}{5}$ 통의 무게가 2 kg입니다. 이 수박 1통의 무게를 구하세요.

1 □ 안에 알맞은 수를 써넣으세요.

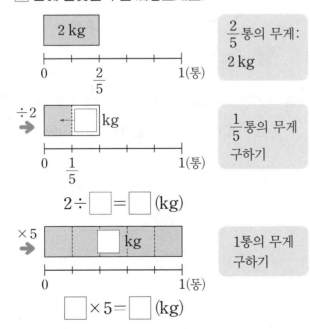

$\dfrac{2}{5}$ 통의 무게: 2 kg

$\dfrac{1}{5}$ 통의 무게 구하기

$2 \div \boxed{} = \boxed{} \,(\text{kg})$

1통의 무게 구하기

$\boxed{} \times 5 = \boxed{} \,(\text{kg})$

한번 더! 확인 6~10번 유사문제를 풀면서 개념 다지기!

[6~7] 굵기가 일정한 통나무 $\dfrac{4}{9}$ m의 무게가 8 kg입니다. 이 통나무 1 m의 무게를 구하세요.

6 □ 안에 알맞은 수를 써넣으세요.

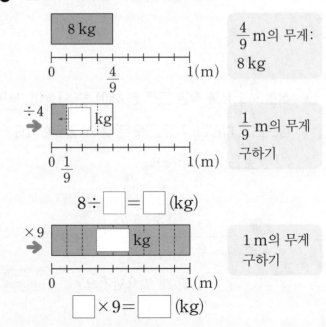

$\dfrac{4}{9}$ m의 무게: 8 kg

$\dfrac{1}{9}$ m의 무게 구하기

$8 \div \boxed{} = \boxed{} \,(\text{kg})$

1 m의 무게 구하기

$\boxed{} \times 9 = \boxed{} \,(\text{kg})$

2 앞의 **1**을 보고 □ 안에 알맞은 수를 써넣어 수박 1통의 무게를 구하세요.

$$2 \div \frac{2}{5} = (2 \div 2) \times \boxed{} = \boxed{} \text{(kg)}$$

7 앞의 **6**을 보고 □ 안에 알맞은 수를 써넣어 통나무 1 m의 무게를 구하세요.

$$8 \div \frac{4}{9} = (8 \div \boxed{}) \times \boxed{} = \boxed{} \text{(kg)}$$

3 계산해 보세요.

(1) $3 \div \frac{3}{4}$

(2) $14 \div \frac{7}{8}$

8 계산해 보세요.

(1) $10 \div \frac{5}{6}$

(2) $24 \div \frac{8}{11}$

4 잘못 계산한 사람의 이름을 쓰고, 바르게 계산한 몫을 구하세요.

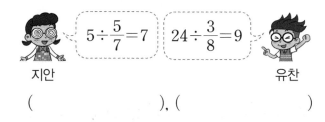

지안   유찬

(   ), (   )

9 잘못 계산한 것의 기호를 쓰고, 바르게 계산한 몫을 구하세요.

$\bigcirc$ $9 \div \frac{3}{7} = 21$ $\bigcirc$ $20 \div \frac{4}{5} = 16$

(   ), (   )

5 길이가 8 m인 끈이 있습니다. 리본 한 개를 만드는 데 끈 $\frac{2}{3}$ m가 필요하다면 이 끈으로 리본을 **몇 개** 만들 수 있나요?

(1) 알맞은 식을 쓰세요.

$$8 \div \boxed{} = \boxed{}$$

식 _____

(2) 이 끈으로 리본을 몇 개 만들 수 있나요?

꼭 단위까지 따라 쓰세요.

(개   )

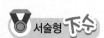
서술형 下수

10 고구마 6 kg을 바구니 한 개에 $\frac{3}{8}$ kg씩 나누어 담으려고 합니다. 바구니는 **몇 개** 필요한가요?

식 _____

답 _____ 개

1 그림을 보고 □ 안에 알맞은 수를 써넣으세요.

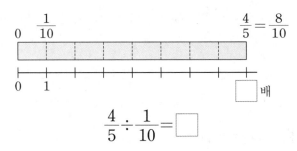

$$\frac{4}{5} \div \frac{1}{10} = \boxed{}$$

2 $\frac{7}{15} \div \frac{3}{5}$ 을 계산하려고 합니다. ㉠과 ㉡에 알맞은 수를 각각 구하세요.

$$\frac{7}{15} \div \frac{3}{5} = \frac{7}{15} \div \frac{\boxed{㉠}}{15} = 7 \div 9 = \frac{\boxed{㉡}}{9}$$

㉠ (   ), ㉡ (   )

3 보기 와 같이 계산해 보세요.

보기

$$\frac{2}{5} \div \frac{2}{3} = \frac{6}{15} \div \frac{10}{15} = 6 \div 10 = \frac{\overset{3}{\cancel{6}}}{\underset{5}{\cancel{10}}} = \frac{3}{5}$$

$$\frac{3}{7} \div \frac{3}{4}$$ _____

4 빈칸에 알맞은 수를 써넣으세요.

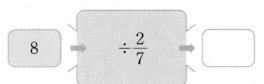

5 자연수를 분수로 나눈 몫을 빈칸에 써넣으세요.

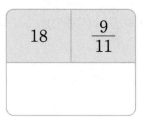

6 ㉠÷㉡의 몫을 구하세요.

$$㉠ \; \frac{2}{3} \qquad ㉡ \; \frac{8}{15}$$

(   )

7 바르게 계산한 것의 기호를 쓰세요.

$$㉠ \; 12 \div \frac{3}{5} = 20 \qquad ㉡ \; 30 \div \frac{5}{6} = 25$$

(   )

8 소윤이가 말한 수는 민재가 말한 수의 몇 배인가요?

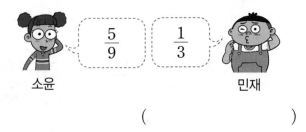

(   )

9 계산 결과를 비교하여 ○ 안에 >, =, <를 알맞게 써넣으세요.

(1) $\dfrac{16}{17} \div \dfrac{2}{17}$ ○ $\dfrac{3}{4} \div \dfrac{1}{20}$

(2) $54 \div \dfrac{6}{7}$ ○ $16 \div \dfrac{4}{15}$

10 빈칸에 알맞은 수를 써넣으세요.

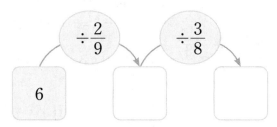

11 계산 결과가 <u>다른</u> 나눗셈을 찾아 기호를 쓰세요.

$$\text{㉠ } 8 \div \dfrac{4}{7} \qquad \text{㉡ } 9 \div \dfrac{3}{7} \qquad \text{㉢ } \dfrac{6}{7} \div \dfrac{3}{49}$$

( )

12 어느 무선 청소기의 배터리를 $\dfrac{2}{5}$만큼 충전하는 데 2시간이 걸렸습니다. 일정한 빠르기로 충전된다면 배터리를 완전히 충전하는 데 걸리는 시간은 몇 시간인가요?

식 _____

답 _____

13 □ 안에 들어갈 수 있는 가장 작은 자연수를 구하세요.

$$14 \div \dfrac{7}{10} < \boxed{}$$

( )

14 $\dfrac{8}{9}$을 어떤 수로 나누었더니 $\dfrac{3}{4}$이 되었습니다. 어떤 수를 구하세요.

( )

🏅 서술형 **中수** 문제 해결의 **전략**을 보면서 풀어 보자.

15 한 병에 $\dfrac{5}{6}$ L씩 들어 있는 사과주스 12병을 컵한 개에 $\dfrac{2}{3}$ L씩 나누어 담으려고 합니다. 컵은 몇 개 필요한가요?

전략 (한 병에 들어 있는 사과주스의 양)×(병의 수)

❶ (전체 사과주스의 양)

$$= \dfrac{5}{6} \times \boxed{} = \boxed{} \text{(L)}$$

전략 (전체 사과주스의 양)÷(컵 한 개에 담는 사과주스의 양)

❷ (필요한 컵의 수)

$$= \boxed{} \div \dfrac{2}{3} = \boxed{} \text{(개)}$$

답 _____

핵심 개념 (분수)÷(분수)를 (분수)×(분수)로 나타내기

예 $\frac{3}{4} \div \frac{2}{5}$의 계산

우유 $\frac{3}{4}$ L를 빈 통에 담아 보니 통의 $\frac{2}{5}$가 찼을 때, 한 통을 가득 채울 수 있는 우유의 양 구하기

(1) 통의 $\frac{1}{5}$을 채울 수 있는 우유의 양 구하기

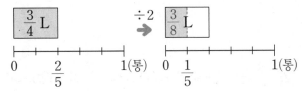

$\frac{1}{5}$통은 $\frac{2}{5}$통을 2로 나눈 것과 같으므로 $\frac{1}{5}$통을 채울 수 있는 우유의 양은 $\frac{3}{4}$을 2로 나눈 것과 같습니다. → $\frac{3}{4} \div 2 = \left(\frac{3}{4} \times \frac{1}{❶}\right)$ (L)

(2) 한 통을 가득 채울 수 있는 우유의 양 구하기

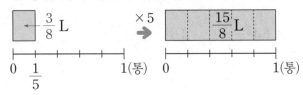

$\frac{5}{5}$통: 1통은 $\frac{1}{5}$통의 5배이므로 $\left(\frac{3}{4} \times \frac{1}{2}\right)$ L를 ❷ 배 한 것과 같습니다. → $\left(\frac{3}{4} \times \frac{1}{2} \times 5\right)$ (L)

따라서 한 통을 가득 채울 수 있는 우유의 양은

$$\frac{3}{4} \div \frac{2}{5} = \frac{3}{4} \div 2 \times 5 = \frac{3}{4} \times \left(\frac{1}{2} \times 5\right)$$

$$= \frac{3}{4} \times \frac{5}{2} = \frac{15}{8} = 1\frac{7}{8} \text{ (L)입니다.}$$

└ 나눗셈을 곱셈으로 나타내고 나누는 분수의 분모와 분자를 바꾸어 계산합니다.

$$\blacktriangle \div \blacklozenge = \blacktriangle \times \dfrac{\bullet}{\blacklozenge}$$

정답 확인 | ❶ 2 ❷ 5

확인 문제 1~5번 문제를 풀면서 개념 익히기!

[1~2] 일정한 빠르기로 $\frac{3}{8}$ km를 걸어가는 데 $\frac{2}{5}$시간이 걸립니다. 같은 빠르기로 1시간 동안 걸을 수 있는 거리를 구하세요.

1 □ 안에 알맞은 수를 써넣으세요.

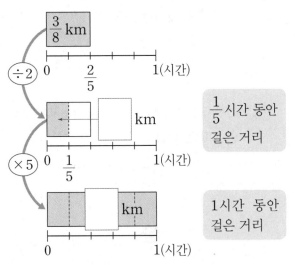

$\frac{1}{5}$시간 동안 걸은 거리

1시간 동안 걸은 거리

한번 더! 확인 6~10번 유사문제를 풀면서 개념 다지기!

[6~7] 굵기가 일정한 나무 막대 $\frac{3}{7}$ m의 무게가 $\frac{8}{9}$ kg입니다. 이 나무 막대 1 m의 무게를 구하세요.

6 □ 안에 알맞은 수를 써넣으세요.

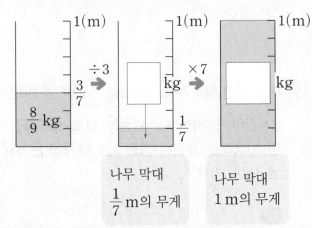

나무 막대 $\frac{1}{7}$ m의 무게

나무 막대 1 m의 무게

1 분수의 나눗셈

2 앞의 **1**을 보고 1시간 동안 걸을 수 있는 거리는 몇 km인지 곱셈식으로 나타내 구하세요.

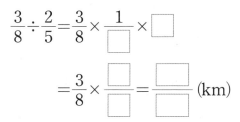

$$\frac{3}{8} \div \frac{2}{5} = \frac{3}{8} \times \frac{1}{\Box} \times \Box$$

$$= \frac{3}{8} \times \frac{\Box}{\Box} = \frac{\Box}{\Box} \text{ (km)}$$

3 분수의 나눗셈을 분수의 곱셈으로 나타내 계산해 보세요.

$$\frac{1}{2} \div \frac{2}{3} \underline{\hspace{5cm}}$$

4 넓이가 $\frac{5}{21}$ m²인 직사각형이 있습니다. 이 직사각형의 세로가 $\frac{3}{7}$ m일 때, 가로는 **몇 m**인가요?

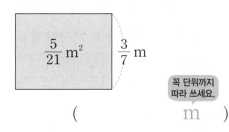

$\frac{5}{21}$ m² $\frac{3}{7}$ m

> 꼭 단위까지 따라 쓰세요.

(m   )

5 냄비의 무게는 $\frac{7}{8}$ kg이고, 주전자의 무게는 $\frac{5}{13}$ kg 입니다. 냄비의 무게는 주전자의 무게의 **몇 배**인가요?

(1) 알맞은 식을 쓰세요.

$$\frac{7}{8} \div \boxed{} = \boxed{}$$

식 _____

(2) 냄비의 무게는 주전자의 무게의 몇 배인가요?

(배   )

7 앞의 **6**을 보고 나무 막대 1 m의 무게는 몇 kg인지 곱셈식으로 나타내 구하세요.

$$\frac{8}{9} \div \frac{3}{7} = \frac{8}{9} \times \frac{1}{\Box} \times \Box = \frac{8}{9} \times \frac{\Box}{\Box}$$

$$= \frac{\Box}{\Box} = \Box \text{ (kg)}$$

8 분수의 나눗셈을 분수의 곱셈으로 나타내 계산해 보세요.

$$\frac{3}{10} \div \frac{2}{9} \underline{\hspace{5cm}}$$

9 오른쪽 평행사변형은 밑변의 길이가 $\frac{14}{15}$ m이고 넓이가 $\frac{4}{5}$ m²입니다. 이 평행사변형의 높이는 **몇 m**인가요?

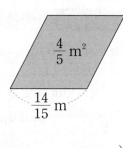

$\frac{4}{5}$ m² $\frac{14}{15}$ m

(m   )

서술형 下수

10 성준이가 일정한 빠르기로 $\frac{3}{4}$ 시간 동안 $\frac{9}{10}$ km를 걸었습니다. 성준이가 같은 빠르기로 1시간 동안 갈 수 있는 거리는 **몇 km**인가요?

식 _____

답 _____ km

1

분수의 나눗셈

19

핵심 개념 (분수)÷(분수) 계산하기

예 $\frac{5}{3} \div \frac{4}{5}$ 의 계산 —— (가분수)÷(진분수)

방법 1 통분하여 계산하기

$$\frac{5}{3} \div \frac{4}{5} = \frac{25}{15} \div \frac{12}{15} = 25 \div 12$$

$$= \frac{\boxed{❶}}{12} = 2\frac{1}{12}$$

방법 2 분수의 곱셈으로 나타내 계산하기

$$\frac{5}{3} \div \frac{4}{5} = \frac{5}{3} \times \frac{5}{4} = \frac{25}{12} = 2\frac{1}{12}$$

참고 (자연수)÷(분수)도 분수의 곱셈으로 바꾸어 계산할 수 있습니다.

예 $2 \div \frac{3}{4} = 2 \times \frac{4}{3} = \frac{8}{3} = 2\frac{2}{3}$

예 $2\frac{3}{8} \div 1\frac{1}{4}$ 의 계산 —— (대분수)÷(대분수)

방법 1 통분하여 계산하기

$$2\frac{3}{8} \div 1\frac{1}{4} = \frac{19}{8} \div \frac{5}{4} = \frac{19}{8} \div \frac{10}{8}$$

가분수로 바꾸기   통분하기

$$= 19 \div 10 = \frac{19}{10} = 1\frac{9}{10}$$

방법 2 분수의 곱셈으로 나타내 계산하기

$$2\frac{3}{8} \div 1\frac{1}{4} = \frac{19}{8} \div \frac{5}{4} = \frac{19}{\underset{2}{8}} \times \frac{\overset{1}{4}}{5}$$

$$= \frac{19}{10} = 1\frac{\boxed{❷}}{10}$$

정답 확인 | ❶ 25   ❷ 9

확인 문제 1~6번 문제를 풀면서 개념 익히기!

1 $\frac{7}{6} \div \frac{5}{11}$ 를 두 가지 방법으로 계산하려고 합니다. □ 안에 알맞은 수를 써넣으세요.

방법 1 통분하여 계산하기

$$\frac{7}{6} \div \frac{5}{11} = \frac{77}{66} \div \frac{\boxed{}}{66} = 77 \div \boxed{}$$

$$= \frac{77}{\boxed{}} = \boxed{}$$

방법 2 분수의 곱셈으로 나타내 계산하기

$$\frac{7}{6} \div \frac{5}{11} = \frac{7}{6} \times \frac{11}{\boxed{}} = \frac{77}{\boxed{}}$$

$$= \boxed{}$$

2 ㉠과 ㉡에 알맞은 수를 각각 구하세요.

$$3\frac{3}{5} \div \frac{6}{7} = \frac{18}{5} \times \frac{㉠}{6} = 4\frac{1}{㉡}$$

㉠ (   ), ㉡ (   )

한번 더! 확인 7~12번 유사문제를 풀면서 개념 다지기!

7 $1\frac{1}{6} \div 1\frac{1}{2}$ 을 두 가지 방법으로 계산하려고 합니다. □ 안에 알맞은 수를 써넣으세요.

방법 1 통분하여 계산하기

$$1\frac{1}{6} \div 1\frac{1}{2} = \frac{7}{6} \div \frac{\boxed{}}{2} = \frac{7}{6} \div \frac{\boxed{}}{6}$$

$$= 7 \div \boxed{} = \boxed{}$$

방법 2 분수의 곱셈으로 나타내 계산하기

$$1\frac{1}{6} \div 1\frac{1}{2} = \frac{7}{6} \div \frac{\boxed{}}{2} = \frac{7}{6} \times \frac{2}{\boxed{}}$$

$$= \boxed{}$$

8 ㉠과 ㉡에 알맞은 분수를 각각 구하세요.

$$1\frac{2}{3} \div 2\frac{1}{8} = \frac{5}{3} \div \frac{17}{8} = \frac{5}{3} \times ㉠ = ㉡$$

㉠ (   ), ㉡ (   )

3 계산해 보세요.

(1) $\dfrac{6}{5} \div \dfrac{7}{8}$

(2) $2\dfrac{1}{10} \div \dfrac{3}{7}$

9 계산해 보세요.

(1) $\dfrac{20}{13} \div \dfrac{1}{2}$

(2) $3\dfrac{3}{4} \div \dfrac{2}{9}$

4 가분수를 진분수로 나눈 몫을 빈칸에 써넣으세요.

$\dfrac{4}{9}$	$\dfrac{12}{5}$

10 대분수를 진분수로 나눈 몫을 구하세요.

$\dfrac{5}{8}$	$3\dfrac{1}{3}$

(   )

5 계산 결과를 비교하여 ○ 안에 >, =, <를 알맞게 써넣으세요.

$$1\dfrac{3}{4} \div \dfrac{7}{10} \bigcirc \dfrac{14}{3} \div \dfrac{2}{3}$$

11 계산 결과가 더 큰 것에 ○표 하세요.

$\dfrac{13}{6} \div \dfrac{5}{6}$	$7\dfrac{1}{2} \div \dfrac{10}{11}$

(   )   (   )

6 감자가 $\dfrac{15}{8}$ kg 있습니다. 이 감자를 하루에 $\dfrac{3}{8}$ kg씩 먹는다면 **며칠** 동안 먹을 수 있나요?

(1) 알맞은 식을 쓰세요.

식 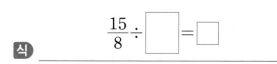　$\dfrac{15}{8} \div \boxed{} = \boxed{}$

(2) 며칠 동안 먹을 수 있나요?

꼭 단위까지 따라 쓰세요.

(일   )

 서술형 下수

12 사이다가 $3\dfrac{1}{4}$ L 있습니다. 이 사이다를 하루에 $1\dfrac{1}{12}$ L씩 마신다면 **며칠** 동안 마실 수 있나요?

식 _____

답 _____ 일

분수의 나눗셈

1 분수의 나눗셈을 계산하는 과정입니다. 잘못된 곳을 찾아 기호를 쓰세요.

$$2\frac{5}{8} \div \frac{3}{5} \underset{\textcircled{\tiny ㉠}}{=} \frac{21}{8} \div \frac{3}{5} \underset{\textcircled{\tiny ㉡}}{} \underset{\textcircled{\tiny ㉢}}{=} \frac{21}{8} \times \frac{3}{5} \underset{\textcircled{\tiny ㉣}}{}$$

(   )

2 $8 \div \frac{5}{7}$ 를 분수의 곱셈으로 나타내 계산하려고 합니다. □ 안에 알맞은 수를 써넣으세요.

$$8 \div \frac{5}{7} = 8 \times \frac{\boxed{}}{5} = \frac{\boxed{}}{5} = \boxed{}$$

3 분수의 나눗셈을 곱셈으로 나타낸 것을 찾아 이어 보세요.

$$\frac{2}{3} \div \frac{4}{5}$$ •   • $$\frac{2}{3} \times \frac{5}{4}$$

$$\frac{2}{5} \div \frac{3}{4}$$ •   • $$\frac{4}{5} \times \frac{3}{2}$$

$$\frac{4}{5} \div \frac{2}{3}$$ •   • $$\frac{2}{5} \times \frac{4}{3}$$

4 빈칸에 알맞은 수를 써넣으세요.

$$\frac{9}{14}$$ → $$\div \frac{1}{2}$$ →

5 몫이 6인 나눗셈의 기호를 쓰세요.

$$㉠\ 12 \div \frac{2}{9} \qquad ㉡\ 1\frac{7}{11} \div \frac{3}{11}$$

(   )

6 큰 수를 작은 수로 나눈 몫을 빈칸에 써넣으세요.

$2\frac{4}{7}$	$1\frac{1}{5}$

7 잘못 계산한 곳을 찾아 바르게 계산해 보세요.

$$\frac{5}{6} \div \frac{3}{4} = \frac{5}{\overset{}{\underset{2}{6}}} \times \frac{\overset{1}{3}}{4} = \frac{5}{8}$$

$$\frac{5}{6} \div \frac{3}{4}$$ _____

8 $\frac{11}{5} \div \frac{7}{8}$ 을 두 가지 방법으로 계산하려고 합니다. 계산 과정을 각각 완성해 보세요.

방법 1 통분하여 계산하기

$$\frac{11}{5} \div \frac{7}{8} = \frac{88}{40} \div \frac{35}{40}$$

_____

방법 2 분수의 곱셈으로 나타내 계산하기

$$\frac{11}{5} \div \frac{7}{8}$$

_____

_____

9 가로가 $1\frac{3}{4}$ cm이고 세로가 $2\frac{1}{3}$ cm인 직사각형입니다. 세로는 가로의 몇 배인가요?

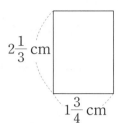

$2\frac{1}{3}$ cm

$1\frac{3}{4}$ cm

식 _____

답 _____

10 계산 결과가 1보다 큰 나눗셈을 찾아 기호를 쓰세요.

$$\textcircled{\scriptsize ㉠}\ \frac{2}{5}\div\frac{2}{7} \qquad \textcircled{\scriptsize ㉡}\ \frac{3}{8}\div\frac{5}{6} \qquad \textcircled{\scriptsize ㉢}\ \frac{4}{9}\div\frac{3}{5}$$

( )

11 전자석의 세기에 영향을 주는 요인을 알기 위해 에나멜선을 못에 감아 실험하려고 합니다. 못 한 개를 감는 데 에나멜선 $\frac{5}{32}$ m가 필요합니다. 준비한 에나멜선 $\frac{15}{16}$ m로 못을 몇 개까지 감을 수 있나요?

식 _____

답 _____

12 ㉠에 알맞은 대분수를 구하세요.

$$\textcircled{\scriptsize ㉠}\times\frac{2}{3}=\frac{9}{5}\div\frac{3}{8}$$

( )

13 수 카드 3장을 모두 사용하여 계산 결과가 가장 큰 나눗셈을 만들었을 때의 몫을 구하세요.

$\boxed{5}\ \boxed{8}\ \boxed{9}$ ➡ $\dfrac{\boxed{}}{\boxed{}}\div 1\frac{5}{6}$

( )

 서술형 中수 문제 해결의 전략을 보면서 풀어 보자.

14 윤기는 일정한 빠르기로 $\frac{4}{3}$ km를 달리는 데 $\frac{3}{5}$ 시간이 걸렸습니다. 윤기가 같은 빠르기로 $3\frac{1}{8}$ km를 달리는 데 걸리는 시간은 몇 시간인가요?

전략 (걸린 시간)÷(간 거리)

❶ (윤기가 1 km를 달리는 데 걸린 시간)

$$=\frac{3}{5}\div\frac{4}{3}=\frac{3}{5}\times\frac{\boxed{}}{\boxed{}}=\boxed{}\ (시간)$$

전략 (❶에서 구한 시간)$\times 3\frac{1}{8}$

❷ $\boxed{}\times 3\frac{1}{8}=\boxed{}\times\frac{\boxed{}}{8}=\frac{\boxed{}}{32}$

$$=\boxed{}\ (시간)$$

답 _____

분수의 나눗셈

23

키워드 문제

1-1 넓이가 $1\ m^2$인 마름모입니다. 한 대각선의 길이가 $\dfrac{4}{5}$ m일 때 ㉠의 길이는 몇 m인가요?

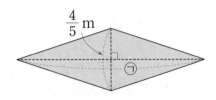

$\dfrac{4}{5}$ m

전략 (마름모의 넓이)=(한 대각선의 길이)×(다른 대각선의 길이)÷2

❶ 마름모의 넓이를 구하는 식을 쓰면

$$\dfrac{4}{5} \times ㉠ \div \boxed{} = \boxed{} \text{입니다.}$$

❷ $㉠ = \boxed{} \times \boxed{} \div \dfrac{4}{5} = \boxed{} \times \dfrac{\boxed{}}{4} = \boxed{}$

➡ ㉠의 길이: $\boxed{}$ m

답 _____

서술형 高수

1-2 넓이가 $2\ m^2$인 마름모입니다. 한 대각선의 길이가 $\dfrac{6}{7}$ m일 때 ㉡의 길이는 몇 m인가요?

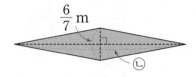

$\dfrac{6}{7}$ m

❶

❷

답 _____

키워드 문제

2-1 쌀이 $\dfrac{17}{24}$ kg 있습니다. 이 쌀을 한 개에 $\dfrac{7}{24}$ kg 까지 담을 수 있는 통에 모두 나누어 담으려고 합니다. 통은 적어도 몇 개 필요한가요?

전략 (전체 쌀의 양)÷(통 한 개에 담을 수 있는 쌀의 양)

❶ $\dfrac{\boxed{}}{24} \div \dfrac{\boxed{}}{24} = \boxed{} \div \boxed{} = \boxed{}$

전략 $\dfrac{7}{24}$ kg씩 담고 남은 쌀도 통에 담아야 한다.

❷ 쌀을 모두 나누어 담으려면 통은 적어도 $\boxed{}$ 개 필요합니다.

답 _____

서술형 高수

2-2 사이다가 $2\dfrac{2}{3}$ L 있습니다. 이 사이다를 한 개에 $\dfrac{6}{7}$ L까지 담을 수 있는 컵에 모두 나누어 담으려고 합니다. 컵은 적어도 몇 개 필요한가요?

❶

❷

답 _____

키워드 문제

3-1 3 L들이 물통에 물이 $2\frac{1}{6}$ L 들어 있습니다. 이 물통에 물을 가득 채우려면 $\frac{5}{12}$ L씩 컵에 담아 몇 번 부어야 하나요?

전략 (물통의 들이)−(물통에 들어 있는 물의 양)

❶ (더 채워야 하는 물의 양)
$$=3-2\frac{1}{6}=\frac{\square}{6}\ (L)$$

전략 ❶에서 구한 물의 양÷(한 번에 붓는 물의 양)

❷ (부어야 하는 횟수)
$$=\frac{\square}{6}\div\frac{5}{12}=\frac{\square}{6}\times\frac{\square}{\square}=\square\ (번)$$

답 _____

서술형 高수

3-2 5 L들이 통에 매실청이 $1\frac{1}{4}$ L 들어 있습니다. 이 통에 매실청을 가득 채우려면 $\frac{5}{8}$ L씩 컵에 담아 몇 번 부어야 하나요?

❶

❷

답 _____

키워드 문제

4-1 고장 난 수도꼭지에서 물이 일정한 빠르기로 3시간 15분 동안 $\frac{13}{25}$ L 나왔습니다. 이 수도꼭지에서 한 시간 동안 나온 물은 몇 L인가요?

전략 3시간 15분을 대분수로 나타내자.

❶ 3시간 15분
$$=\square\frac{\square}{60}시간=\square\frac{\square}{4}시간$$

전략 (전체 나온 물의 양)÷(물이 나온 시간)

❷ (한 시간 동안 나온 물의 양)
$$=\frac{13}{25}\div\square\frac{\square}{4}=\frac{13}{25}\div\frac{\square}{4}$$
$$=\square\ (L)$$

답 _____

서술형 高수

4-2 약수터에서 약숫물이 17분 동안 $\frac{51}{60}$ L 나옵니다. 이 약수터에서 약숫물이 일정한 빠르기로 나온다면 한 시간 동안 받을 수 있는 약숫물은 몇 L인가요?

❶

❷

답 _____

1 $\frac{5}{6} \div \frac{1}{6}$ 을 계산하려고 합니다. □ 안에 알맞은 수를 써넣으세요.

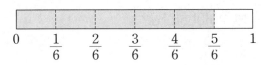

0 $\frac{1}{6}$ $\frac{2}{6}$ $\frac{3}{6}$ $\frac{4}{6}$ $\frac{5}{6}$ 1

$\frac{5}{6}$ 에서 $\frac{1}{6}$ 을 □ 번 덜어 낼 수 있습니다.

➡ $\frac{5}{6} \div \frac{1}{6} = \boxed{}$

2 □ 안에 알맞은 수를 써넣으세요.

$$\frac{7}{9} \div \frac{1}{6} = \frac{\boxed{}}{18} \div \frac{\boxed{}}{18} = \boxed{} \div \boxed{}$$

$$= \frac{\boxed{}}{\boxed{}} = \boxed{}\frac{\boxed{}}{\boxed{}}$$

3 계산해 보세요.

(1) $\frac{6}{13} \div \frac{2}{13}$

(2) $4\frac{3}{8} \div \frac{1}{4}$

4 빈칸에 알맞은 수를 써넣으세요.

$\frac{1}{7}$ ➡ $\div \frac{9}{14}$ ➡ □

5 보기 와 같이 계산해 보세요.

보기
$$9 \div \frac{3}{11} = (9 \div 3) \times 11 = 33$$

$25 \div \frac{5}{7}$ _____

6 관계있는 것끼리 이어 보세요.

$\frac{4}{5} \div \frac{3}{5}$　　$\frac{9}{16} \div \frac{3}{8}$　　$\frac{6}{7} \div \frac{4}{9}$

・　　　　・　　　　・

・　　　　・　　　　・

$9 \div 6$　　$\frac{6}{7} \times \frac{9}{4}$　　$4 \div 3$

・　　　　・　　　　・

・　　　　・　　　　・

$1\frac{1}{3}$　　$1\frac{13}{14}$　　$1\frac{1}{2}$

7 몫이 자연수인 나눗셈을 말한 사람의 이름을 쓰세요.

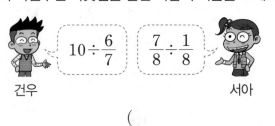

$10 \div \frac{6}{7}$　　$\frac{7}{8} \div \frac{1}{8}$

건우　　　　　　　　서아

(　　　　　　　　)

8 잘못 계산한 곳을 찾아 바르게 계산해 보세요.

$$1\frac{2}{3} \div \frac{5}{6} = 1\frac{2}{\cancel{3}_1} \times \frac{\cancel{6}^2}{5} = 1\frac{4}{5}$$

$1\frac{2}{3} \div \frac{5}{6}$ _____

9 가장 큰 수를 가장 작은 수로 나눈 몫을 구하세요.

$$\frac{9}{23} \qquad \frac{5}{23} \qquad \frac{2}{23}$$

(   )

10 계산 결과를 비교하여 ○ 안에 >, =, <를 알맞게 써넣으세요.

$$\frac{1}{2} \div \frac{5}{8} \quad \bigcirc \quad \frac{2}{9} \div \frac{10}{27}$$

11 빈칸에 알맞은 수를 써넣으세요.

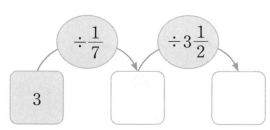

12 멜론의 무게는 $\frac{16}{5}$ kg이고 참외의 무게는 $\frac{2}{3}$ kg 입니다. 멜론의 무게는 참외의 무게의 몇 배인가요?

(   )

13 설탕 6 kg을 그릇 한 개에 $\frac{2}{5}$ kg씩 나누어 담으려고 합니다. 필요한 그릇은 몇 개인가요?

식 _____

답 _____

14 수직선을 보고 ㉡÷㉠의 몫을 구하세요.

0   ㉠   ㉡   1

(   )

15 넓이가 $\frac{8}{9}$ m²인 평행사변형이 있습니다. 이 평행사변형의 밑변의 길이가 $\frac{8}{11}$ m일 때, 높이는 몇 m 인가요?

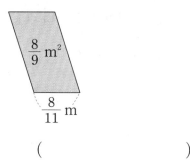

(   )

16 다음 조건 을 만족하는 분수의 나눗셈을 모두 쓰세요.

조건
• 7÷4를 이용하여 계산할 수 있습니다.
• 분모가 10보다 작은 진분수의 나눗셈입니다.
• 두 분수의 분모는 같습니다.

식 _____

17 □ 안에 들어갈 수 있는 자연수는 모두 몇 개인가요?

$$2\frac{2}{9} \div \frac{5}{6} > \square$$

( )

18 상자를 포장하는 데 전체의 $\frac{3}{4}$만큼 사용하고 남은 끈의 길이가 $\frac{2}{5}$ m입니다. 전체 끈의 길이는 몇 m 몇 cm인가요?

( )

서술형 실전

19 휘발유 $1\frac{3}{7}$ L로 $11\frac{2}{3}$ km를 가는 자동차가 있습니다. 이 자동차는 휘발유 3 L로 몇 km를 갈 수 있는지 풀이 과정을 쓰고 답을 구하세요.

풀이 _____

_____

_____

_____

답 _____

20 할아버지께서 대나무로 바구니 한 개를 만드는 데 1시간 36분이 걸립니다. 같은 빠르기로 할아버지께서 쉬지 않고 하루에 8시간씩 20일 동안 바구니를 만들었다면 만든 바구니는 모두 몇 개인지 풀이 과정을 쓰고 답을 구하세요.

풀이 _____

_____

_____

_____

답 _____

2 소수의 나눗셈

스마트폰을 이용하여 QR 코드를 찍으면 개념 학습 영상을 볼 수 있어요.

2단원 학습 계획표

✔ 이 단원의 표준 학습 일수는 **5일**입니다. 계획대로 공부한 후 확인란에 사인을 받으세요.

이 단원에서 배울 내용	쪽수	계획한 날	확인
1단계 교과서 바로 알기 ● (소수)÷(소수) 알아보기 ● (소수 한 자리 수)÷(소수 한 자리 수) ● (소수 두 자리 수)÷(소수 두 자리 수)	30~35쪽	월 일	확인했어요! ☺
2단계 익힘책 바로 풀기	36~37쪽	월 일	확인했어요! ☺
1단계 교과서 바로 알기 ● 자릿수가 다른 (소수)÷(소수) ● (자연수)÷(소수)	38~41쪽	월 일	확인했어요! ☺
2단계 익힘책 바로 풀기	42~43쪽		
1단계 교과서 바로 알기 ● 몫을 반올림하여 나타내기 ● 나누어 주고 남는 양 알아보기	44~47쪽	월 일	확인했어요! ☺
2단계 익힘책 바로 풀기	48~49쪽		
3단계 실력 바로 쌓기	50~51쪽	월 일	확인했어요! ☺
TEST 단원 마무리 하기	52~54쪽		

핵심 **개념** (소수)÷(소수) 알아보기 → 자연수의 나눗셈을 이용

1. 단위 변환을 이용하여 계산하기

> **예** 종이띠 11.5 cm를 0.5 cm씩 자르기

> ┌─ 11.5 cm를 115 mm로 바꾸기 ─┐
> $11.5 \div 0.5$ $115 \div 5$ → $115 \div 5 = 23$이므로 $11.5 \div 0.5 =$ [❶] 입니다.
> └─ 0.5 cm를 5 mm로 바꾸기 ─┘

2. 자연수의 나눗셈을 이용하여 계산하기

> **예** $18.9 \div 0.7$과 $1.89 \div 0.07$의 계산

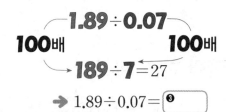

18.9 ÷ 0.7
10배   10배
→ **189 ÷ 7 = 27**
→ $18.9 \div 0.7 =$ [❷]

1.89 ÷ 0.07
100배   100배
→ **189 ÷ 7 = 27**
→ $1.89 \div 0.07 =$ [❸]

> 나누어지는 수와 나누는 수를 똑같이 **10배** 또는 **100배** 하여
> (자연수)÷(자연수)로 계산해도 (소수)÷(소수)와 **몫이 같습니다.**

정답 확인 | ❶ 23   ❷ 27   ❸ 27

확인 문제 1~6번 문제를 풀면서 개념 익히기!

1 그림에 0.2씩 선을 그어 표시하고 □ 안에 알맞은 수를 써넣으세요.

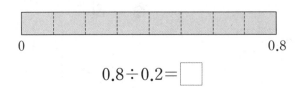

0   0.8

$0.8 \div 0.2 =$ □

2 테이프 13.6 cm를 0.4 cm씩 잘라 조각을 만들려고 합니다. □ 안에 알맞은 수를 써넣으세요.

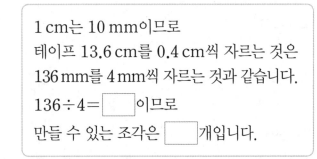

1 cm는 10 mm이므로
테이프 13.6 cm를 0.4 cm씩 자르는 것은
136 mm를 4 mm씩 자르는 것과 같습니다.
$136 \div 4 =$ □ 이므로
만들 수 있는 조각은 □ 개입니다.

한번 더! 확인 7~12번 유사문제를 풀면서 개념 다지기!

7 그림을 보고 □ 안에 알맞은 수를 써넣으세요.

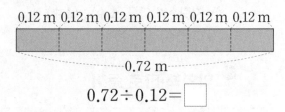

0.12 m 0.12 m 0.12 m 0.12 m 0.12 m 0.12 m
0.72 m

$0.72 \div 0.12 =$ □

8 혜민이는 끈 1.92 m를 0.08 m씩 잘라 리본을 만들려고 합니다. □ 안에 알맞은 수를 써넣으세요.

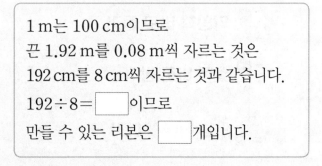

1 m는 100 cm이므로
끈 1.92 m를 0.08 m씩 자르는 것은
192 cm를 8 cm씩 자르는 것과 같습니다.
$192 \div 8 =$ □ 이므로
만들 수 있는 리본은 □ 개입니다.

3 자연수의 나눗셈을 이용하여 계산하려고 합니다. ☐ 안에 알맞은 수를 써넣으세요.

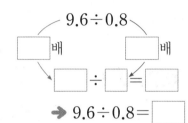

$9.6 \div 0.8 = $ ☐

➔ $9.6 \div 0.8 = $ ☐

4 $187 \div 17 = 11$을 이용하여 ☐ 안에 알맞은 수를 써넣고, 알맞은 말에 ○표 하세요.

$18.7 \div 1.7 = $ ☐

나누어지는 수와 나누는 수에 (같은 , 다른) 수를 곱하여 계산해도 몫은 같습니다.

5 $6105 \div 15 = 407$을 이용하여 소수의 나눗셈을 계산하려고 합니다. ☐ 안에 알맞은 수를 써넣으세요.

$610.5 \div 1.5 = $ ☐

$61.05 \div 0.15 = $ ☐

6 현수가 만든 나눗셈식에서 나누어지는 수와 나누는 수를 똑같이 10배 하면 $81 \div 9$가 됩니다. 현수가 만든 나눗셈식을 쓰고 계산 방법을 쓰세요.

(1) 현수가 만든 나눗셈식을 쓰세요.

 _____

(2) 계산 방법을 쓰세요.   방법을 따라 쓰세요.

방법 나누어지는 수와 나누는 수를 똑같이 ☐ 배 하여 계산하면 $81 \div 9 = 9$이므로 ☐ $\div$ ☐ $= $ ☐ 입니다.

9 자연수의 나눗셈을 이용하여 계산하려고 합니다. ☐ 안에 알맞은 수를 써넣으세요.

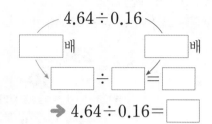

$4.64 \div 0.16 = $ ☐

➔ $4.64 \div 0.16 = $ ☐

10 ☐ 안에 알맞은 수나 말을 써넣으세요.

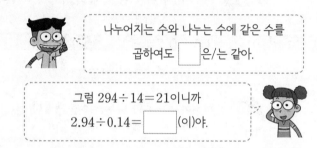

나누어지는 수와 나누는 수에 같은 수를 곱하여도 ☐ 은/는 같아.

그럼 $294 \div 14 = 21$이니까 $2.94 \div 0.14 = $ ☐ (이)야.

11 자연수의 나눗셈을 이용하여 계산하려고 합니다. ☐ 안에 알맞은 수를 써넣으세요.

$288 \div 24 = 12$

$28.8 \div 2.4 = $ ☐

$2.88 \div 0.24 = $ ☐

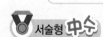

12 $14.49 \div 0.07$을 계산하기 위한 자연수의 나눗셈식을 쓰고 계산 방법을 쓰세요.

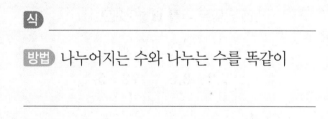

식 _____

방법 나누어지는 수와 나누는 수를 똑같이

_____

_____

핵심 **개념** (소수 한 자리 수)÷(소수 한 자리 수)

예 3.5÷0.7의 계산

방법 1 분수의 나눗셈 이용하기

$$3.5 \div 0.7 = \frac{35}{10} \div \frac{7}{10}$$

분모가 10인 분수로 고치기

$$= 35 \div 7 = \boxed{❶}$$

분자끼리 나누기

방법 2 자연수의 나눗셈 이용하기

$$3.5 \div 0.7 = 5 \quad 35 \div 7 = 5$$

10배 ⌐────⌐ 10배 ⌐────⌐

 나누어지는 수와 나누는 수를 똑같이 10배 하여 계산하면 몫은 같아.

방법 3 세로로 계산하기

$$0.7)\overline{3.5} \rightarrow 7)\overline{3\ 5}$$

소수점을 오른쪽으로
한 자리씩 옮깁니다.

$$\begin{array}{r} 5 \\ 7)\overline{3\ 5} \\ 3\ 5 \\ \hline \boxed{❷} \end{array}$$

① 나누어지는 수와 나누는 수의 소수점을 각각 **오른쪽으로 한 자리씩 옮겨서** 계산합니다.
② 몫의 소수점은 **옮긴 소수점의 위치**에 맞추어 찍습니다.

나누어지는 수와 나누는 수의 소수점을 같은 자리만큼씩 옮겨 자연수의 나눗셈으로 계산해.

정답 확인 │ ❶ 5 ❷ 0

확인 문제 1~6번 문제를 풀면서 개념 익히기!

1 □ 안에 알맞은 수를 써넣으세요.

$$4.5 \div 0.9 = \frac{45}{10} \div \frac{\boxed{}}{10}$$
$$= 45 \div \boxed{} = \boxed{}$$

2 □ 안에 알맞은 수를 써넣으세요.

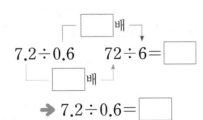

$$7.2 \div 0.6 \qquad 72 \div 6 = \boxed{}$$

➔ $7.2 \div 0.6 = \boxed{}$

한번 더! 확인 7~12번 유사문제를 풀면서 개념 다지기!

7 □ 안에 알맞은 수를 써넣으세요.

$$5.6 \div 0.8 = \frac{\boxed{}}{10} \div \frac{\boxed{}}{10}$$
$$= \boxed{} \div \boxed{} = \boxed{}$$

8 □ 안에 알맞은 수를 써넣으세요.

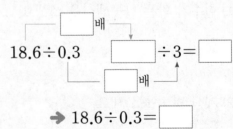

$$18.6 \div 0.3 \qquad \boxed{} \div 3 = \boxed{}$$

➔ $18.6 \div 0.3 = \boxed{}$

3 계산해 보세요.

(1)
$$0.2 \overline{)1.4}$$

(2)
$$2.3 \overline{)2 0.7}$$

9 계산해 보세요.

(1)
$$0.7 \overline{)4.2}$$

(2)
$$1.5 \overline{)1 9.5}$$

4 빈 곳에 알맞은 수를 써넣으세요.

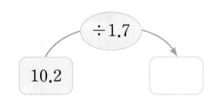

10 빈 곳에 알맞은 수를 써넣으세요.

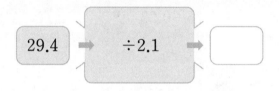

5 큰 수를 작은 수로 나눈 몫을 구하세요.

| 25.6 | 3.2 |

( )

11 큰 수를 작은 수로 나눈 몫을 구하세요.

| 38.7 | 4.3 |

( )

6 붓 한 자루의 길이는 16.8 cm이고 클립 한 개의 길이는 2.8 cm입니다. 붓 한 자루의 길이는 클립 **몇 개**의 길이와 같나요? (단, 클립의 길이는 모두 같습니다.)

(1) 알맞은 식을 쓰세요.

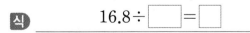

식 ____ 16.8÷☐=☐

(2) 붓 한 자루의 길이는 클립 몇 개의 길이와 같나요?

꼭 단위까지 따라 쓰세요.

(개)

12 사과 한 상자의 무게는 25.2 kg이고 수박 한 통의 무게는 8.4 kg입니다. 사과 한 상자의 무게는 수박 **몇 통**의 무게와 같나요? (단, 수박의 무게는 모두 같습니다.)

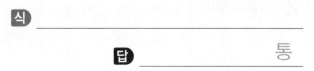

식 _____

답 _____ 통

핵심 개념 (소수 두 자리 수)÷(소수 두 자리 수)

예 2.76÷0.23의 계산

방법 1 분수의 나눗셈 이용하기

$2.76÷0.23 = \dfrac{276}{100} ÷ \dfrac{23}{100}$

분모가 100인 분수로 고치기

$= 276÷23 = 12$

분자끼리 나누기

방법 2 자연수의 나눗셈 이용하기

100배

$2.76÷0.23 = \boxed{❶}$ → $276÷23 = 12$

100배

 나누어지는 수와 나누는 수를 똑같이 100배 하여 계산하면 몫은 같아.

방법 3 세로로 계산하기

$0.23\overline{)2.76}$ → $23\overline{)276}$

소수점을 오른쪽으로 두 자리씩 옮깁니다.

$\begin{array}{r} 1\,2 \\ 23\overline{)276} \\ 2\,3 \\ \hline 4\,6 \\ \boxed{❷} \\ \hline 0 \end{array}$

① 나누어지는 수와 나누는 수의 소수점을 각각 오른쪽으로 두 자리씩 옮겨서 계산합니다.
② 몫의 소수점은 **옮긴 소수점의 위치**에 맞추어 찍습니다.

 나누어지는 수와 나누는 수의 소수점을 똑같이 옮겨서 계산해야 해.

정답 확인 │ ❶ 12 ❷ 46

확인 문제 1~6번 문제를 풀면서 개념 익히기!

1 6.48÷0.72를 계산하려고 합니다. 소수점을 바르게 옮긴 것에 ○표 하세요.

$0.72\overline{)6.48}$ $0.72\overline{)6.48}$

(   )   (   )

2 계산해 보세요.

(1) $1.21\overline{)7.26}$

(2) $2.14\overline{)38.52}$

한번 더! 확인 7~12번 유사문제를 풀면서 개념 다지기!

7 1.44÷0.18을 계산하려고 합니다. 몫이 같은 나눗셈에 ○표 하세요.

$144÷18$ $14.4÷18$

(   )   (   )

8 계산해 보세요.

(1) $0.37\overline{)3.33}$

(2) $2.05\overline{)26.65}$

3 □ 안에 알맞은 수를 써넣으세요.

(1) $7.62 \div 2.54 = 762 \div \boxed{} = \boxed{}$

(2) $2.48 \div 0.62 = \boxed{} \div 62 = \boxed{}$

9 ㉠과 ㉡에 알맞은 수를 각각 구하세요.

$$3.85 \div 0.55 = \boxed{㉠} \div 55 = \boxed{㉡}$$

㉠ (   )

㉡ (   )

4 보기 와 같이 분수의 나눗셈으로 바꾸어 계산해 보세요.

보기
$$2.56 \div 0.64 = \frac{256}{100} \div \frac{64}{100} = 256 \div 64 = 4$$

$3.75 \div 0.25$ _____

10 왼쪽 **4**의 보기 와 같이 분수의 나눗셈으로 바꾸어 계산해 보세요.

$1.92 \div 0.16$ _____

소수 두 자리 수는 분모가 100인 분수로 바꾸어 계산할 수 있어.

5 몫이 더 큰 것의 기호를 쓰세요.

㉠ $2.94 \div 0.42$
㉡ $7.62 \div 1.27$

(   )

11 몫이 더 작은 것의 기호를 쓰세요.

㉠ $1.89 \div 0.21$
㉡ $15.36 \div 2.56$

(   )

6 감자 $10.72\,kg$을 한 봉지에 $1.34\,kg$씩 나누어 담으려고 합니다. 필요한 봉지는 **몇 개**인가요?

(1) 알맞은 식을 쓰세요.

식 $10.72 \div \boxed{} = \boxed{}$

(2) 필요한 봉지는 몇 개인가요? 꼭 단위까지 따라 쓰세요.

(개   )

 서술형

12 딸기잼 $7.92\,kg$을 한 병에 $0.66\,kg$씩 나누어 담으려고 합니다. 필요한 병은 **몇 개**인가요?

식 _____

답 _____ 개

2

소수의 나눗셈

1 3.6 cm는 0.4 cm의 몇 배인지 알아보려고 합니다. □ 안에 알맞은 수를 써넣으세요.

$$3.6\ \text{cm} = 36\ \text{mm}$$
$$0.4\ \text{cm} = \boxed{}\ \text{mm}$$

→ $3.6 \div 0.4 = 36 \div \boxed{} = \boxed{}$ (배)

2 □ 안에 알맞은 수를 써넣으세요.

$$1.68 \div 0.28 = \frac{168}{100} \div \frac{\boxed{}}{100}$$
$$= \boxed{} \div \boxed{} = \boxed{}$$

3 그림을 보고 □ 안에 알맞은 수를 써넣으세요.

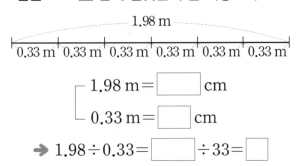

$$1.98\ \text{m} = \boxed{}\ \text{cm}$$
$$0.33\ \text{m} = \boxed{}\ \text{cm}$$

→ $1.98 \div 0.33 = \boxed{} \div 33 = \boxed{}$

4 □ 안에 알맞은 수를 써넣으세요.

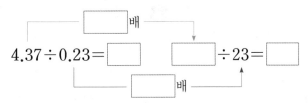

$$4.37 \div 0.23 = \boxed{} \quad \boxed{} \div 23 = \boxed{}$$

5 계산해 보세요.

(1) $21.6 \div 2.7$

(2) $17.25 \div 1.15$

6 빈 곳에 알맞은 수를 써넣으세요.

| 9.59 | ÷ | 1.37 | = | |

7 큰 수를 작은 수로 나눈 몫을 구하세요.

| 0.3 | | 7.5 |

( )

8 계산 결과를 찾아 이어 보세요.

15.36 ÷ 2.56	•		• 17
31.45 ÷ 1.85	•		• 16
			• 6

9 계산이 <u>잘못된</u> 곳을 찾아 바르게 고쳐 보세요.

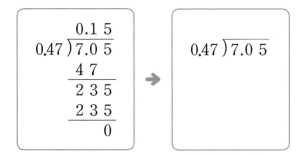

10 4.26÷1.42를 두 가지 방법으로 계산해 보세요.

방법 1 분수의 나눗셈 이용하기

방법 2 세로로 계산하기

11 계산 결과를 비교하여 ○ 안에 >, =, <를 알맞게 써넣으세요.

$$1.56÷0.26 \bigcirc 15.6÷2.6$$

12 생수 32.4 L를 통 한 개에 2.7 L씩 나누어 담으려고 합니다. 필요한 통은 몇 개인가요?

식 _____

답 _____

13 □ 안에 알맞은 수를 구하세요.

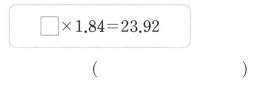

(_____)

14 □ 안에 알맞은 수를 써넣으세요.

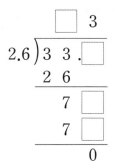

 서술형 **中수** 문제 해결의 전략 을 보면서 풀어 보자.

15 무게가 0.54 kg인 상자에 무게가 같은 구슬 몇 개를 담았더니 2.15 kg이 되었습니다. 구슬 한 개의 무게가 0.23 kg이라면 상자에 담은 구슬은 모두 몇 개인가요?

전략 (구슬을 담은 상자의 무게)-(상자의 무게)

❶ (상자에 담은 구슬의 무게)

$$=2.15-\boxed{}=\boxed{} (kg)$$

전략 (상자에 담은 구슬의 무게)÷(구슬 한 개의 무게)

❷ (상자에 담은 구슬의 수)

$$=\boxed{}÷0.23=\boxed{}(개)$$

답 _____

2

소수의 나눗셈

37

교과서 바로 알기

핵심 **개념** **자릿수가 다른 (소수)÷(소수)**

예 2.88÷2.4의 계산

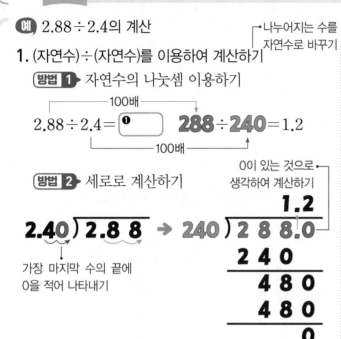

1. (자연수)÷(자연수)를 이용하여 계산하기

└→ 나누어지는 수를 자연수로 바꾸기

방법 1 자연수의 나눗셈 이용하기

┌─ 100배 ─┐

$2.88 \div 2.4 =$ ❶ $\boxed{}$ $288 \div 240 = 1.2$

└─ 100배 ─┘

방법 2 세로로 계산하기

0이 있는 것으로 생각하여 계산하기

$2.40 \overline{)2.88}$ → $240 \overline{)288.0}$

가장 마지막 수의 끝에 0을 적어 나타내기

```
        1.2
240 ) 2 8 8.0
      2 4 0
        4 8 0
        4 8 0
              0
```

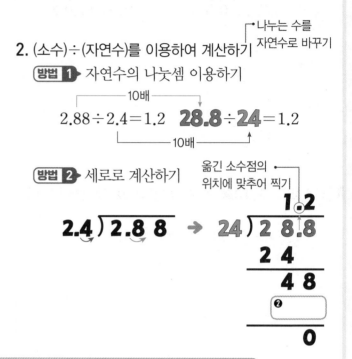

2. (소수)÷(자연수)를 이용하여 계산하기

└→ 나누는 수를 자연수로 바꾸기

방법 1 자연수의 나눗셈 이용하기

┌─ 10배 ─┐

$2.88 \div 2.4 = 1.2$ $28.8 \div 24 = 1.2$

└─ 10배 ─┘

방법 2 세로로 계산하기

옮긴 소수점의 위치에 맞추어 찍기

$2.4 \overline{)2.88}$ → $24 \overline{)28.8}$

```
       1.2
24 ) 2 8.8
     2 4
       4 8
   ❷ [    ]
           0
```

나누어지는 수 또는 나누는 수가 **자연수가 되도록**
나누어지는 수와 나누는 수를 똑같이 **10배** 또는 **100배** 하여 계산합니다.

정답 확인 | ❶ 1.2 ❷ 48

확인 문제 1~6번 문제를 풀면서 개념 익히기!

1 14.62÷4.3을 계산하려고 합니다. 소수점을 바르게 옮긴 것에 색칠해 보세요.

$4.\underset{\smile}{3} \overline{)1\,4.\underset{\smile}{6}\,2}$ $4.\underset{\smile}{3} \overline{)1\,4.6\,2}$

2 4.42÷1.7에서 나누어지는 수를 자연수로 바꾸어 계산하려고 합니다. ☐ 안에 알맞은 수를 써넣으세요.

4.42와 1.7을 똑같이 ☐배 하여 계산하면
442÷☐=☐입니다.
➡ 4.42÷1.7=☐

한번 더! 확인 7~12번 유사문제를 풀면서 개념 다지기!

7 23.36÷7.3을 계산하려고 합니다. 소수점을 바르게 옮긴 것에 색칠해 보세요.

$7.\underset{\smile}{3} \overline{)2\,3.3\,6}$ $7.\underset{\smile}{3} \overline{)2\,3.3\,6}$

8 8.14÷3.7에서 나누는 수를 자연수로 바꾸어 계산하려고 합니다. ☐ 안에 알맞은 수를 써넣으세요.

8.14와 3.7을 똑같이 ☐배 하여 계산하면
81.4÷☐=☐입니다.
➡ 8.14÷3.7=☐

3 보기 와 같이 계산해 보세요.

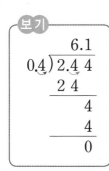

$$2.6 \overline{) 2\ 1.5\ 8}$$

4 빈 곳에 알맞은 수를 써넣으세요.

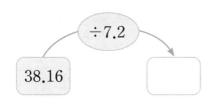

5 계산 결과를 비교하여 ○ 안에 >, =, <를 알맞게 써넣으세요.

$$8.5 \div 0.25 \ \bigcirc \ 47.2 \div 1.6$$

6 밀가루의 무게는 91.26 kg이고 찹쌀가루의 무게는 70.2 kg입니다. 밀가루의 무게는 찹쌀가루의 무게의 **몇 배**인가요?

(1) 알맞은 식을 찾아 ○표 하세요.

$91.26 \div 70.2$	$70.2 \div 91.26$
( )	( )

(2) 밀가루의 무게는 찹쌀가루의 무게의 몇 배인가요?

꼭 단위까지 따라 쓰세요.

(배)

9 계산해 보세요.

(1)
$$1.5 \overline{) 4.6\ 5}$$

(2)
$$2.4 \overline{) 4.3\ 2}$$

10 빈 곳에 알맞은 수를 써넣으세요.

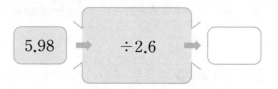

11 몫이 더 큰 것에 ○표 하세요.

$3.32 \div 0.8$	$9.52 \div 2.8$
( )	( )

서술형 下수

12 빨간색 끈의 길이는 20.16 cm이고 파란색 끈의 길이는 3.6 cm입니다. 빨간색 끈의 길이는 파란색 끈의 길이의 **몇 배**인가요?

식

답 _____ 배

2

소수의 나눗셈

39

핵심 개념 (자연수)÷(소수)→(자연수)÷(소수 한 자리 수), (자연수)÷(소수 두 자리 수)

1. (자연수)÷(소수 한 자리 수)

예 $17 \div 8.5$의 계산

방법 1 분수의 나눗셈 이용하기

$$17 \div 8.5 = \frac{170}{10} \div \frac{85}{10}$$

분모가 10인 분수로 고치기

$$= 170 \div 85 = ❶\boxed{}$$

분자끼리 나누기

방법 2 자연수의 나눗셈 이용하기

┌── 10배 ──┐
$$17 \div 8.5 = 2 \qquad 170 \div 85 = 2$$
└── 10배 ──┘

방법 3 세로로 계산하기

$$8.5)\overline{17.0} \rightarrow 85)\overline{170}$$

$$\begin{array}{r} 2 \\ 85)\overline{170} \\ \underline{170} \\ 0 \end{array}$$

소수점을 옮겨야 할 자리에 수가 없으므로 0을 1개 씁니다.

나누어지는 수와 나누는 수의 소수점을 각각 오른쪽으로 한 자리씩 옮겨 계산해.

2. (자연수)÷(소수 두 자리 수)

예 $3 \div 0.75$의 계산

방법 1 분수의 나눗셈 이용하기

$$3 \div 0.75 = \frac{300}{100} \div \frac{75}{100}$$

분모가 100인 분수로 고치기

$$= 300 \div 75 = 4$$

분자끼리 나누기

방법 2 자연수의 나눗셈 이용하기

┌── 100배 ──┐
$$3 \div 0.75 = 4 \qquad 300 \div 75 = ❷\boxed{}$$
└── 100배 ──┘

방법 3 세로로 계산하기

$$0.75)\overline{3.00} \rightarrow 75)\overline{300}$$

$$\begin{array}{r} 4 \\ 75)\overline{300} \\ \underline{300} \\ 0 \end{array}$$

소수점을 옮겨야 할 자리에 수가 없으므로 0을 2개 씁니다.

나누어지는 수와 나누는 수의 소수점을 각각 오른쪽으로 두 자리씩 옮겨 계산해.

정답 확인 | ❶ 2 ❷ 4

확인 문제 1~6번 문제를 풀면서 개념 익히기!

1 □ 안에 알맞은 수를 써넣으세요.

$$0.25)\overline{2.00} \rightarrow \boxed{})\overline{200}$$

2 □ 안에 알맞은 수를 써넣으세요.

$$4 \div 0.8 = \frac{40}{10} \div \frac{\boxed{}}{10}$$
$$= 40 \div \boxed{} = \boxed{}$$

한번 더! 확인 7~12번 유사문제를 풀면서 개념 다지기!

7 □ 안에 알맞은 수를 써넣으세요.

$$0.72)\overline{18.00} \rightarrow 72)\boxed{}$$

8 □ 안에 알맞은 수를 써넣으세요.

$$48 \div 1.92 = \frac{\boxed{}}{100} \div \frac{\boxed{}}{100}$$
$$= \boxed{} \div \boxed{} = \boxed{}$$

3 보기 와 같이 분수의 나눗셈으로 바꾸어 계산해 보세요.

보기
$$10 \div 2.5 = \frac{100}{10} \div \frac{25}{10} = 100 \div 25 = 4$$

$45 \div 1.8$

_____

9 왼쪽 **3**과 같이 분모가 100인 분수의 나눗셈으로 바꾸어 계산해 보세요.

$3 \div 0.12$

_____

4 빈 곳에 알맞은 수를 써넣으세요.

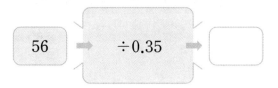

10 빈 곳에 알맞은 수를 써넣으세요.

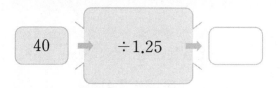

5 계산 결과를 찾아 이어 보세요.

11 선이 이어진 곳에 계산 결과를 써넣으세요.

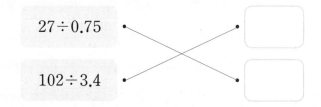

6 선물 상자 한 개를 포장하는 데 리본 끈 0.38 m가 필요합니다. 리본 끈 19 m를 사용하여 포장할 수 있는 선물 상자는 **몇 개**인가요?

(1) 알맞은 식을 쓰세요.

식 $19 \div \boxed{} = \boxed{}$

(2) 포장할 수 있는 선물 상자는 몇 개인가요?

꼭 단위까지 따라 쓰세요.

(개   )

 서술형 下수

12 방울토마토 28 kg을 한 상자에 3.5 kg씩 나누어 담으면 **몇 상자**가 되나요?

식 _____

답 _____ 상자

1 5.27÷3.1을 계산하려고 합니다. 소수점을 바르게 옮긴 것에 ◯표 하세요.

3.1)5.2 7

(   )

3.1)5.2 7

(   )

2 □ 안에 알맞은 수를 써넣으세요.

$$6.12 \div 3.4 = \boxed{}$$

➡ $612 \div \boxed{} = \boxed{}$

3 □ 안에 알맞은 수를 써넣으세요.

$$4 \div 0.25 = \frac{\boxed{}}{100} \div \frac{\boxed{}}{100}$$
$$= \boxed{} \div 25 = \boxed{}$$

4 계산해 보세요.

(1) 9.89÷2.3

(2) 21÷0.6

5 분모가 10인 분수의 나눗셈으로 바꾸어 계산해 보세요.

9.46÷4.3

_____

6 자연수를 소수로 나눈 몫을 구하세요.

57	1.5

(   )

7 계산을 바르게 한 사람의 이름을 쓰세요.

2.4÷0.25=96

현서

2.4÷0.25=9.6

은우

(   )

8 빈 곳에 알맞은 수를 써넣으세요.

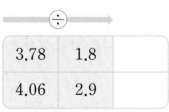

3.78	1.8	
4.06	2.9	

9 계산 결과를 비교하여 ○ 안에 >, =, <를 알맞게 써넣으세요.

$$3.84 \div 2.4 \quad \bigcirc \quad 5.18 \div 3.7$$

10 긴 나무 막대의 길이는 짧은 나무 막대의 길이의 몇 배인가요?

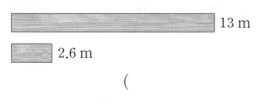

( )

11 식빵을 한 개 만드는 데 0.42 kg의 밀가루가 필요합니다. 밀가루 6.3 kg으로 식빵을 몇 개까지 만들 수 있나요?

( )

 서술형

12 계산이 잘못된 곳을 바르게 고치고, 잘못된 까닭을 쓰세요.

```
    0.5
6.6)3 3.0       →      6.6)3 3
    3 3 0
        0
```

까닭 _____

13 계산 결과가 가장 큰 것을 찾아 기호를 쓰세요.

> ㉠ 56÷3.5   ㉡ 56÷0.35
> ㉢ 5.6÷0.35   ㉣ 5.6÷3.5

( )

14 넓이가 18 cm²인 삼각형입니다. 이 삼각형의 높이가 4.5 cm일 때 밑변의 길이는 몇 cm인가요?

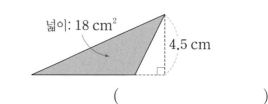

넓이: 18 cm²   4.5 cm

( )

🏅 서술형 中수 문제 해결의 전략 을 보면서 풀어 보자.

15 어떤 수를 1.6으로 나누어야 할 것을 잘못하여 1.5를 곱하였더니 132가 되었습니다. 바르게 계산한 값을 구하세요.

❶ 어떤 수를 ■라 하여 식을 쓰면 잘못 계산한 식은 ■×[   ]=132입니다.

전략 ❶에서 세운 곱셈식을 나눗셈식으로 바꾸어 ■의 값을 구하자.

❷ 어떤 수는 132÷[   ]=[   ]입니다.

전략 ❷에서 구한 어떤 수를 1.6으로 나누자.

❸ 바르게 계산한 값은
[   ]÷1.6=[   ]입니다.

답 _____

핵심 개념 **몫을 반올림하여 나타내기** → 간단한 소수로 구해지지 않을 경우 몫을 반올림하여 나타내기

예 92.2÷3의 계산

```
        3 0.7 3 3
    3 ) 9 2.2 0 0
        9
        ─────
          2 2
          2 1
        ─────
            1 0
              9
        ─────
              1 0
                9
        ─────
                1
```

몫이 나누어떨어지지 않을 때에는 구하려는 자리 바로 아래 자리까지 몫을 구해 반올림합니다.

(1) 몫을 반올림하여 일의 자리까지 나타내기

$92.2÷3=30.7 \cdots$ → **❶**
└ 7이므로 올림

(2) 몫을 반올림하여 소수 첫째 자리까지 나타내기

$92.2÷3=30.73 \cdots$ → **30.7**
└ 3이므로 버림

(3) 몫을 반올림하여 소수 둘째 자리까지 나타내기

$92.2÷3=30.733 \cdots$ → **❷**
└ 3이므로 버림

구하려는 자리 바로 아래 자리의
숫자가 0, 1, 2, 3, 4이면 버리고,
5, 6, 7, 8, 9이면 올려.

정답 확인 | **❶** 31 **❷** 30.73

확인 문제 1~5번 문제를 풀면서 개념 익히기!

1 몫을 반올림하여 소수 첫째 자리까지 나타내려고 합니다. 알맞은 말에 ○표 하세요.

> 소수 (둘째 , 셋째) 자리에서 반올림합니다.

2 몫을 반올림하여 소수 첫째 자리까지 바르게 나타낸 것에 ○표 하세요.

> $2.2÷6=0.36\cdots$ → 0.3   ( )

> $5.5÷3=1.83\cdots$ → 1.8   ( )

한번 더! 확인 6~10번 유사문제를 풀면서 개념 다지기!

6 □ 안에 알맞은 말을 써넣으세요.

> 몫을 반올림하여 소수 둘째 자리까지 나타내려면 소수 [   ] 자리에서 반올림합니다.

7 몫을 반올림하여 소수 첫째 자리까지 바르게 나타낸 것에 ○표 하세요.

> $2.6÷0.9=2.88\cdots$ → 2.9   ( )

> $5÷7=0.71\cdots$ → 0.8   ( )

2 소수의 나눗셈

3 몫을 반올림하여 소수 둘째 자리까지 나타내 보세요.

$$11\overline{)6}$$

몫 _____

4 몫을 반올림하여 일의 자리까지 나타내 보세요.

$$5.9 \div 0.8$$

(   )

5 메뚜기의 현재 몸길이는 처음 몸길이의 **몇 배**가 되었는지 반올림하여 소수 둘째 자리까지 나타내 보세요.

처음 몸길이   현재 몸길이

(1) ☐ 안에 알맞은 숫자를 써넣으세요.

$$4.8 \div 1.3 = 3.\boxed{\ }\boxed{\ }\boxed{\ }\cdots$$

(2) 메뚜기의 현재 몸길이는 처음 몸길이의 몇 배가 되었는지 반올림하여 소수 둘째 자리까지 나타내 보세요.

꼭 단위까지 따라 쓰세요.

(배   )

8 몫을 반올림하여 소수 둘째 자리까지 나타내 보세요.

$$1.5\overline{)7.3}$$

몫 _____

9 몫을 반올림하여 소수 첫째 자리까지 나타내 보세요.

$$83 \div 6.7$$

(   )

 서술형 下수

10 오른쪽은 윤서가 키운 나팔꽃입니다. 줄기의 길이는 잎의 길이의 **몇 배**인지 반올림하여 소수 셋째 자리까지 나타내 보세요.

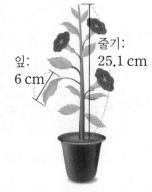

잎: 6 cm   줄기: 25.1 cm

식 _____

답 _____ 배

2

소수의 나눗셈

핵심 개념 나누어 주고 남는 양 알아보기

예 끈 6.2 m를 한 사람에게 2 m씩 나누어 줄 때 나누어 줄 수 있는 사람 수, 남는 끈의 길이 알아보기

방법 1 뺄셈으로 구하기

$$6.2-2-2-2=0.2$$

3번 → 남는 끈의 길이

6.2에서 2를 **3번** 빼면 **0.2**가 남습니다.

➡ 나누어 줄 수 있는 사람 수: **3명**

➡ 남는 끈의 길이: ❶ ▢ m

방법 2 세로로 계산하기

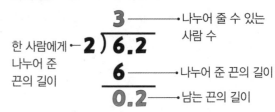

한 사람에게 나누어 준 끈의 길이 → 2)6.2
3 → 나누어 줄 수 있는 사람 수
6 → 나누어 준 끈의 길이
0.2 → 남는 끈의 길이

$2×3=6$, $6+0.2=$ ❷ ▢ 이므로 계산 결과가 맞습니다.

주의 사람 수, 병의 수, 상자 수 등은 소수로 나타낼 수 없으므로 자연수까지만 구합니다.

정답 확인 | ❶ 0.2 ❷ 6.2

---

2 소수의 나눗셈

확인 문제 1~5번 문제를 풀면서 개념 익히기!

[1~2] 간장 13.4 L를 항아리 한 개에 6 L씩 나누어 담으려고 합니다. 물음에 답하세요.

1 뺄셈식을 보고 간장을 항아리 **몇 개**에 나누어 담을 수 있고 남는 간장의 양은 **몇 L**인지 차례로 쓰세요.

$$13.4-6-6=1.4$$

꼭 단위까지 따라 쓰세요.

(개), (L)

2 세로로 계산한 것입니다. ▢ 안에 알맞은 수를 써넣으세요.

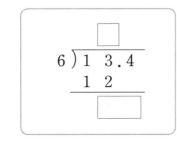

나누어 담을 수 있는 항아리 수: ▢ 개

남는 간장의 양: ▢ L

한번 더! 확인 6~10번 유사문제를 풀면서 개념 다지기!

[6~7] 모래 14.4 kg을 한 상자에 4.5 kg씩 나누어 담으려고 합니다. 물음에 답하세요.

6 뺄셈식을 보고 모래를 **몇 상자**에 나누어 담을 수 있고 남는 모래의 양은 **몇 kg**인지 차례로 쓰세요.

$$14.4-4.5-4.5-4.5=0.9$$

(상자), (kg)

7 세로로 계산한 것입니다. ▢ 안에 알맞은 수를 써넣으세요.

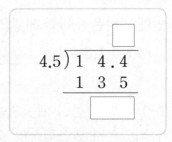

나누어 담을 수 있는 상자 수: ▢ 상자

남는 모래의 양: ▢ kg

3 찰흙 10.4 kg을 한 사람에게 2 kg씩 나누어 주면 몇 명에게 나누어 줄 수 있고 남는 찰흙의 양은 몇 kg인지 구하기 위해 세로로 계산했습니다. ☐ 안에 알맞은 말을 보기 에서 골라 써넣으세요.

보기
> 나누어 주고 남는 양
> 한 사람에게 나누어 주는 양
> 나누어 줄 수 있는 사람 수
> 나누어 준 양

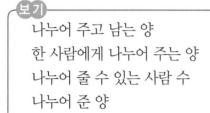

8 물 14.1 L를 한 사람에게 3.2 L씩 나누어 주면 몇 명에게 나누어 줄 수 있고 남는 물의 양은 몇 L인지 구하기 위해 세로로 계산했습니다. ☐ 안에 알맞은 기호를 보기 에서 골라 써넣으세요.

보기
> ㉠ 나누어 주고 남는 양
> ㉡ 나누어 준 양
> ㉢ 나누어 줄 수 있는 사람 수
> ㉣ 한 사람에게 나누어 주는 양

4 끈 49.1 m를 한 사람에게 2 m씩 나누어 주려고 합니다. 나누어 줄 수 있는 사람은 **몇 명**이고 남는 끈의 길이는 **몇 m**인지 차례로 쓰세요.

(　　　　명 　), (　　　　m 　)

9 물 98.6 L를 어항 한 개에 3 L씩 나누어 담으려고 합니다. 나누어 담을 수 있는 어항은 **몇 개**이고 남는 물의 양은 **몇 L**인지 차례로 쓰세요.

(　　　　개 　), (　　　　L 　)

◎ 서술형 下수

5 페인트 59.2 L를 한 사람에게 7 L씩 나누어 주려고 합니다. 나누어 줄 수 있는 사람은 **몇 명**이고, 남는 페인트의 양은 **몇 L**인지 구하세요.

(1) 나눗셈의 몫을 자연수까지 구하세요.

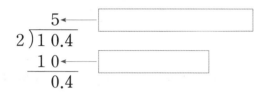

(2) 나누어 줄 수 있는 사람은 몇 명이고 남는 페인트의 양은 몇 L인지 차례로 쓰세요.

(　　　　명 　), (　　　　L 　)

10 수확한 포도 20.5 kg을 한 상자에 4 kg씩 담아 판매하려고 합니다. 포도를 **몇 상자**까지 팔 수 있고 남는 포도의 양은 **몇 kg**인지 구하세요.

풀이
20.5÷4의 몫을 자연수까지 구하면
몫은 ＿＿＿이고 남는 양은 ＿＿＿＿이므로
포도를 ＿＿＿상자까지 팔 수 있고 남는 포도의
양은 ＿＿＿＿ kg입니다.

답 ＿＿＿＿＿＿＿ 상자 , ＿＿＿＿＿＿＿ kg

[1~2] 나눗셈식을 보고 □ 안에 알맞은 수를 써넣으세요.

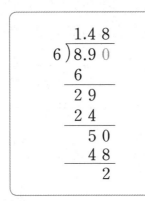

```
      1.4 8
6 ) 8.9 0
      6
      2 9
      2 4
        5 0
        4 8
          2
```

1 8.9÷6의 몫을 반올림하여 일의 자리까지 나타내면 □ 입니다.

2 8.9÷6의 몫을 반올림하여 소수 첫째 자리까지 나타내면 □ 입니다.

[3~4] 끈 51.8 m를 한 사람에게 8 m씩 나누어 줄 때 나누어 줄 수 있는 사람 수와 남는 끈의 길이를 구하려고 합니다. 물음에 답하세요.

3 뺄셈의 방법으로 구하세요.

51.8−8−8−8−8−8−8=□

나누어 줄 수 있는 사람 수 (   )

남는 끈의 길이 (   )

4 세로로 계산하는 방법으로 구하세요.

```
8 ) 5 1.8
```

나누어 줄 수 있는 사람 수 (   )

남는 끈의 길이 (   )

5 몫을 반올림하여 소수 첫째 자리까지 나타내 보세요.

```
9 ) 7.7
```

몫 _____

6 몫을 반올림하여 소수 둘째 자리까지 나타내 보세요.

67.2÷9

(   )

7 음료수 15.2 L를 한 사람에게 1.8 L씩 나누어 주려고 합니다. 나누어 줄 수 있는 사람 수와 남는 음료수의 양은 몇 L인지 차례로 쓰세요.

(   ), (   )

8 나눗셈의 몫을 자연수까지 구하여 빈 곳에 쓰고 남는 양을 ◯ 안에 써넣으세요.

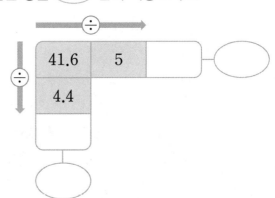

[9~10] 사과 18.8 kg을 한 봉지에 4 kg씩 나누어 담으려고 합니다. 나누어 담을 수 있는 봉지 수와 남는 사과의 양을 구하려다 다음과 같이 잘못 계산했습니다. 물음에 답하세요.

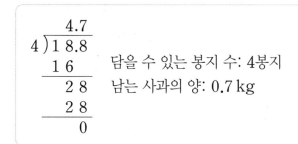

담을 수 있는 봉지 수: 4봉지
남는 사과의 양: 0.7 kg

9 위 계산에서 <u>잘못된</u> 부분을 찾아 바르게 고쳐 보세요.

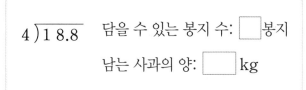

담을 수 있는 봉지 수: ☐봉지
남는 사과의 양: ☐ kg

🖍 서술형

10 위 계산이 <u>잘못된</u> 까닭을 쓰세요.

까닭

11 주스 1.5 L를 7명이 똑같이 나누어 마시려고 합니다. 한 사람이 마실 수 있는 주스의 양은 몇 L인지 반올림하여 소수 첫째 자리까지 나타내 보세요.

식

답

12 쌀 19.8 kg을 한 사람에게 3 kg씩 나누어 주려고 합니다. 나누어 줄 수 있는 사람 수와 남는 쌀의 양은 몇 kg인지 차례로 쓰세요.

( ), ( )

13 계산 결과를 비교하여 ○ 안에 >, =, <를 알맞게 써넣으세요.

4.7÷3 │ 4.7÷3의 몫을 반올림하여 소수 둘째 자리까지 나타낸 수

14 집에서 학교까지의 거리는 2.4 km, 집에서 공원까지의 거리는 1.8 km입니다. 집에서 학교까지의 거리는 집에서 공원까지의 거리의 몇 배인지 반올림하여 소수 첫째 자리까지 나타내 보세요.

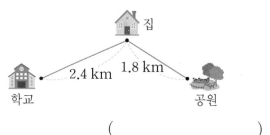

( )

🏅 서술형 **中수** 문제 해결의 전략을 보면서 풀어 보자.

15 두께가 일정한 철근 1 m 30 cm의 무게는 92.8 kg입니다. 이 철근 1 m의 무게는 몇 kg인지 반올림하여 소수 둘째 자리까지 나타내 보세요.

전략 10 cm=0.1 m임을 이용하자.

❶ 1 m 30 cm = ☐ m

전략 (철근의 무게)÷(철근의 길이)

❷ 철근 1 m의 무게를 소수 셋째 자리까지 구하면 92.8÷☐=☐ (kg)입니다.

❸ 철근 1 m의 무게를 반올림하여 소수 둘째 자리까지 나타내면 ☐ kg입니다.

답

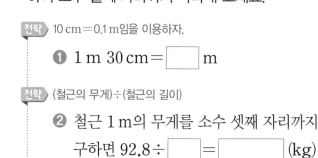

BOOK❷ 16~17쪽

2 소수의 나눗셈

✏️ 키워드 문제

1-1 끈 6.72 m를 겹치지 않게 모두 사용하여 한 변의 길이가 0.56 m인 정다각형을 만들었습니다. 만들어진 정다각형의 이름을 쓰세요.

전략 (사용한 끈의 전체 길이)÷(한 변의 길이)

❶ (변의 수)=6.72÷ ☐ = ☐ (개)

❷ 만들어진 정다각형의 이름은

☐ 입니다.

답 _____

🏅 서술형 高手

1-2 철사 1.08 m를 겹치지 않게 모두 사용하여 한 변의 길이가 0.12 m인 정다각형을 만들었습니다. 만들어진 정다각형의 이름을 쓰세요.

❶

❷

답 _____

✏️ 키워드 문제

2-1 1부터 9까지의 자연수 중에서 ● 안에 들어갈 수 있는 가장 큰 수를 구하세요.

$$25.44 \div 5.3 > ●$$

❶ 25.44÷5.3= ☐

전략 ● 안에 들어갈 수 있는 자연수는 25.44÷5.3의 몫보다 작다.

❷ ☐ > ● 이므로

● 안에 들어갈 수 있는 가장 큰 수는 ☐ 입니다.

답 _____

🏅 서술형 高手

2-2 1부터 9까지의 자연수 중에서 ☐ 안에 들어갈 수 있는 가장 큰 수를 구하세요.

$$11.47 \div 3.1 > ☐$$

❶

❷

답 _____

2

소수의 나눗셈

키워드 문제

3-1 몫의 소수 여덟째 자리 숫자를 구하세요.

$$30.5 \div 3$$

❶ 나눗셈의 몫을 소수 넷째 자리까지 구하면
$30.5 \div 3 = 10.1$ ☐☐☐ …입니다.

전략 ▶ 몫의 소수 부분에서 반복되는 숫자를 찾자.

❷ 나눗셈의 몫은 소수 둘째 자리부터
숫자 ☐ 이/가 반복됩니다.

❸ 몫의 소수 여덟째 자리 숫자는 ☐ 입니다.

답 _____

서술형 高수

3-2 몫의 소수 아홉째 자리 숫자를 구하세요.

$$42.4 \div 9$$

❶

❷

❸

답 _____

키워드 문제

4-1 수 카드 4장을 모두 한 번씩만 사용하여 몫이 가장 큰 (두 자리 자연수)÷(소수 한 자리 수)를 만들려고 합니다. 이 나눗셈의 몫을 구하세요.

| 4 | 8 | 1 | 2 | ➡ ☐☐ ÷ ☐.☐

❶ 가장 큰 두 자리 자연수는 ☐☐ 이고,
가장 작은 소수 한 자리 수는 ☐.☐ 입니다.

전략 ▶ 몫이 가장 큰 나눗셈식: (가장 큰 수)÷(가장 작은 수)

❷ 몫이 가장 큰 나눗셈식은
☐☐ ÷ ☐.☐ 입니다.

❸ 몫은 ☐ 입니다.

답 _____

서술형 高수

4-2 수 카드 4장을 모두 한 번씩만 사용하여 몫이 가장 큰 (두 자리 자연수)÷(소수 한 자리 수)를 만들려고 합니다. 이 나눗셈의 몫을 구하세요.

| 9 | 1 | 5 | 6 | ➡ ☐☐ ÷ ☐.☐

❶

❷

❸

답 _____

BOOK **2** 18~21쪽

1 자연수의 나눗셈을 이용하여 계산하려고 합니다. □ 안에 알맞은 수를 써넣으세요.

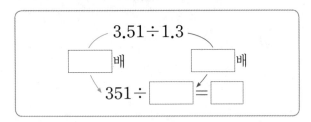

$$3.51 \div 1.3 = \boxed{}$$

2 몫이 같은 나눗셈식이 되도록 ㉠에 알맞은 수를 구하세요.

$$2.29\,)\overline{4\,5\,8} \Rightarrow 229\,)\overline{\boxed{ ㉠}}$$

( )

3 계산해 보세요.

(1)
$$1.42\,)\overline{8.5\,2}$$

(2)
$$2.63\,)\overline{3\,4.1\,9}$$

4 10.2÷0.6의 몫에 ○표 하세요.

(1.7 , 17)

5 보기 와 같이 분수의 나눗셈으로 바꾸어 계산해 보세요.

보기
$$2.4 \div 0.8 = \frac{24}{10} \div \frac{8}{10} = 24 \div 8 = 3$$

$2.7 \div 0.9$ _____

6 몫을 반올림하여 소수 첫째 자리까지 나타내 보세요.

$$10 \div 3.9$$

( )

7 가장 큰 수를 가장 작은 수로 나눈 몫을 구하세요.

| 4.35 | 2.9 | 5.22 |

( )

8 계산 결과를 비교하여 ○ 안에 >, =, <를 알맞게 써넣으세요.

$3.7 \div 0.6$ ○ 3.7÷0.6의 몫을 반올림하여 소수 둘째 자리까지 나타낸 수

9 집에서 병원까지의 거리는 집에서 공원까지의 거리의 몇 배인가요?

7.32 km

1.22 km

집

공원

병원

식 _____

답 _____

[10~11] 상자 한 개를 끈으로 묶는 데 끈 8 m가 필요합니다. 끈 140.8 m로 묶을 수 있는 상자 수와 남는 끈의 길이를 구하려다 다음과 같이 잘못 계산했습니다. 물음에 답하세요.

```
        1 7.6
    8 ) 1 4 0.8
        8
        6 0
        5 6
          4 8
          4 8
            0
```

묶을 수 있는 상자 수: 17개
남는 끈의 길이: 0.6 m

🖋 서술형

10 위의 계산이 <u>잘못된</u> 까닭을 쓰세요.

까닭 _____

_____

11 바르게 계산하여 묶을 수 있는 상자는 몇 개이고 남는 끈의 길이는 몇 m인지 차례로 쓰세요.

(_____), (_____)

12 몫이 더 큰 것의 기호를 쓰세요.

ㄱ 8÷0.5
ㄴ 28÷1.4

(_____)

13 굵기가 일정한 철근 2.6 m의 무게는 39 kg입니다. 철근 1 m의 무게는 몇 kg인가요?

식 _____

답 _____

14 쿠키 한 개를 만드는 데 소금 4 g이 필요합니다. 소금 17.5 g으로 만들 수 있는 쿠키의 수와 남는 소금의 양을 두 가지 방법으로 계산해 보세요.

방법 1

만들 수 있는 쿠키의 수: ☐ 개

남는 소금의 양: ☐ g

방법 2

만들 수 있는 쿠키의 수: ☐ 개

남는 소금의 양: ☐ g

2

소수의 나눗셈

53

15 몫이 다른 하나를 찾아 기호를 쓰세요.

> ㉠ 17.52÷0.24
> ㉡ 175.2÷24
> ㉢ 175.2÷2.4

( )

16 넓이가 77 cm²이고 높이가 5.5 cm인 평행사변형입니다. 이 평행사변형의 밑변의 길이는 몇 cm인가요?

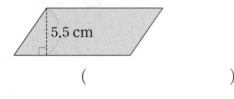

5.5 cm

( )

17 1부터 9까지의 자연수 중에서 □ 안에 들어갈 수 있는 자연수는 모두 몇 개인가요?

> 9.66÷2.3>□

( )

18 한 통에 3.9 L씩 들어 있는 페인트가 있습니다. 벽 5.4 m²를 칠하는 데 페인트 1.3 L가 필요합니다. 벽 81 m²를 모두 칠하려면 페인트는 적어도 몇 통 필요한가요?

( )

서술형 실전

19 어떤 수를 6.3으로 나누어야 할 것을 잘못하여 곱하였더니 79.38이 되었습니다. 바르게 계산한 값은 얼마인지 풀이 과정을 쓰고 답을 구하세요.

풀이 _____

_____

_____

_____

답 _____

20 기름 1.2 L로 15 km를 가는 자동차가 있습니다. 기름 1 L의 가격이 1600원이라면 이 자동차가 60 km를 가는 데 필요한 기름의 가격은 얼마인지 풀이 과정을 쓰고 답을 구하세요.

풀이 _____

_____

_____

_____

_____

답 _____

3 공간과 입체

스마트폰을 이용하여 QR 코드를 찍으면 개념 학습 영상을 볼 수 있어요.

3단원 학습 계획표

✔ 이 단원의 표준 학습 일수는 **5일**입니다. 계획대로 공부한 후 확인란에 사인을 받으세요.

핵심 개념 **어느 방향에서 보았는지 알아보기**

예 여러 방향에서 찍은 사진 살펴보기

제주도에 있는 외돌개 사진이야. 바다 한복판에 홀로 우뚝 솟아있다고 하여 붙여진 이름이래.

왼쪽에 나무와 육지가 보이므로 ❶ 방향에서 찍은 사진입니다.

바다가 많이 보이므로 ❷ 방향에서 찍은 사진입니다.

우뚝 솟은 외돌개가 보이므로 ❸ 방향에서 찍은 사진입니다.

정답 확인 ┃ ❶ ① ❷ ② ❸ ③

3 공간과 입체

확인 문제 1~4번 문제를 풀면서 개념 익히기!

1 화살표 방향에서 찍은 사진에 ○표 하세요.

(   )   (   )

한번 더! 확인 5~8번 유사문제를 풀면서 개념 다지기!

5 화살표 방향에서 찍은 사진에 ○표 하세요.

(   )   (   )

2 하마의 얼굴이 모두 보이게 찍으려면 어느 방향에서 찍어야 하나요?

( )

3 쌓기나무로 오른쪽과 같이 쌓은 모양을 어느 방향에서 본 모양인지 쓰세요.

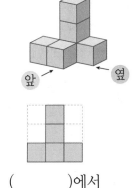

( )에서 ( )에서
본 모양 본 모양

4 보기 와 같이 음료수를 놓았을 때 찍을 수 없는 사진을 찾아 기호를 쓰세요.

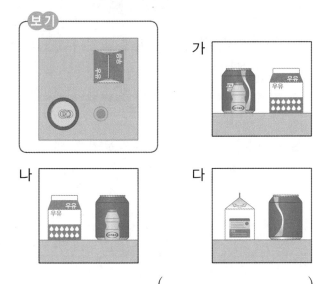

( )

6 오른쪽 모양은 어느 방향에서 본 모양인지 찾아 기호를 쓰세요.

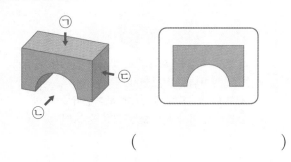

( )

7 쌓기나무로 오른쪽과 같이 쌓은 모양을 본 방향에 맞게 이어 보세요.

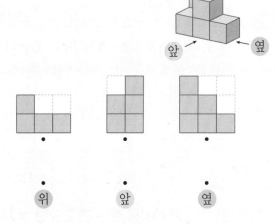

위   앞   옆

8 보기 와 같이 그릇을 놓았을 때 찍을 수 있는 사진을 모두 찾아 기호를 쓰세요.

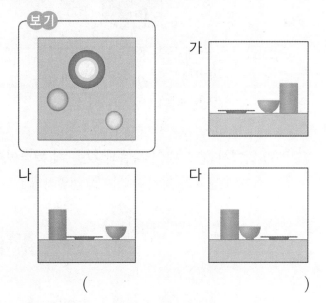

( )

핵심 **개념** 쌓은 모양과 쌓기나무의 개수(1) → 쌓은 모양과 위에서 본 모양

이것과 똑같은 모양으로 쌓으려면 뒤에 숨겨진 쌓기나무가 있는지 알아야 해. **'위에서 본 모양'**을 함께 보여준다면 뒤에 숨겨진 쌓기나무가 있는지 알 수 있어.

1. 실제로 쌓기나무로 쌓은 모양에서 보이는 위의 면들과 위에서 본 모양이 같은 경우

위에서 본 모양

➡ 뒤에 보이지 않는 쌓기나무가 없습니다.
똑같은 모양으로 쌓는 데 필요한 쌓기나무는
❶ ☐ 개입니다.

2. 실제로 쌓기나무로 쌓은 모양에서 보이는 위의 면들과 위에서 본 모양이 서로 **다른** 경우

위에서 본 모양

➡ 뒤에 보이지 않는 쌓기나무가 있습니다.

뒤에서 본 모양은 와  의 두

가지 경우가 있습니다. 따라서 주어진 모양과 똑같이 쌓는 데 필요한 쌓기나무는 적어도
❷ ☐ 개입니다.

참고 ➡ 쌓은 모양과 위에서 본 모양을 보고 똑같이 쌓는 데 필요한 쌓기나무의 개수를 정확히는 알 수 없습니다.

정답 확인 | ❶ 8 ❷ 10

확인 문제 1~4번 문제를 풀면서 개념 익히기!

1 다음 모양과 똑같이 쌓는 데 필요한 쌓기나무의 개수를 구하려고 합니다. 물음에 답하세요.

(1) 알맞은 말에 ○표 하세요.
   쌓기나무의 개수를 정확히 알 수
   (있습니다 , 없습니다).

(2) 위에서 본 모양이 다음과 같을 때 똑같이 쌓는 데 필요한 쌓기나무는 **몇 개**인가요?

꼭 단위까지 따라 쓰세요.

(　　　 개)

한번 더! 확인 5~8번 유사문제를 풀면서 개념 다지기!

5 다음 모양과 똑같이 쌓는 데 필요한 쌓기나무의 개수를 구하려고 합니다. 물음에 답하세요.

(1) 초록색 쌓기나무 뒤에 쌓기나무가 더 있는지 알 수 있나요?

   알 수 (있습니다 , 없습니다).

(2) 위에서 본 모양이 다음과 같을 때 똑같이 쌓는 데 필요한 쌓기나무는 **몇 개**인가요?

(　　　 개)

3
공간과 입체

2 주어진 모양과 똑같이 쌓는 데 필요한 쌓기나무는 **몇 개**인가요?

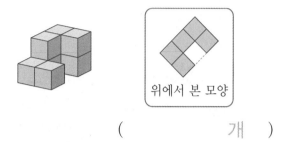

위에서 본 모양

(개   )

3 쌓기나무 5개로 오른쪽과 같이 쌓은 모양을 보고 위에서 본 모양을 그린 것에 ○표 하세요.

(   )   (   )

4 주어진 모양과 똑같이 쌓는 데 필요한 쌓기나무는 적어도 **몇 개**인가요?

위에서 본 모양

(1) 쌓기나무로 쌓은 모양에서 보이는 위의 면들과 위에서 본 모양이 같은가요?

(예 , 아니요)

(2) 뒤에 보이지 않는 쌓기나무가 있는지 알 수 있나요?

(예 , 아니요)

(3) 주어진 모양과 똑같이 쌓는 데 필요한 쌓기나무는 적어도 몇 개인가요?

(개   )

6 주어진 모양과 똑같이 쌓는 데 필요한 쌓기나무는 **몇 개**인가요?

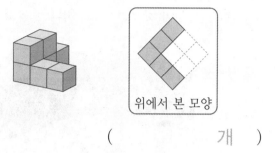

위에서 본 모양

(개   )

7 쌓기나무로 쌓은 모양과 그 쌓기나무를 위에서 본 모양들입니다. 관계있는 것끼리 이어 보세요.

 ·   ·

 ·   ·

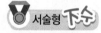

서술형 下수

8 주어진 모양과 똑같이 쌓는 데 필요한 쌓기나무는 적어도 **몇 개**인가요?

위에서 본 모양

풀이

쌓기나무로 쌓은 모양에서 보이는 위의 면들과 위에서 본 모양이 다르므로 뒤에 보이지 않는 쌓기나무가 (있습니다 , 없습니다).

따라서 주어진 모양과 똑같이 쌓는 데 필요한 쌓기나무는 적어도 □개입니다.

답  개

3 공간과 입체

1 현서가 드론을 이용해 탑을 찍고 있습니다. 현서가 찍은 사진이 맞으면 ○표, 아니면 ✕표 하세요.

( )

2 쌓기나무로 쌓은 모양과 그 쌓기나무를 위에서 본 모양들입니다. 관계있는 것끼리 이어 보세요.

 · ·

 · ·

 · ·

3 보기 와 같은 사진이 나오려면 어느 방향에서 찍어야 하나요?

 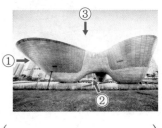

( )

[4~5] 주어진 모양과 똑같이 쌓는 데 필요한 쌓기나무의 개수를 구하세요.

4

위에서 본 모양

( )

5

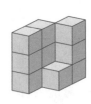

위에서 본 모양

( )

6 쌓기나무로 오른쪽과 같이 쌓은 모양을 보고 위에서 본 모양이 될 수 <u>없는</u> 것을 찾아 기호를 쓰세요.

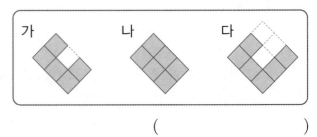

가   나   다

( )

3

공간과 입체

7 쌓기나무를 오른쪽과 같은 모양으로 쌓았습니다. 뒤에서 본 모양으로 가능하면 ○표, 가능하지 <u>않으면</u> ×표 하세요.

(   )   (   )   (   )

🖉 **서술형**

8 다음과 같이 쌓기나무를 쌓으면 사용한 쌓기나무의 개수를 정확하게 알 수 없습니다. 그 까닭을 쓰세요.

따라 쓰고 완성하세요.

까닭 <u>뒤쪽의 보이지 않는 부분에</u>

_____

9 보기와 같이 컵을 놓았을 때 찍을 수 <u>없는</u> 사진을 찾아 기호를 쓰세요.

보기
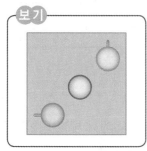

가

나
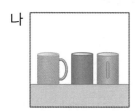

다

(   )

10 가와 나의 위에서 본 모양이 모두 오른쪽과 같을 때 똑같은 모양으로 쌓는 데 필요한 쌓기나무의 개수가 더 많은 것의 기호를 쓰세요.

위에서 본 모양

가
나

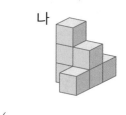

(   )

🏅 **서술형 中수** 문제 해결의 **전략**을 보면서 풀어 보자.

11 쌓기나무로 쌓은 모양과 위에서 본 모양입니다. 쌓은 모양의 규칙을 찾아 사용된 쌓기나무는 몇 개인지 구하세요.

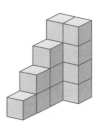 

위에서 본 모양

전략 4층부터 차례로 쌓은 쌓기나무 개수의 규칙을 쓰자.

❶ 쌓기나무가 4층부터 2개, ☐개, 4개, 5개이므로 아래층으로 내려갈수록 쌓기나무의 개수가 ☐씩 커집니다.

전략 각 층의 쌓기나무 개수의 합을 구하자.

❷ (사용된 쌓기나무의 개수)
= 2 + ☐ + 4 + 5 = ☐ (개)

답 _____

핵심 개념 쌓은 모양과 쌓기나무의 개수 (2) → 위, 앞, 옆에서 본 모양 그리기

예 쌓기나무로 쌓은 모양을 보고 위, 앞, 옆에서 본 모양 그리기

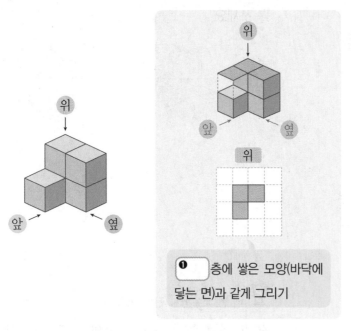

❶ □ 층에 쌓은 모양(바닥에 닿는 면)과 같게 그리기

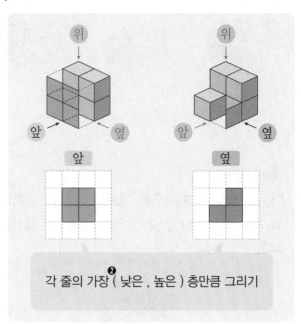

각 줄의 가장 (낮은 , 높은) 층만큼 그리기 ❷

참고 위와 아래, 앞과 뒤, 오른쪽과 왼쪽의 모양은 서로 대칭이기 때문에 이 중에서 어느 한쪽의 모양만 알면 결국 다른 쪽의 모양도 같습니다. 이때 옆 모양은 '오른쪽에서 본 모양'으로 합니다.

정답 확인 | ❶ 1 ❷ 높은에 ○표

확인 문제 1~5번 문제를 풀면서 개념 익히기!

1 □ 안에 알맞은 말을 써넣으세요.

> 앞과 □에서 본 모양은 각 줄의 가장 높은 층만큼 그립니다.

한번 더! 확인 6~10번 유사문제를 풀면서 개념 다지기!

6 민재의 말이 옳으면 ○표, 틀리면 ✕표 하세요.

> 위에서 본 모양은 1층에 쌓은 모양과 같게 그리면 돼.

민재

(   )

2 쌓기나무로 쌓은 모양을 보고 앞에서 본 모양을 완성해 보세요.

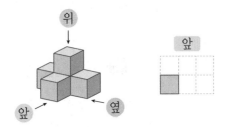

7 쌓기나무로 쌓은 모양과 위에서 본 모양입니다. 옆에서 본 모양을 완성해 보세요.

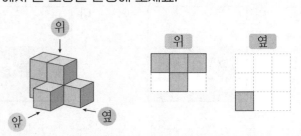

3 쌓기나무로 쌓은 모양과 위에서 본 모양입니다. 옆에서 본 모양을 그려 보세요.

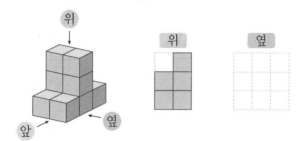

4 쌓기나무 6개로 쌓은 모양입니다. 앞과 옆에서 본 모양을 각각 그려 보세요.

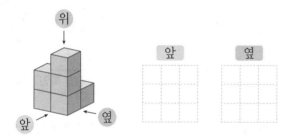

5 쌓기나무 6개로 쌓은 모양을 위와 앞에서 본 모양입니다. 옆에서 본 모양을 그려 보세요.

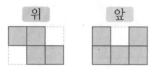

(1) 2층으로 쌓아야 할 자리를 모두 찾아 위에서 본 모양에 △표 하세요.

(2) 옆에서 본 모양을 그려 보세요.

옆

8 쌓기나무로 쌓은 모양과 위에서 본 모양입니다. 옆에서 본 모양을 그려 보세요.

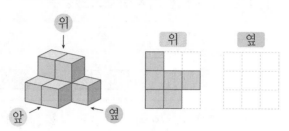

9 쌓기나무 5개로 쌓은 모양입니다. 앞과 옆에서 본 모양을 각각 그려 보세요.

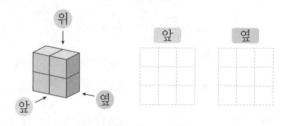

3

공간과 입체

63

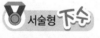 서술형

10 쌓기나무 8개로 쌓은 모양을 위와 옆에서 본 모양입니다. 앞에서 본 모양을 그려 보세요.

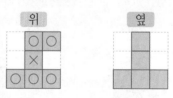

풀이

옆에서 본 모양을 보면

○ 부분은 쌓기나무가 각각 ☐ 개씩이고,

× 부분은 쌓기나무가 ☐ 개입니다.

답

핵심 개념 쌓은 모양과 쌓기나무의 개수⑶ → 위, 앞, 옆에서 본 모양 보고 전체 쌓기나무의 개수 구하기

1. 쌓은 모양이 한 가지로 나오는 경우

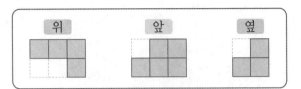

① 위에서 본 모양을 보고 1층을 쌓습니다.

② 앞과 옆에서 본 모양을 보고 더 필요한 쌓기
나무 **❶** 개를 쌓으면 모두 6개입니다.

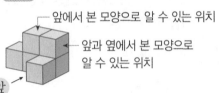

앞에서 본 모양으로 알 수 있는 위치

앞과 옆에서 본 모양으로
알 수 있는 위치

2. 쌓은 모양이 여러 가지로 나오는 경우

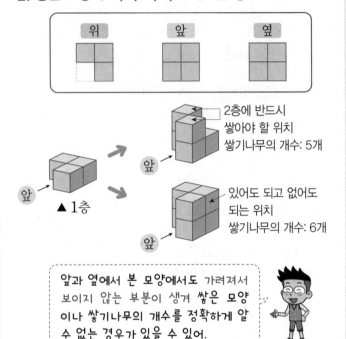

▲ 1층

2층에 반드시
쌓아야 할 위치
쌓기나무의 개수: 5개

있어도 되고 없어도
되는 위치
쌓기나무의 개수: 6개

앞과 옆에서 본 모양에서도 가려져서
보이지 않는 부분이 생겨 쌓은 모양
이나 쌓기나무의 개수를 정확하게 알
수 없는 경우가 있을 수 있어.

정답 확인 | **❶** 2

3 공간과 입체

64

확인 문제 1~5번 문제를 풀면서 개념 익히기!

1 쌓기나무로 쌓은 모양을 위, 앞, 옆에서 본 모양입니다. 쌓은 모양으로 가능한 것의 기호에 ○표 하세요.

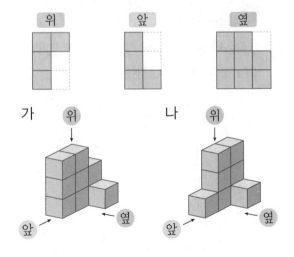

2 위 **1**에서 찾은 쌓은 모양에서 사용한 쌓기나무는
몇 개인가요?

꼭 단위까지
따라 쓰세요.

(　　　 개 　　)

한번 더! 확인 6~10번 유사문제를 풀면서 개념 다지기!

6 쌓기나무로 쌓은 모양을 위, 앞, 옆에서 본 모양입니다. 똑같은 모양으로 쌓으려면 △표 한 쌓기나무
위에 **몇** 개의 쌓기나무를 더 쌓아야 하나요?

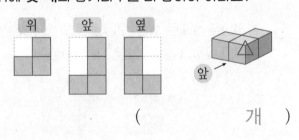

(　　　 개 　　)

7 위 **6**에서 위, 앞, 옆에서 본 모양을 보고 똑같은 모
양으로 쌓는 데 필요한 쌓기나무는 **몇** 개인가요?

(　　　 개 　　)

[3~4] 쌓기나무로 쌓은 모양을 위, 앞, 옆에서 본 모양입니다. 물음에 답하세요.

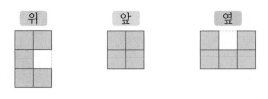

3 쌓은 모양으로 가능한 것을 모두 찾아 기호를 쓰세요.

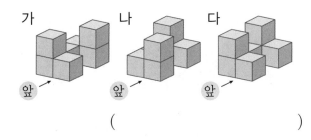

( )

4 위 **3**에서 가능한 모양 중 한 모양에 사용한 쌓기나무는 **몇 개**인가요?

(개)

5 쌓기나무로 쌓은 모양을 위, 앞, 옆에서 본 모양입니다. 똑같은 모양으로 쌓는 데 필요한 쌓기나무는 **몇 개**인가요?

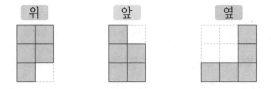

(1) 위, 옆에서 본 모양을 보고 1층으로 쌓아야 할 자리를 모두 찾아 위에서 본 모양에 ○표 하세요.

(2) 위, 앞에서 본 모양을 보고 2층으로 쌓아야 할 자리는 △표, 3층으로 쌓아야 할 자리는 ×표를 위에서 본 모양에 하세요.

(3) 똑같은 모양으로 쌓는 데 필요한 쌓기나무는 몇 개인가요? (개)

[8~9] 쌓기나무로 쌓은 모양을 위, 앞, 옆에서 본 모양입니다. 물음에 답하세요.

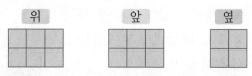

8 쌓은 모양으로 가능한 것을 모두 찾아 기호를 쓰세요. (단, 각 모양에 사용한 쌓기나무의 개수는 같습니다.)

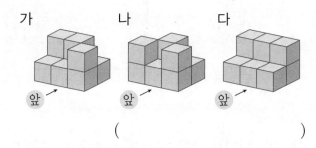

( )

9 위 **8**에서 가능한 모양 중 한 모양에 사용한 쌓기나무는 **몇 개**인가요?

(개)

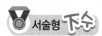 서술형

10 쌓기나무로 쌓은 모양을 위, 앞, 옆에서 본 모양입니다. 똑같은 모양으로 쌓는 데 필요한 쌓기나무는 **몇 개**인가요?

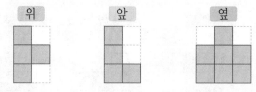

풀이

위, 앞에서 본 모양을 보면

1층으로 쌓아야 할 자리는 ☐개이고, 위, 옆에서 본 모양을 보면 2층으로 쌓아야 할 자리는 ☐개, 3층으로 쌓아야 할 자리는 ☐개입니다.

따라서 똑같은 모양으로 쌓는 데 필요한 쌓기나무는 ☐개입니다.

답 _____ 개

3

공간과 입체

65

1 쌀기나무 8개로 오른쪽 모양을 만들었습니다. 위, 앞, 옆 중 어느 방향에서 본 모양인지 각각 찾아 쓰세요.

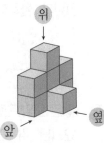

(   ) (   ) (   )

2 쌀기나무로 쌓은 모양과 위에서 본 모양입니다. 앞과 옆에서 본 모양을 각각 그려 보세요.

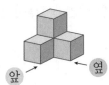

3 쌀기나무로 쌓은 모양을 위, 앞, 옆에서 본 모양입니다. 물음에 답하세요.

(1) 쌓은 모양으로 가능한 것에 ○표 하세요.

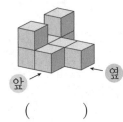 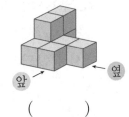

(   ) (   )

(2) 똑같은 모양으로 쌓는 데 필요한 쌀기나무는 몇 개인가요?

(   )

4 쌀기나무로 쌓은 오른쪽 모양을 보고 위, 앞, 옆에서 본 모양을 각각 그려 보세요.

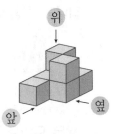

5 쌀기나무 8개로 위, 앞, 옆에서 본 모양이 다음과 같이 되도록 쌓으려고 합니다. 어느 곳에 쌀기나무를 1개 더 쌓아야 하나요?·············· (   )

6 쌀기나무로 쌓은 모양을 위, 앞, 옆에서 본 모양입니다. 쌓은 모양으로 가능한 것을 모두 찾아 ○표 하세요.

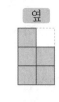

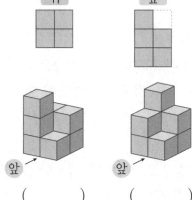 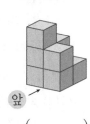

(   ) (   ) (   )

7 쌓기나무 9개로 쌓은 모양입니다. 위, 앞, 옆에서 본 모양을 각각 그려 보세요.

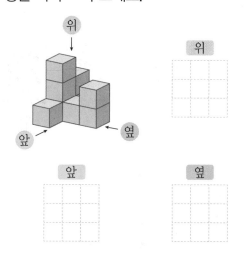

8 쌓기나무로 쌓은 모양을 위, 앞, 옆에서 본 모양입니다. 똑같은 모양으로 쌓는 데 필요한 쌓기나무는 몇 개인가요?

(   )

9 쌓기나무 7개로 쌓은 모양을 위와 앞에서 본 모양입니다. 옆에서 본 모양을 그려 보세요.

10 쌓기나무로 쌓은 모양과 위에서 본 모양입니다. 옆에서 보았을 때 가능한 모양을 두 가지 그려 보세요.

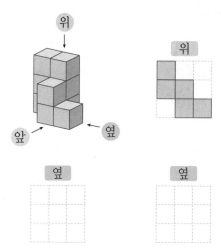

서술형 中수 문제 해결의 전략을 보면서 풀어 보자.

11 쌓기나무로 쌓은 모양을 위, 앞, 옆에서 본 모양입니다. 쌓기나무 24개가 있다면 쌓은 모양과 똑같은 모양을 몇 개 만들 수 있나요?

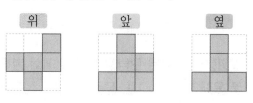

전략 같은 층수로 쌓는 곳마다 같은 표시를 해가며 구하자.

❶ 1층으로 쌓아야 할 자리: ☐ 개

   2층으로 쌓아야 할 자리: ☐ 개

   3층으로 쌓아야 할 자리: ☐ 개

❷ (똑같은 모양으로 쌓는 데 필요한 쌓기나무의 개수)= ☐ 개

❸ 쌓은 모양과 똑같은 모양을
   24÷☐=☐ (개) 만들 수 있습니다.

답 _____

핵심 개념 쌓은 모양과 쌓기나무의 개수 (4) → 위에서 본 모양에 수를 쓰기

1. 위에서 본 모양에 수를 써서 나타내기

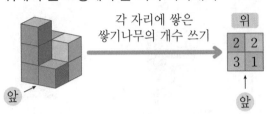

각 자리에 쌓은 쌓기나무의 개수 쓰기

위에서 본 모양에 수를 쓰면 사용된 쌓기나무의 개수를 한 가지 경우로만 알 수 있기 때문에 쌓은 모양을 정확하게 알 수 있어.

➡ 똑같은 모양으로 쌓는 데 필요한 쌓기나무는 $2+2+3+1=$ ❶ ☐ (개)입니다.

2. 위에서 본 모양에 수를 쓴 것을 보고 앞과 옆에서 본 모양을 그리기

앞 과 옆 에서 본 모양을 그릴 때에는 각 방향에서 줄별로 가장 큰 수의 ❷ ☐ 만큼 그립니다.

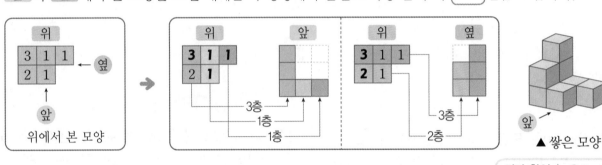

▲ 쌓은 모양

정답 확인 │ ❶ 8 ❷ 층

확인 문제 1~5번 문제를 풀면서 개념 익히기!

1 쌓기나무로 쌓은 모양을 보고 위에서 본 모양에 수를 옳게 썼으면 ◯표, <u>잘못</u> 썼으면 ✕표 하세요.

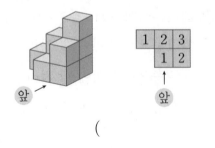

( )

2 쌓기나무로 쌓은 모양을 보고 위에서 본 모양에 수를 쓰세요.

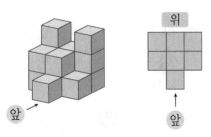

한번 더! 확인 6~10번 유사문제를 풀면서 개념 다지기!

6 위에서 본 모양에 수를 옳게 쓴 것의 기호를 쓰세요.

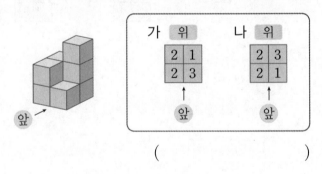

( )

7 쌓기나무로 쌓은 모양을 보고 위에서 본 모양에 수를 쓰세요.

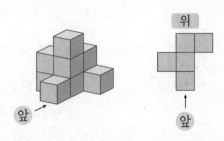

3
공간과 입체

3 쌓기나무로 쌓은 모양을 보고 위에서 본 모양에 수를 쓴 것입니다. 똑같은 모양으로 쌓는 데 필요한 쌓기나무는 **몇 개**인가요?

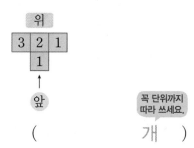

꼭 단위까지 따라 쓰세요.

(　　　　　　 개 　)

4 오른쪽은 쌓기나무로 쌓은 모양을 보고 위에서 본 모양에 수를 쓴 것입니다. 앞에서 본 모양과 옆에서 본 모양을 각각 완성해 보세요.

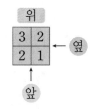

5 쌓기나무로 쌓은 모양을 위, 앞, 옆에서 본 모양입니다. 똑같은 모양으로 쌓는 데 필요한 쌓기나무는 **몇 개**인가요?

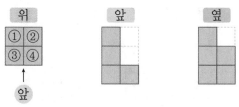

(1) 표를 완성해 보세요.

자리	①	②	③	④
쌓기나무의 수(개)				

(2) 똑같은 모양으로 쌓는 데 필요한 쌓기나무는 몇 개인가요?

(　　　　　　 개 　)

8 위에서 본 모양에 수를 쓴 것을 보고 1층만 쌓았습니다. 쌓기나무를 **몇 개** 더 쌓아야 하나요?

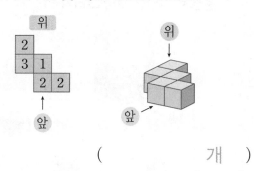

(　　　　　　 개 　)

9 오른쪽은 쌓기나무로 쌓은 모양을 보고 위에서 본 모양에 수를 쓴 것입니다. 앞에서 본 모양과 옆에서 본 모양을 각각 그려 보세요.

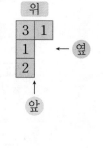

서술형

10 쌓기나무로 쌓은 모양을 위, 앞, 옆에서 본 모양입니다. 똑같은 모양으로 쌓는 데 필요한 쌓기나무는 **몇 개**인가요?

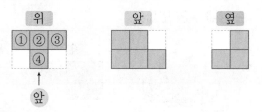

풀이

각 자리에 쌓인 쌓기나무의 개수를 구하기

자리	①	②	③	④
쌓기나무의 수(개)		2		

따라서 똑같은 모양으로 쌓는 데 필요한 쌓기나무는 ☐ 개입니다.

답 _____ 개

3

공간과 입체

핵심 개념 쌓은 모양과 쌓기나무의 개수⑸ → 층별로 나타낸 모양

1. 층별로 나타낸 모양 그리기

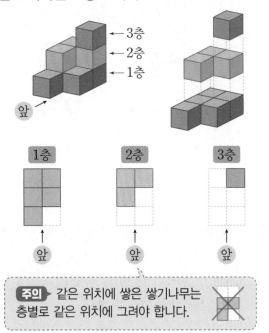

주의 같은 위치에 쌓은 쌓기나무는 층별로 같은 위치에 그려야 합니다.

층별로 나타낸 모양대로 쌓기나무를 쌓으면 쌓은 모양이 하나로 만들어지기 때문에 **쌓은 모양을 정확하게 알 수 있습니다.**

2. 층별로 나타낸 모양을 보고 쌓은 모양의 개수 구하기

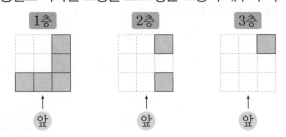

방법 1 각 층의 쌓기나무 개수의 합으로 구하기

1층: 5개, 2층: ❶ 개, 3층: 1개

➡ (쌓기나무의 개수)＝5＋2＋1＝8(개)

방법 2 위에서 본 모양에 수를 써서 구하기

(1층의 모양)＝(위에서 본 모양)

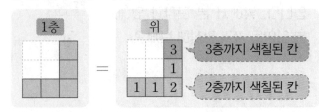

3층까지 색칠된 칸

2층까지 색칠된 칸

➡ (쌓기나무의 개수)＝3＋1＋1＋1＋2

＝❷ (개)

정답 확인 │ ❶ 2 ❷ 8

3 공간과 입체

확인 문제 1~5번 문제를 풀면서 개념 익히기!

1 쌓기나무로 쌓은 모양과 위에서 본 모양입니다. 1층 모양을 그려 보세요.

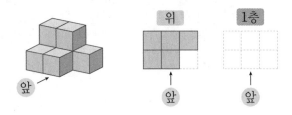

2 쌓기나무로 쌓은 모양을 보고 1층과 2층 모양을 각각 그려 보세요.

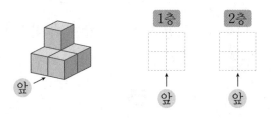

한번 더! 확인 6~10번 유사문제를 풀면서 개념 다지기!

6 쌓기나무로 쌓은 모양과 위에서 본 모양입니다. 1층 모양을 그려 보세요.

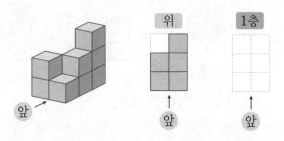

7 쌓기나무로 쌓은 모양을 보고 1층과 2층 모양을 각각 그려 보세요.

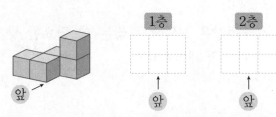

3 쌓기나무로 쌓은 모양을 층별로 나타낸 모양입니다. 쌓은 모양으로 가능한 것의 기호를 쓰세요.

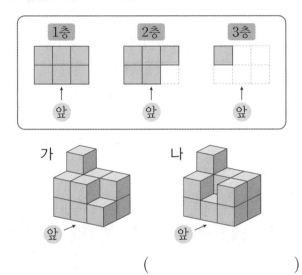

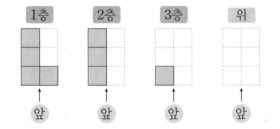

(   )

8 쌓기나무로 쌓은 모양을 층별로 나타낸 모양입니다. 똑같이 쌓으려면 어느 곳에 쌓기나무를 1개 더 쌓아야 하는지 찾아 기호를 쓰세요.

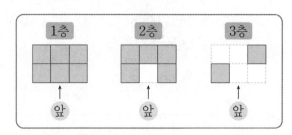

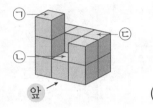

(   )

4 쌓기나무로 쌓은 모양을 층별로 나타낸 모양입니다. 위에서 본 모양을 그리고, 각 자리에 쌓인 쌓기나무의 개수를 써넣으세요.

9 쌓기나무로 쌓은 모양을 층별로 나타낸 모양입니다. 위에서 본 모양을 그리고, 각 자리에 쌓인 쌓기나무의 개수를 써넣으세요.

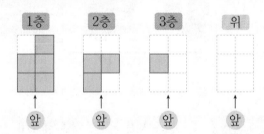

5 쌓기나무로 쌓은 모양을 층별로 나타낸 모양입니다. 똑같은 모양으로 쌓는 데 필요한 쌓기나무는 **몇 개**인가요?

(1) 각 층에 쌓인 쌓기나무는 몇 개인가요?

1층: ☐ 개, 2층: ☐ 개, 3층: ☐ 개

(2) 똑같은 모양으로 쌓는 데 필요한 쌓기나무는 몇 개인가요?

꼭 단위까지 따라 쓰세요.

(개   )

10 쌓기나무로 쌓은 모양을 층별로 나타낸 모양입니다. 똑같은 모양으로 쌓는 데 필요한 쌓기나무는 **몇 개**인가요?

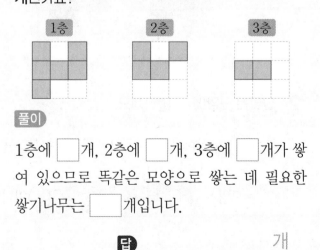

풀이

1층에 ☐ 개, 2층에 ☐ 개, 3층에 ☐ 개가 쌓여 있으므로 똑같은 모양으로 쌓는 데 필요한 쌓기나무는 ☐ 개입니다.

답 _____ 개

3 공간과 입체

핵심 개념 **여러 가지 모양 만들기**

1. 쌓기나무 4개로 만들 수 있는 모양 찾기

① 쌓기나무 3개로 만들 수 있는 모양 찾기 → ② 쌓기나무 3개로 만들 수 있는 모양에 1개를 붙여 가면서 찾기 → ③ 돌리거나 뒤집어서 같은 것은 한 번만 세기

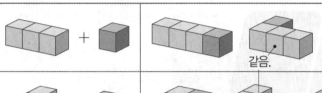

같음.　같음.

→ 모두 ❶ 가지 모양을 만들 수 있습니다.

2. 두 가지 모양을 사용하여 새로운 모양 만들기

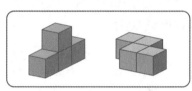 

어떻게 만들었는지 알아보기
파란색 모양이 들어갈 수 있는 곳을 찾고 빨간색 모양이 나머지 자리에 들어갈 수 있는지 확인합니다.

정답 확인 | ❶ 8

3 공간과 입체

확인 문제 1~5번 문제를 풀면서 개념 익히기!

1 쌓기나무로 쌓은 두 모양이 같은 모양이면 ○표, 다른 모양이면 ×표 하세요.

(　　　　)

2 알맞은 모양에 ○표 하세요.

 모양에 쌓기나무 1개를 붙여서 만들 수

있는 모양은 (, )입니다.

한번 더! 확인 6~10번 유사문제를 풀면서 개념 다지기!

6 보기 와 같은 모양의 기호를 쓰세요.

보기 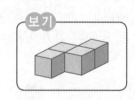　가 　나

(　　　　)

7 모양에 쌓기나무 1개를 붙여서 만들 수

없는 모양을 찾아 ×표 하세요.

　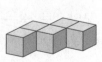　

(　　) (　　) (　　)

3 두 가지 모양을 사용하여 다음 모양을 만들 수 있으면 ○표, <u>없으면</u> × 표 하세요.

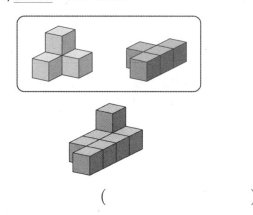

( )

8 두 가지 모양을 사용하여 다음 모양을 만들 수 있으면 ○표, <u>없으면</u> × 표 하세요.

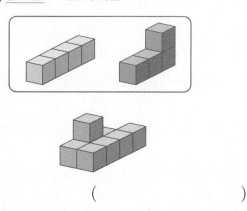

( )

4 쌓기나무 5개로 만든 모양입니다. 뒤집거나 돌렸을 때 모양이 <u>다른</u> 하나를 찾아 기호를 쓰세요.

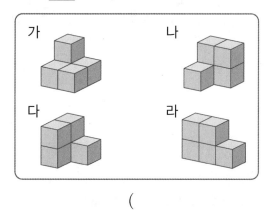

( )

9 쌓기나무 5개로 만든 모양입니다. 같은 모양끼리 이어 보세요.

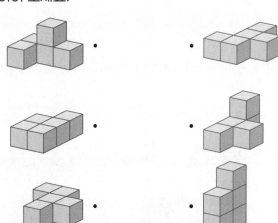

5 가, 나, 다 모양 중에서 두 가지 모양을 사용하여 오른쪽 모양을 만들었습니다. 사용한 두 가지 모양을 찾아 기호를 쓰세요.

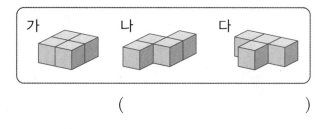

( )

10 가, 나, 다 모양 중에서 두 가지 모양을 사용하여 오른쪽 모양을 만들었습니다. 사용한 두 가지 모양을 찾아 기호를 쓰세요.

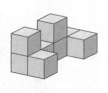

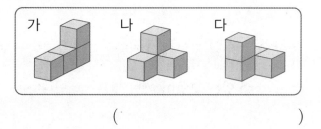

( )

[1~2] 오른쪽 쌓기나무로 쌓은 모양을 보고 물음에 답하세요.

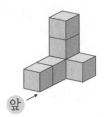

1 각 층에 쌓인 쌓기나무의 개수를 구하세요.

1층	2층	3층

2 똑같은 모양으로 쌓는 데 필요한 쌓기나무는 몇 개인가요?

( )

3 그림을 보고 □ 안에 알맞은 기호를 써넣으세요.

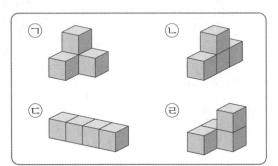

(1) 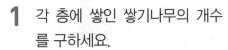 모양에 쌓기나무 1개를 붙여서 만들 수 있는 모양은 □, □입니다.

(2) 모양에 쌓기나무 1개를 붙여서 만들 수 있는 모양이 아닌 것은 □입니다.

4 쌓기나무 1개를 붙여서 보기의 모양을 만들 수 있는 것에 ○표 하세요.

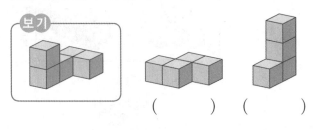

( ) ( )

5 쌓기나무로 쌓은 모양을 보고 위에서 본 모양에 수를 쓰세요.

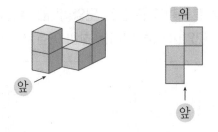

[6~7] 쌓기나무로 쌓은 모양과 1층 모양을 보고 2층과 3층 모양을 각각 그려 보세요.

6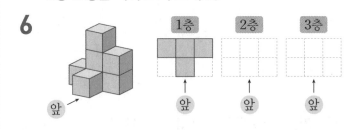

7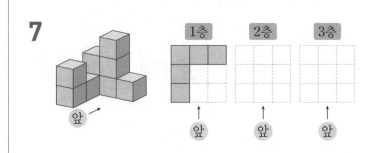

8 쌓기나무로 쌓은 모양을 보고 위에서 본 모양에 수를 썼습니다. 관계있는 것끼리 이어 보세요.

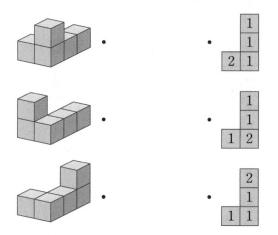

9 쌓기나무로 1층 위에 2층을 쌓으려고 합니다. 1층 모양을 보고 쌓을 수 있는 2층 모양의 기호를 쓰세요.

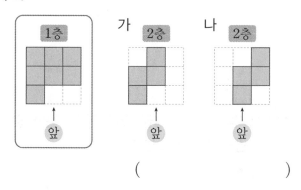

(   )

10 오른쪽은 쌓기나무로 쌓은 모양을 보고 위에서 본 모양에 수를 쓴 것입니다. 앞과 옆에서 본 모양을 각각 그려 보세요.

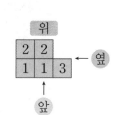

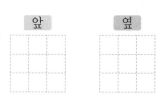

11 쌓기나무로 쌓은 모양을 위, 앞, 옆에서 본 모양입니다. 각 자리에 쌓인 쌓기나무의 개수를 빈칸에 써넣고, 똑같은 모양으로 쌓는 데 필요한 쌓기나무는 몇 개인지 구하세요.

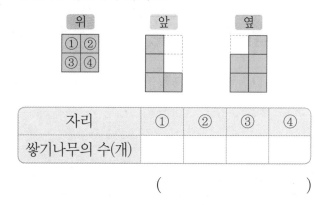

자리	①	②	③	④
쌓기나무의 수(개)				

(   )

서술형 **中수** 문제 해결의 **전략**을 보면서 풀어 보자.

12 쌓기나무로 쌓은 모양을 보고 위에서 본 모양에 수를 썼습니다. 옆에서 본 모양이 <u>다른</u> 하나를 찾아 기호를 쓰세요.

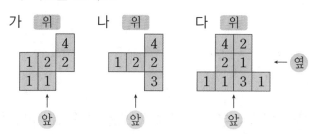

전략 각 줄의 가장 높은 층만큼 그리기

❶ 옆에서 본 모양을 각각 그리기

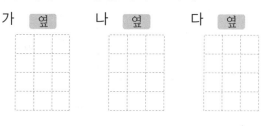

❷ 옆에서 본 모양이 다른 하나는
(가 , 나 , 다)입니다.

답 _____

13 뒤집거나 돌렸을 때 서로 같은 모양이 되는 것을 찾아 기호를 쓰세요.

가　　　　나　　　　다　　　　라

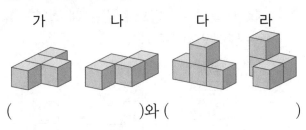

(　　　　　　)와 (　　　　　　)

14 왼쪽의 두 가지 모양을 사용하여 만들 수 있는 모양에 ○표 하세요.

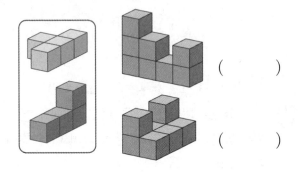

(　　)

(　　)

15 위에서 본 모양에 수를 쓰는 방법으로 나타낸 그림을 보고 쌓기나무로 쌓은 모양을 층별로 그려 보세요.

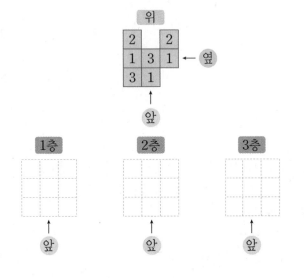

16 쌓기나무로 쌓은 모양을 층별로 나타낸 모양입니다. 위에서 본 모양을 그리고, 각 자리에 쌓인 쌓기나무의 개수를 쓰세요.

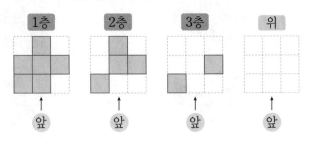

17 쌓기나무 4개로 만든 모양입니다. 뒤집거나 돌렸을 때 모양이 <u>다른</u> 하나를 찾아 기호를 쓰세요.

가　　　나　　　다　　　라

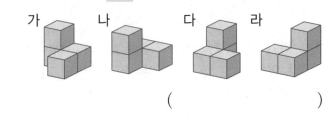

(　　　　　　　　　　　)

18 쌓기나무로 조건 을 모두 만족하는 모양을 만든 사람의 이름을 쓰세요.

조건
• 쌓기나무는 모두 8개를 사용합니다.
• 위에서 본 모양과 앞에서 본 모양이 같습니다.

소윤　　　　　유찬

(　　　　　　　　　　　)

3
공간과 입체

19 쌓기나무로 쌓은 모양을 위에서 본 모양에 수를 쓰는 방법으로 나타낸 모양을 보고 규칙을 찾아 □ 안에 알맞은 수를 써넣으세요.

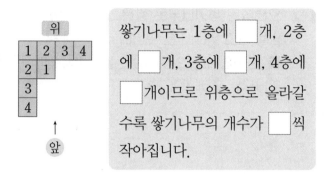

쌓기나무는 1층에 □개, 2층에 □개, 3층에 □개, 4층에 □개이므로 위층으로 올라갈수록 쌓기나무의 개수가 □씩 작아집니다.

20 쌓기나무를 4개씩 붙여서 만든 두 가지 모양을 사용하여 만든 것입니다. 어떻게 만들었는지 각 색깔에 맞게 구분하여 색칠해 보세요.

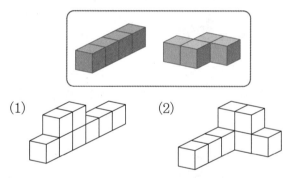

(1)　　　　(2)

21 쌓기나무로 쌓은 모양을 층별로 나타낸 모양을 보고 위, 앞, 옆에서 본 모양을 그려 보세요.

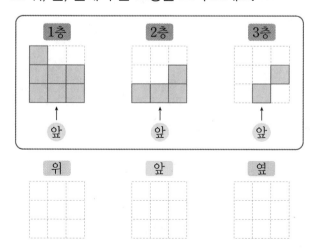

위　　앞　　옆

22 쌓기나무 9개로 쌓은 모양을 위, 앞, 옆에서 본 모양입니다. 위에서 본 모양에 수를 쓰는 방법으로 나타내 보세요.

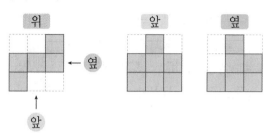

3 공간과 입체

서술형 中수 문제 해결의 **전략**을 보면서 풀어 보자.

23 쌓기나무로 쌓은 모양을 층별로 나타낸 모양을 보고 똑같은 모양으로 쌓으려고 합니다. 쌓기나무가 12개 있다면 쌓고 남는 쌓기나무는 몇 개인가요?

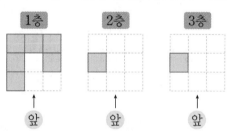

전략 층별로 쌓은 쌓기나무의 개수를 구하자.

❶ (똑같은 모양으로 쌓는 데 필요한 쌓기나무의 개수)

= □ + □ + □ = □(개)

전략 (처음에 있던 쌓기나무의 개수) −(❶에서 구한 쌓기나무의 개수)

❷ (쌓고 남는 쌓기나무의 개수) =12− □ = □(개)

답 _____

키워드 문제

1-1 오른쪽은 쌓기나무로 쌓은 모양을 보고 위에서 본 모양에 수를 쓴 것입니다. 2층에 쌓인 쌓기나무는 몇 개인가요?

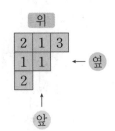

전략 ■가 쓰여 있는 곳은 ■층까지 쌓여 있다.

❶ 2 이상인 수가 적힌 칸의 수: ☐ 개

❷ 2층에 쌓인 쌓기나무의 개수: ☐ 개

답 _____

서술형 高수

1-2 오른쪽은 쌓기나무로 쌓은 모양을 보고 위에서 본 모양에 수를 쓴 것입니다. 2층에 쌓인 쌓기나무는 몇 개인가요?

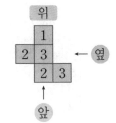

❶

❷

답 _____

키워드 문제

2-1 다음과 같이 쌓은 모양에 쌓기나무를 몇 개 더 쌓아 가장 작은 직육면체 모양을 만들려고 합니다. 더 필요한 쌓기나무는 몇 개인가요?

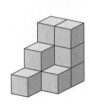 

위에서 본 모양

전략 가로로 2개, 세로로 3개, 위로 3개까지 쌓여 있다.

❶ (가장 작은 직육면체 모양을 만들기 위해 필요한 쌓기나무의 개수)

$$= 2 \times 3 \times \boxed{} = \boxed{} (개)$$

❷ (지금 쌓여 있는 쌓기나무의 개수) $= \boxed{}$ 개

❸ (더 필요한 쌓기나무의 개수)

$$= \boxed{} - \boxed{} = \boxed{} (개)$$

답 _____

서술형 高수

2-2 다음과 같이 쌓은 모양에 쌓기나무를 몇 개 더 쌓아 가장 작은 직육면체 모양을 만들려고 합니다. 더 필요한 쌓기나무는 몇 개인가요?

위에서 본 모양

❶

❷

❸

답 _____

키워드 문제

3-1 쌓기나무 6개로 조건 을 만족하는 모양을 만들려고 합니다. 모두 몇 가지 만들 수 있나요? (단, 돌려서 같은 것은 같은 모양입니다.)

조건
• 2층짜리 모양입니다.
• 1층과 2층의 쌓기나무 개수는 다릅니다.
• 위에서 본 모양은 정사각형입니다.

전략 위에서 본 모양으로 1층의 쌓기나무 개수를 구하자.

❶ 1층의 쌓기나무 개수: ☐개

❷ 위에서 본 모양에 수를 써서 나타내기

 , ➡ 가지

답 _____

서술형 高수

3-2 쌓기나무 4개로 조건 을 만족하는 모양을 만들려고 합니다. 모두 몇 가지 만들 수 있나요? (단, 돌려서 같은 것은 같은 모양입니다.)

조건
• 2층짜리 모양입니다.
• 1층과 2층의 쌓기나무 개수는 다릅니다.
• 위에서 본 모양은 직사각형입니다.

❶

❷

답 _____

키워드 문제

4-1 위, 앞, 옆에서 본 모양이 다음과 같을 때, 쌓은 쌓기나무의 개수가 가장 많은 경우는 몇 개인가요?

❶ 각 자리에 쌓인 쌓기나무의 개수 구하기
①: ☐개, ②: ☐개, ③: ☐개,
④: ☐개, ⑤: ☐개

전략 위와 앞에서 본 모양에서 ★ 자리에 쌓을 수 있는 쌓기나무 개수를 구하자.

❷ ★ 자리에 쌓을 수 있는 쌓기나무의 개수
: ☐개 또는 ☐개

❸ 가장 많은 경우의 쌓기나무의 개수: ☐개

답 _____

서술형 高수

4-2 위, 앞, 옆에서 본 모양이 다음과 같을 때, 쌓은 쌓기나무의 개수가 가장 많은 경우는 몇 개인가요?

❶

❷

❸

답 _____

3

공간과 입체

BOOK❷ 30~33쪽

1 쌓기나무로 쌓은 모양입니다. 위에서 본 모양으로 가능한 것의 기호를 쓰세요.

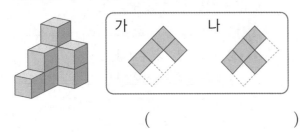

( )

2 배를 타고 여러 방향에서 사진을 찍었습니다. 다음 사진은 어느 배에서 찍은 것인지 찾아 번호를 쓰세요.

( )

3 쌓기나무로 쌓은 모양을 위, 앞, 옆에서 본 모양입니다. 쌓은 모양으로 가능한 것의 기호를 쓰세요.

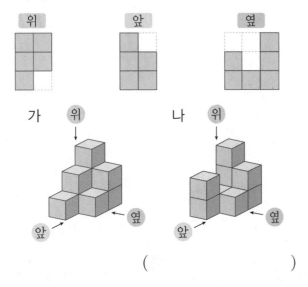

( )

4 주어진 모양과 똑같이 쌓는 데 필요한 쌓기나무는 몇 개인가요?

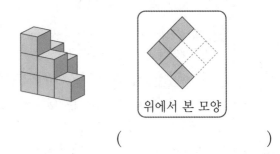

( )

5 쌓기나무로 쌓은 모양을 보고 위에서 본 모양에 수를 썼습니다. 관계있는 것끼리 이어 보세요.

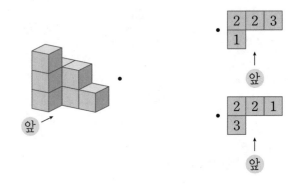

6 쌓기나무로 쌓은 모양과 위에서 본 모양입니다. 앞에서 본 모양을 그려 보세요.

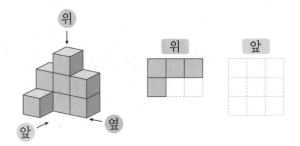

7 뒤집거나 돌렸을 때 같은 모양인 것끼리 이어 보세요.

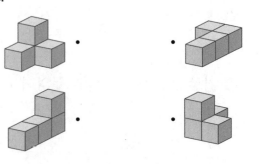

[8~9] 재석이와 친구들이 공원에 있는 조형물 사진을 여러 방향에서 찍었습니다. 물음에 답하세요.

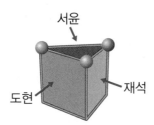

8 다음 사진을 찍은 학생은 누구인가요?

(   )

9 서윤이가 찍은 사진을 찾아 ○표 하세요.

   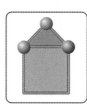   

(   )   (   )   (   )

10 쌓기나무로 쌓은 모양을 보고 위에서 본 모양에 수를 썼습니다. 옆에서 본 모양을 그려 보세요.

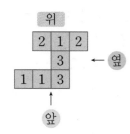

11 쌓기나무를 오른쪽과 같은 모양으로 쌓았습니다. 뒤에서 본 모양으로 가능하지 <u>않은</u> 경우를 찾아 기호를 쓰세요.

가   나   다

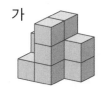

(   )

12 쌓기나무로 쌓은 모양을 위에서 본 모양에 수를 쓰는 방법으로 나타낸 것을 보고 2층의 모양을 그려 보세요.

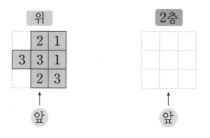

13 쌓기나무로 쌓은 모양과 위에서 본 모양입니다. 초록색 쌓기나무 2개를 빼냈을 때 옆에서 본 모양을 그려 보세요.

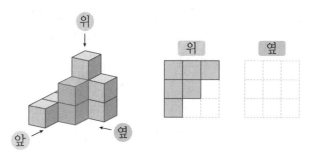

14 쌓기나무로 쌓은 모양의 3층 모양이 다음과 같을 때, 1층과 2층으로 쌓을 수 있는 모양을 찾아 기호를 쓰세요.

(   ) (   )

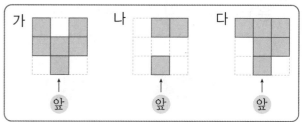

15 위 **14**에서 1층부터 3층까지 똑같은 모양으로 쌓는 데 필요한 쌓기나무는 몇 개인가요?

(   )

16 쌀기나무로 쌓은 모양을 층별로 나타낸 모양을 보고 위와 앞에서 본 모양을 각각 그려 보세요.

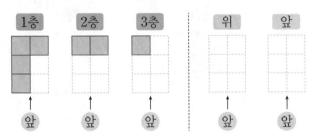

17 가와 나에 쌀기나무를 각각 8개씩 사용하여 조건을 만족하도록 쌓았습니다. 위에서 본 모양에 수를 쓰는 방법으로 나타내 보세요.

조건
• 가와 나는 쌓은 모양이 서로 다릅니다.
• 위, 앞, 옆에서 본 모양이 각각 서로 같습니다.

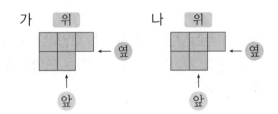

18 쌀기나무를 4개씩 붙여서 만든 두 가지 모양을 사용하여 만들 수 있는 모양을 찾아 기호를 쓰세요.

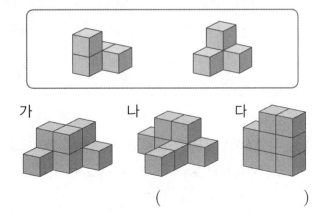

(   )

19 다음과 같이 쌓은 모양에 쌀기나무를 몇 개 더 쌓아 가장 작은 정육면체 모양을 만들려고 합니다. 더 필요한 쌀기나무는 몇 개인지 풀이 과정을 쓰고 답을 구하세요.

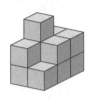

위에서 본 모양

풀이 _____

_____

_____

_____

답 _____

20 위, 앞, 옆에서 본 모양이 다음과 같을 때, 쌓은 쌀기나무의 개수가 가장 많은 경우는 몇 개인지 풀이 과정을 쓰고 답을 구하세요.

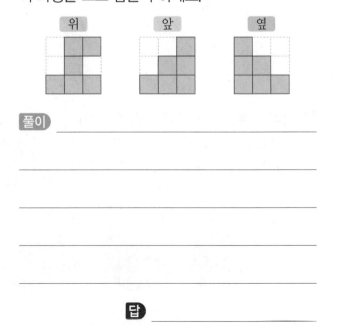

풀이 _____

_____

_____

_____

_____

답 _____

4 비례식과 비례배분

스마트폰을 이용하여 QR 코드를 찍으면
개념 학습 영상을 볼 수 있어요.

4단원 학습 계획표

✔ 이 단원의 표준 학습 일수는 **5일**입니다. 계획대로 공부한 후 확인란에 사인을 받으세요.

1 단계 교과서 바로 알기

핵심 개념 비의 성질

1. 비의 전항과 후항

비 ②:5에서 2와 5를 **항**이라 하고 기호 ' : ' 앞에 있는 **2**를 **전항**, 뒤에 있는 **5**를 **후항** 이라고 합니다.

2. 비의 성질(1)

> 비의 전항과 후항에 **0이 아닌 같은 수를 곱하여도** 비율은 같습니다.

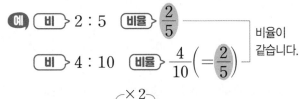

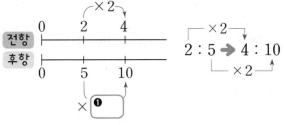

> 2 : 5의 전항과 후항에 2를 곱한
> 4 : 10도 비율이 $\frac{2}{5}$야.

3. 비의 성질(2)

> 비의 전항과 후항을 **0이 아닌 같은 수로 나누어도** 비율은 같습니다.

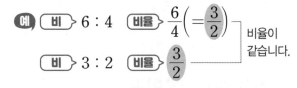

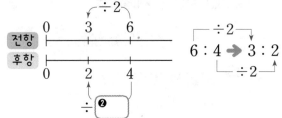

> 6 : 4의 전항과 후항을 2로 나눈
> 3 : 2도 비율이 $\frac{3}{2}$이야.

정답 확인 | ❶ 2 ❷ 2

확인 문제 1~5번 문제를 풀면서 개념 익히기!

1 비를 보고 □ 안에 알맞은 수를 써넣으세요.

(1) 1 : 2 ➡ 전항 □, 후항 □

(2) 5 : 4 ➡ 전항 □, 후항 □

2 비의 전항과 후항에 3을 곱하여 비율이 같은 비를 만들어 보세요.

$$3 : 4 \xrightarrow{\times 3} \boxed{} : \boxed{}$$
(×3)

한번 더! 확인 6~10번 유사문제를 풀면서 개념 다지기!

6 다음에서 설명하는 비를 쓰세요.

(1) 전항이 8, 후항이 5인 비 ➡ □ : □

(2) 후항이 7, 전항이 9인 비 ➡ □ : □

7 비의 전항과 후항을 4로 나누어 비율이 같은 비를 만들어 보세요.

$$16 : 20 \xrightarrow{\div 4} \boxed{} : \boxed{}$$
(÷4)

3 비의 성질을 이용하여 비율이 같은 비를 찾아 이어 보세요.

4 비율이 같은 비를 만들 때 비의 전항과 후항에 곱할 수 <u>없는</u> 수는 어느 것인가요? ············ (   )

① 1000   ② 100   ③ 10
④ 5   ⑤ 0

5 빨간색 크레파스와 보라색 크레파스의 길이의 비와 비율이 같은 비를 1개 쓰세요.

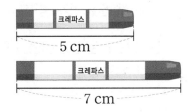

(1) 빨간색 크레파스와 보라색 크레파스의 길이의 비를 쓰세요.

(빨간색 크레파스) : (보라색 크레파스)

➡ □ : □

(2) 위 (1)에서 구한 비의 전항과 후항에 0이 아닌 같은 수를 곱하여 비율이 같은 비를 1개 쓰세요.

(   )

8 비의 성질을 이용하여 비율이 같은 비를 찾아 이어 보세요.

9 24 : 36과 비율이 같은 비를 만들려고 합니다. □ 안에 들어갈 수 <u>없는</u> 수에 ○표 하세요.

$(24 \div \square) : (36 \div \square)$

(0 , 2 , 3 , 4 , 6)

10 키보드의 가로와 세로의 비와 비율이 같은 비를 1개 쓰세요.

풀이

키보드의 가로와 세로의 비는

(가로) : (세로) ➡ □ : □ 입니다.

비의 전항과 후항을 0이 아닌 같은 수로 나누어도 비율이 같으므로 전항과 후항을 3으로 나누면 비율이 같은 비는 □ : □ 입니다.

답 _____

핵심 개념 **간단한 자연수의 비로 나타내기**

1. 자연수의 비를 간단한 자연수의 비로 나타내기
전항과 후항을 두 수의 **공약수**로 나눕니다.

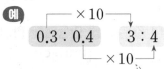

> 가장 간단한 자연수의 비로 나타내려면 최대공약수로 나눠.

전항과 후항을 8과 12의 공약수인 4로 나눕니다.

2. 소수의 비를 간단한 자연수의 비로 나타내기
전항과 후항에 **10, 100, 1000, ...**을 곱합니다.

예
$$\times 10$$
$$0.3 : 0.4 \quad 3 : 4$$
$$\times 10$$

전항과 후항이 소수 한 자리 수이므로 10을 곱합니다.

3. 분수의 비를 간단한 자연수의 비로 나타내기
전항과 후항에 두 **분모**의 **공배수**를 곱합니다.

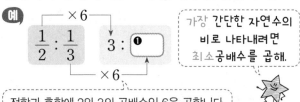

> 가장 간단한 자연수의 비로 나타내려면 최소공배수를 곱해.

전항과 후항에 2와 3의 공배수인 6을 곱합니다.

4. 분수와 소수의 비를 간단한 자연수의 비로 나타내기

예 $\frac{1}{2} : 0.3$을 간단한 자연수의 비로 나타내기

방법 **1** **분수를 소수로** 바꾸어 나타내기

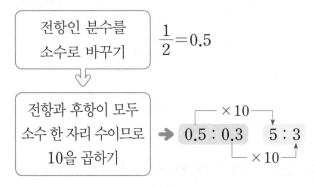

방법 **2** **소수를 분수로** 바꾸어 나타내기

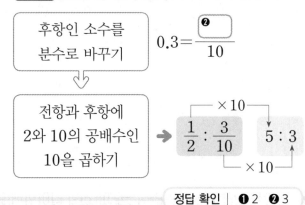

정답 확인 | ❶ 2 ❷ 3

확인 문제 1~5번 문제를 풀면서 개념 익히기!

1 간단한 자연수의 비로 나타내려고 합니다. □ 안에 알맞은 수를 써넣으세요.

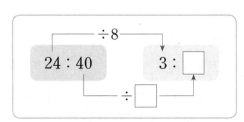

2 $\frac{1}{3} : \frac{4}{5}$를 간단한 자연수의 비로 나타내려면 전항과 후항에 어떤 수를 곱하면 좋을지 쓰세요.

(   )

한번 더! 확인 6~10번 유사문제를 풀면서 **개념 다지기!**

6 간단한 자연수의 비로 나타내려고 합니다. □ 안에 알맞은 수를 써넣으세요.

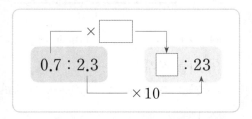

7 $\frac{3}{4} : \frac{2}{3}$를 간단한 자연수의 비로 나타내려면 전항과 후항에 어떤 수를 곱하면 좋을지 쓰세요.

(   )

4 비례식과 비례배분

3 간단한 자연수의 비로 나타내 보세요.

$$18 : 30$$

(1) 18과 30의 공약수를 구하세요.

( )

(2) 전항과 후항을 (1)에서 구한 수로 나누어 간단한 자연수의 비로 나타내 보세요.

( )

4 0.5 : 4.2를 간단한 자연수의 비로 나타낸 것을 찾아 기호를 쓰세요.

ㄱ 1 : 21   ㄴ 4 : 32   ㄷ 5 : 42

( )

5 혜수가 어제 운동한 시간은 $\frac{4}{5}$시간, 오늘 운동한 시간은 1.3시간입니다. 어제 운동한 시간과 오늘 운동한 시간의 비를 간단한 자연수의 비로 나타내 보세요.

(1) $\frac{4}{5}$를 소수로 바꾸어 보세요.

( )

(2) 어제 운동한 시간과 오늘 운동한 시간의 비를 간단한 자연수의 비로 나타내 보세요.

( )

8 간단한 자연수의 비로 나타내 보세요.

$$\frac{3}{8} : \frac{1}{6}$$

(1) 8과 6의 공배수를 구하세요.

( )

(2) 전항과 후항에 (1)에서 구한 수를 곱하여 간단한 자연수의 비로 나타내 보세요.

( )

9 1.6 : 2.3을 간단한 자연수의 비로 바르게 나타낸 사람의 이름을 쓰세요.

16 : 230   16 : 23   160 : 23

건우   서아   민재

( )

서술형 下수

10 수박과 멜론의 무게의 비를 간단한 자연수의 비로 나타내 보세요.

수박 3.2 kg

멜론 $\frac{27}{10}$ kg

풀이

3.2를 분수로 바꾸면 $\frac{\boxed{}}{10}$입니다.

$$\frac{32}{10} : \frac{27}{10} \Rightarrow \left(\frac{32}{10} \times 10\right) : \left(\frac{27}{10} \times \boxed{}\right)$$

$$\Rightarrow \boxed{} : 27$$

따라서 간단한 자연수의 비로 나타내면

$\boxed{} : \boxed{}$입니다.

답

1 전항에는 △표, 후항에는 ○표 하세요.

$$2 : 3 \qquad 11 : 5$$

2 수직선을 이용하여 비의 성질을 알아보려고 합니다. □ 안에 알맞은 수를 써넣으세요.

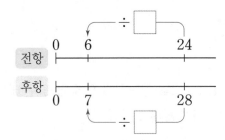

→ 24 : 28의 전항과 후항을 □(으)로 나누어도 비율은 같습니다.

3 비의 성질을 이용하여 간단한 자연수의 비로 나타내려고 합니다. □ 안에 알맞은 수를 써넣으세요.

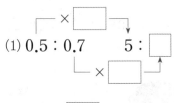

(1) $0.5 : 0.7$ → $5 : \Box$

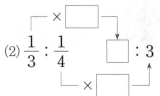

(2) $\dfrac{1}{3} : \dfrac{1}{4}$ → $\Box : 3$

4 8 : 10과 비율이 같은 것을 찾아 기호를 쓰세요.

$$\begin{array}{l} ㉠ \ (8+2) : (10+2) \\ ㉡ \ (8×0) : (10×0) \\ ㉢ \ (8÷2) : (10÷2) \end{array}$$

( )

5 비 9 : 2에 대해 잘못 말한 사람의 이름을 쓰세요.

소윤: 전항은 9이고, 후항은 2야.

서준: 4 : 18과 비율이 같아.

( )

6 간단한 자연수의 비로 나타내 보세요.

$$0.9 : 3.5$$

( )

7 56 : 24를 간단한 자연수의 비로 나타낸 것은 어느 것인가요? ·········· ( )

① 3 : 7   ② 7 : 3   ③ 8 : 3
④ 8 : 7   ⑤ 9 : 8

8 비의 성질을 이용하여 3 : 2와 비율이 같은 비를 찾아 기호를 쓰세요.

$$㉠ \ 2 : 3 \qquad ㉡ \ 9 : 4 \qquad ㉢ \ 15 : 10$$

( )

9 $2\frac{1}{5}$: 1.8을 간단한 자연수의 비로 나타내려고 합니다. 바르게 설명한 것의 기호를 쓰세요.

> ㉠ 전항을 소수 2.5로 바꾸고 전항과 후항에 10을 곱하여 25 : 18로 나타낼 수 있습니다.
>
> ㉡ 후항을 분수 $\frac{18}{10}$로 바꾸고 전항과 후항에 10을 곱하여 22 : 18로 나타낼 수 있습니다.

(   )

10 가로와 세로의 비를 간단한 자연수의 비로 나타내면 4 : 5인 직사각형 모양 종이를 찾아 기호를 쓰세요.

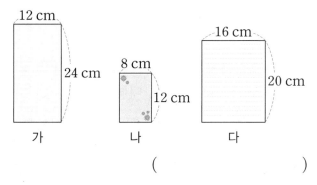

(   )

11 이모가 사 오신 피자의 $\frac{1}{4}$을 주아가 먹고 $\frac{2}{3}$를 동생이 먹었습니다. 동생이 먹은 피자 양에 대한 주아가 먹은 피자 양의 비를 간단한 자연수의 비로 나타내 보세요.

(   )

12 주어진 비의 전항과 후항을 0이 아닌 같은 자연수로 나누어 비율이 같은 비를 만들려고 합니다. 만들 수 있는 자연수의 비를 모두 쓰세요.

30 : 45

(   )

13 1.5 : $\frac{7}{10}$을 간단한 자연수의 비로 나타내려고 합니다. 두 가지 방법으로 나타내 보세요.

>  전항을 분수로 바꾸어 나타내기

> **방법 2** 후항을 소수로 바꾸어 나타내기

 서술형 中 수   문제 해결의 **전략** 을 보면서 풀어 보자.

14 빵가루 690 g 중 240 g을 사용하여 튀김을 만들었습니다. 사용한 빵가루 무게와 남은 빵가루 무게의 비를 간단한 자연수의 비로 나타내 보세요.

전략 (전체 빵가루 무게)−(사용한 빵가루 무게)

❶ (남은 빵가루 무게)

　＝690− ☐ ＝ ☐ (g)

❷ (사용한 빵가루 무게) : (남은 빵가루 무게)

　➡ 240 : ☐

전략 비의 성질을 이용하여 간단한 자연수의 비로 나타내자.

❸ 240 : ☐

　➡ (240÷30) : (☐ ÷ ☐)

　➡ ☐ : ☐

답 _____

핵심 개념 비례식

1. 비례식

비율이 같은 두 비를 기호 '='를 사용하여 나타낸 식을 **비례식**이라고 합니다.

예 2 : 3의 비율 ➡ $\dfrac{2}{3}$

4 : 6의 비율 ➡ $\dfrac{4}{6}\left(=\dfrac{❶}{3}\right)$ — 비율이 같습니다.

➡ **2 : 3 = 4 : 6** — 두 비 2 : 3과 4 : 6의 비율이 같으므로 기호 '='를 사용하여 비례식으로 나타냅니다.

2. 비례식의 외항과 내항

비례식 2 : 3 = 4 : 6에서 바깥쪽에 있는 2와 6을 **외항**, 안쪽에 있는 3과 4를 **내항**이라고 합니다.

외항
2 : 3 = 4 : 6
내항

3. 비의 성질을 이용하여 비례식 만들기

(1) 전항과 후항에 0이 아닌 같은 수를 곱하여 비례식 만들기

예 5 : 7 = 10 : ❷ (×2, ×2)

• 5 : 7과 10 : 14의 비율이 같습니다.
• 외항은 5와 14이고, 내항은 7과 10입니다.

(2) 전항과 후항을 0이 아닌 같은 수로 나누어 비례식 만들기

예 9 : 24 = 3 : 8 (÷3, ÷❸)

• 9 : 24와 3 : 8의 비율이 같습니다.
• 외항은 9와 8이고, 내항은 24와 3입니다.

정답 확인 | ❶ 2 ❷ 14 ❸ 3

확인 문제 1~5번 문제를 풀면서 개념 익히기!

1 □ 안에 알맞은 수를 써넣으세요.

$$2 : 5 = 6 : 15$$

외항은 2와 □, 내항은 □와/과 6입니다.

2 비례식 1 : 4 = 3 : 12에서 두 비의 비율을 비교하려고 합니다. □ 안에 알맞은 수를 써넣고, 알맞은 말에 ○표 하세요.

• 1 : 4의 비율 ➡ $\dfrac{1}{\Box}$

• 3 : 12의 비율 ➡ $\dfrac{3}{\Box}\left(=\dfrac{1}{\Box}\right)$

➡ 두 비의 비율이 (같습니다 , 다릅니다).

한번 더! 확인 6~10번 유사문제를 풀면서 개념 다지기!

6 □ 안에 알맞은 말을 써넣으세요.

$$9 : 4 = 18 : 8$$

비례식에서 바깥쪽에 있는 9와 8을 □, 안쪽에 있는 4와 18을 □ 이라고 합니다.

7 비례식 5 : 3 = 10 : 6에서 두 비의 비율을 비교하려고 합니다. □ 안에 알맞은 수를 써넣고, 알맞은 말에 ○표 하세요.

• 5 : 3의 비율 ➡ $\dfrac{5}{\Box}$

• 10 : 6의 비율 ➡ $\dfrac{10}{\Box}\left(=\dfrac{5}{\Box}\right)$

➡ 두 비의 비율이 (같습니다 , 다릅니다).

3 내항이 6, 10인 비례식에 ○표 하세요.

$$6 : 10 = 12 : 20 \quad (\qquad)$$

$$20 : 6 = 10 : 3 \quad (\qquad)$$

8 외항이 7, 12인 비례식의 기호를 쓰세요.

> ㉠ $7 : 3 = 28 : 12$
> ㉡ $14 : 24 = 7 : 12$

$$(\qquad\qquad\qquad)$$

4 비의 성질을 이용하여 비례식을 만들어 보세요.

5 : 9는 전항과 후항에 3을 곱한

$\boxed{} : \boxed{}$ 와/과 비율이 같습니다.

➡ 비례식 $5 : 9 = \boxed{} : \boxed{}$

9 비의 성질을 이용하여 비례식을 만들어 보세요.

15 : 5는 전항과 후항을 5로 나눈

$\boxed{} : \boxed{}$ 와/과 비율이 같습니다.

➡ 비례식 $15 : 5 = \boxed{} : \boxed{}$

5 4 : 5와 비율이 같은 비를 찾아 비례식으로 나타내 보세요.

$$10 : 8 \qquad 12 : 15$$

(1) 세 비의 비율을 각각 구하세요.

비	4 : 5	10 : 8	12 : 15
비율	$\dfrac{4}{5}$	$\dfrac{10}{\boxed{}}\left(=\dfrac{5}{\boxed{}}\right)$	$\dfrac{12}{\boxed{}}\left(=\dfrac{4}{\boxed{}}\right)$

(2) 위 (1)에서 4 : 5와 비율이 같은 비를 찾아 비례식으로 나타내 보세요.

$$4 : 5 = \boxed{} : \boxed{}$$

서술형 下수

10 8 : 6과 비율이 같은 비를 찾아 비례식으로 나타내 보세요.

$$4 : 3 \qquad 18 : 24$$

풀이

8 : 6의 비율은 $\dfrac{8}{\boxed{}}\left(=\dfrac{4}{\boxed{}}\right)$, 4 : 3의 비율은 $\dfrac{\boxed{}}{3}$, 18 : 24의 비율은 $\dfrac{\boxed{}}{24}\left(=\dfrac{\boxed{}}{4}\right)$입니다.

➡ 8 : 6과 비율이 같은 비는 $\boxed{} : \boxed{}$ 입니다.

답 _____

핵심 개념 비례식의 성질

1. 비례식의 성질

> 비례식에서 **외항의 곱**과 **내항의 곱**은 **같습니다.**

(외항의 곱)=3×14=42

$3 : 7 = 6 : 14$ 같습니다.

(내항의 곱)=7×6= ❶

비례식인지 아닌지 어떻게 알 수 있지?

외항의 곱과 내항의 곱이 같으면 비례식이야.

2. 비례식의 성질 활용하기

외항의 곱과 내항의 곱이 같다는 비례식의 성질을 이용하여 ■의 값을 구할 수 있습니다.

예 ■ : 3 = 10 : 6에서 ■의 값 구하기

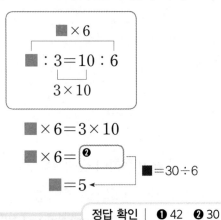

$$■ × 6 = 3 × 10$$
$$■ × 6 = ❷$$
■ = 30÷6
■ = 5

정답 확인 | ❶ 42   ❷ 30

확인 문제 1~5번 문제를 풀면서 개념 익히기!

1 □ 안에 알맞은 수를 써넣으세요.

$2 × 27 = \boxed{}$

$2 : 9 = 6 : 27$

$9 × 6 = \boxed{}$

2 비례식을 보고 물음에 답하세요.

$2 : 5 = 4 : 10$

(1) 외항의 곱과 내항의 곱을 각각 구하세요.

외항의 곱 (   )

내항의 곱 (   )

(2) 알맞은 말에 ○표 하세요.

> 비례식에서 외항의 곱과 내항의 곱은 (같습니다 , 다릅니다).

한번 더! 확인 6~10번 유사문제를 풀면서 개념 다지기!

6 비례식에서 외항의 곱과 내항의 곱을 각각 구하세요.

$1 : 2 = 4 : 8$

(외항의 곱)=1× $\boxed{}$ = $\boxed{}$

(내항의 곱)=2× $\boxed{}$ = $\boxed{}$

7 비례식을 보고 물음에 답하세요.

$12 : 6 = 2 : 1$

(1) 외항의 곱과 내항의 곱을 각각 구하세요.

외항의 곱 (   )

내항의 곱 (   )

(2) 위 (1)에서 구한 외항의 곱과 내항의 곱의 크기를 비교하여 ○ 안에 >, =, <를 알맞게 써넣으세요.

외항의 곱 ◯ 내항의 곱

3 비례식의 성질을 이용하여 ■의 값을 구하려고 합니다. □ 안에 알맞은 수를 써넣으세요.

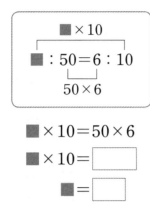

■ × 10 = 50 × 6

■ × 10 = ☐

■ = ☐

4 비례식이면 ○표, 비례식이 <u>아니면</u> × 표 하세요.

(1) $1 : 3 = 2 : 9$ (   )

(2) $4 : 3 = 16 : 12$ (   )

5 ■ 안에 알맞은 수가 더 큰 비례식의 기호를 쓰세요.

| ㉠ 7 : 6 = 14 : ■   ㉡ 3 : 2 = ■ : 6 |

(1) ㉠의 ■ 안에 알맞은 수를 구하세요.

(   )

(2) ㉡의 ■ 안에 알맞은 수를 구하세요.

(   )

(3) ■ 안에 알맞은 수가 더 큰 비례식은 ㉠과 ㉡ 중 어느 것인가요?

(   )

8 비례식의 성질을 이용하여 ●의 값을 구하려고 합니다. □ 안에 알맞은 수를 써넣으세요.

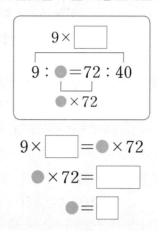

9 × ☐ = ● × 72

● × 72 = ☐

● = ☐

9 비례식을 말한 사람의 이름을 쓰세요.

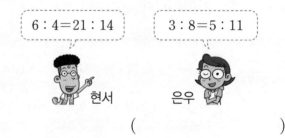

(   )

🏅 서술형 下수

10 ■ 안에 알맞은 수가 더 큰 비례식의 기호를 쓰세요.

| ㉠ ■ : 18 = 4 : 9   ㉡ 21 : ■ = 7 : 3 |

풀이

비례식에서 (외항의 곱)＝(내항의 곱)이므로

㉠ ■ × 9 = ☐ × 4, ■ × 9 = ☐ ,

■ = ☐

㉡ 21 × ☐ = ■ × 7, ■ × 7 = ☐ ,

■ = ☐

따라서 8 < 9이므로 ■ 안에 알맞은 수가 더 큰 비례식은 ☐ 입니다.

답

핵심 개념 **비례식 활용하기**

> 예 쿠키를 만들려면 밀가루 10 g에 버터 4 g이 필요합니다.
> 밀가루 120 g으로 쿠키를 만들 때 버터는 몇 g 필요한가요?

방법 1 비례식의 성질을 이용하여 구하기
① 밀가루와 버터의 양을 비로 나타내기
 (밀가루 양) : (버터 양) ➜ 10 : 4
② 밀가루 120 g으로 쿠키를 만들 때 필요한 버터 양을 ■ g이라 놓고 비례식 세우기
 $10 : 4 = 120 : ■$
③ 비례식의 성질을 이용하여 ■ 구하기
 (외항의 곱)=(내항의 곱)이므로
 $10 × ■ = 4 × 120$, $10 × ■ = 480$,
 ■ = ⓿[   ]

따라서 필요한 버터는 48 g입니다.

참고 다른 방법으로 문제 해결하기

> 밀가루 1 g당 필요한 버터 양은 $4 ÷ 10 = 0.4 (g)$ 이야. 밀가루 120 g으로 쿠키를 만들 때 필요한 버터 양은 밀가루 1 g당 필요한 버터 양의 120배 이므로 $0.4 × 120 = 48 (g)$이야.

방법 2 비의 성질을 이용하여 구하기
① 밀가루와 버터의 양을 비로 나타내기
 (밀가루 양) : (버터 양) ➜ 10 : 4
② 비의 성질을 이용하여 밀가루 120 g으로 쿠키를 만들 때 필요한 버터 양 ■ g 구하기
 비의 전항과 후항에 0이 아닌 같은 수를 곱해도 비율은 같으므로

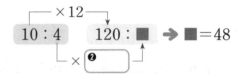

따라서 필요한 버터는 48 g입니다.

> (비율)$=\dfrac{(비교하는 양)}{(기준량)}$ 을 이용하면 $\dfrac{4}{10}=\dfrac{■}{120}$ 이므로 ■=48이야. 따라서 밀가루 120 g으로 쿠키를 만들 때 필요한 버터는 48 g이야.

정답 확인 | ⓿ 48 ❷ 12

확인 문제 1~4번 문제를 풀면서 개념 익히기!

1 직사각형의 가로와 세로의 비는 3 : 2입니다. 세로를 ● cm라 하여 비례식을 세우고, 비례식의 성질을 이용하여 세로를 구하려고 합니다. □ 안에 알맞은 수를 써넣으세요.

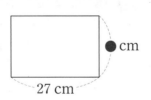

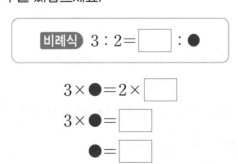

비례식 $3 : 2 = \boxed{} : ●$

$3 × ● = 2 × \boxed{}$
$3 × ● = \boxed{}$
$● = \boxed{}$
따라서 세로는 $\boxed{}$ cm입니다.

한번 더! 확인 5~8번 유사문제를 풀면서 개념 다지기!

5 직각삼각형의 밑변의 길이와 높이의 비는 5 : 12입니다. 밑변의 길이를 ▲ cm라 하고 비의 성질을 이용하여 밑변의 길이를 구하려고 합니다. □ 안에 알맞은 수를 써넣으세요.

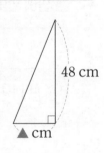

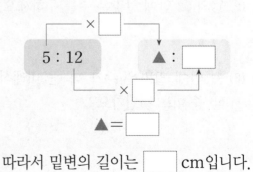

▲ = $\boxed{}$

따라서 밑변의 길이는 $\boxed{}$ cm입니다.

2 쌀과 콩을 7 : 3으로 섞어서 밥을 지으려고 합니다. 쌀을 350 g 넣으면 콩은 **몇 g** 넣어야 하는지 구하세요.

(1) 구하려는 것을 ▲ g이라고 하여 비례식을 바르게 세운 것에 ○표 하세요.

7 : 3 = 350 : ▲	7 : 3 = ▲ : 350
( )	( )

(2) 콩은 몇 g을 넣어야 하는지 구하세요. 꼭 단위까지 따라 쓰세요.

(g)

3 초콜릿 5개의 가격이 1000원입니다. 초콜릿 20개의 가격은 얼마인지 구하세요.

(1) 초콜릿 20개의 가격을 ■원이라 하고 비례식을 세워 보세요.

비례식 5 : ☐ = 20 : ■

(2) 초콜릿 20개의 가격을 구하세요.

(원)

4 50초 동안 4 L의 물이 나오는 수도가 있습니다. 수도에서 나오는 물의 양은 일정할 때 이 수도에서 12 L의 물이 나오는 데 **몇 초가** 걸리는지 구하세요.

(1) 12 L의 물이 나오는 데 걸리는 시간을 ●초라 하고 비례식을 세워 보세요.

비례식 _____

(2) 몇 초가 걸리는지 구하세요.

(초)

6 간장과 참기름을 3 : 1로 섞어서 양념장을 만들려고 합니다. 참기름을 16 g 넣으면 간장은 **몇 g** 넣어야 하는지 구하세요.

(1) 구하려는 것을 ● g이라고 하여 비례식을 바르게 세운 것의 기호를 쓰세요.

㉠ 3 : 1 = 16 : ●	㉡ 3 : 1 = ● : 16
( )	

(2) 간장은 몇 g을 넣어야 하는지 구하세요.

(g)

7 아이스크림 2통의 가격이 6000원입니다. 9000원으로 아이스크림을 **몇 통** 살 수 있는지 구하세요.

(1) 9000원으로 살 수 있는 아이스크림 통 수를 ★개라 하고 비례식을 세워 보세요.

비례식 2 : ☐ = ★ : ☐

(2) 9000원으로 아이스크림을 몇 통 살 수 있는지 구하세요.

(통)

🏅 서술형 下수

8 3시간 동안 장난감 140개를 만드는 공장에서 장난감 700개를 만드는 데 **몇 시간**이 걸리는지 구하세요.

풀이

장난감 700개를 만드는 데 걸리는 시간을 ▲시간이라 하고 비례식을 세우면

3 : ☐ = ▲ : 700입니다.

(외항의 곱) = (내항의 곱)이므로

3 × ☐ = 140 × ▲, 140 × ▲ = ☐,

▲ = ☐ (시간)입니다.

답 _____ 시간

1 □ 안에 알맞은 말을 써넣으세요.

> 비율이 같은 두 비를 기호 '='를 사용하여 3 : 8 = 6 : 16과 같이 나타낸 식을 [   ](이)라고 합니다.

2 비례식에서 외항에 ○표 하세요.

> 7 : 4 = 21 : 12

[3~4] 비의 성질을 이용하여 비례식을 세우려고 합니다.
□ 안에 알맞은 수나 식을 써넣으세요.

3
> 5 : 9는 전항과 후항에 2를 곱한
> [   ] : [   ]과/와 비율이 같습니다.
> 이를 비례식으로 나타내면
> 5 : 9 = [   ] : [   ] 입니다.

4
> 32 : 12는 전항과 후항을 4로 나눈
> [   ] : [   ]과/와 비율이 같습니다.
> 이를 비례식으로 나타내면
> [   ] 입니다.

5 두 내항의 합이 21인 비례식의 기호를 쓰세요.

> ㉠ 4 : 5 = 16 : 20
> ㉡ 18 : 27 = 2 : 3

(   )

6 비례식을 찾아 기호를 쓰세요.

> ㉠ 25 ÷ 5 = 20 ÷ 4
> ㉡ 6 × 3 = 9 × 2
> ㉢ 10 : 3 = 60 : 18

(   )

7 비례식 5 : 3 = 15 : 9에 대한 설명으로 잘못된 것의 기호를 쓰세요.

> ㉠ 두 비 5 : 3과 15 : 9의 비율이 같으므로 비례식 5 : 3 = 15 : 9로 나타낼 수 있습니다.
> ㉡ 비례식 5 : 3 = 15 : 9에서 내항은 5와 15이고, 외항은 3과 9입니다.

(   )

8 외항이 6과 20, 내항이 5와 24인 비례식을 만들어 보세요.

[   ] : [   ] = [   ] : [   ]

9 비례식을 말한 사람의 이름을 쓰세요.

지안 유찬

( )

10 비례식에서 □ 안에 알맞은 수를 써넣으세요.

(1) 4 : 9 = □ : 81

(2) 8 : 5 = 64 : □

11 □ 안에 알맞은 수가 18인 비례식의 기호를 쓰세요.

㉠ 14 : □ = 7 : 5

㉡ 9 : 2 = □ : 4

( )

12 다음 문제를 해결하려고 합니다. 물음에 답하세요.

음료수와 과자의 가격의 비는 4 : 3입니다. 음료수가 1600원일 때 과자의 가격을 구하세요.

(1) 과자의 가격을 □원이라 하고 비례식을 세워 보세요.

비례식

(2) 과자의 가격은 얼마인지 구하세요.

( )

13 비율이 같은 두 비를 찾아 비례식으로 나타내 보세요.

2 : 7   4 : 7   8 : 14

( )

14 ㉠과 ㉡에 알맞은 수의 합을 구하세요.

• ㉠ : 5 = 14 : 35

• 12 : 7 = ㉡ : 42

( )

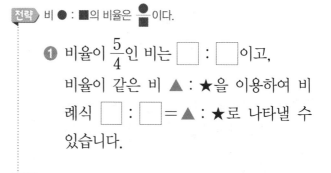

15 다음을 모두 만족하는 비례식을 구하세요.

• 비율은 $\frac{5}{4}$입니다.

• 내항은 4와 10입니다.

전략 비 ● : ■의 비율은 $\frac{●}{■}$이다.

❶ 비율이 $\frac{5}{4}$인 비는 □ : □이고, 비율이 같은 비 ▲ : ★을 이용하여 비례식 □ : □ = ▲ : ★로 나타낼 수 있습니다.

전략 비례식 ● : ■ = ▲ : ★에서 내항은 ■와 ▲이다.

❷ 비례식 5 : 4 = ▲ : ★에서 내항이 4와 10이므로 ▲ = □입니다.

❸ 비례식 5 : 4 = 10 : ★에서 외항의 곱과 내항의 곱이 같으므로

5 × ★ = □, ★ = □입니다.

답

16 비례식에서 ★에 들어갈 수가 서로 같을 때 □ 안에 알맞은 수를 구하세요.

> · 8 : 3 = ★ : 9
> · □ : ★ = 7 : 6

( )

[17~18] 우유 100 mL에 바나나 30 g을 넣어 바나나우유 한 병을 만들었습니다. 바나나우유 8병을 만드는 데 필요한 우유 양과 바나나 양을 구하려고 합니다. 물음에 답하세요.

17 바나나우유 8병을 만드는 데 필요한 우유는 몇 mL인지 비례식을 세우고 답을 구하세요.

비례식 _____

답 _____

18 바나나우유 8병을 만드는 데 필요한 바나나는 몇 g인지 비례식을 세우고 답을 구하세요.

비례식 _____

답 _____

19 비례식에서 □ 안에 알맞은 수를 구하세요.

$$2\frac{2}{5} : 1\frac{1}{3} = 9 : \square$$

( )

20 쌀과 잡곡을 4 : 3으로 섞어 잡곡밥을 지으려고 합니다. 쌀을 200 g 넣을 때 잡곡을 몇 g 넣어야 하는지 구하세요.

( )

21 높이가 6 m인 나무의 그림자의 길이가 2 m입니다. 같은 시각에 생긴 옆 건물 그림자의 길이가 3 m라면 옆 건물의 높이는 몇 m인지 구하세요.

( )

22 어느 지도에서의 거리 5 cm는 실제 거리 200 km를 나타냅니다. 지도에서의 거리 20 cm는 실제 거리 몇 km를 나타내는지 구하세요.

( )

23 4분 동안 15 L의 물이 일정하게 나오는 수도로 90 L 들이의 통에 물을 가득 채우려고 합니다. 몇 분 동안 물을 받아야 하는지 구하세요.

( )

24 소영이네 학교 6학년 남학생과 여학생 수의 비는 12 : 11입니다. 소영이네 학교 6학년 남학생이 180명이라면 6학년 여학생은 몇 명인지 구하세요.

(   )

25 비례식에서 □ 안에 알맞은 수가 큰 순서대로 ○ 안에 1, 2, 3을 써넣으세요.

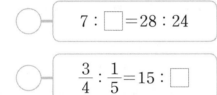

$$7 : \boxed{} = 28 : 24$$

$$\frac{3}{4} : \frac{1}{5} = 15 : \boxed{}$$

$$5 : 9 = \boxed{} : 27$$

26 일정한 빠르기로 8분 동안 10 km를 갈 수 있는 자동차가 있습니다. 이 자동차가 같은 빠르기로 1시간 동안 갈 수 있는 거리는 몇 km인지 구하세요.

(   )

27 밑변의 길이와 높이의 비가 5 : 3인 평행사변형입니다. 이 평행사변형의 넓이는 몇 cm²인가요?

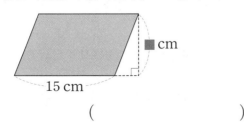

                 □ cm

15 cm

(   )

28 비례식에서 ㉮와 ㉯의 곱이 48일 때 □ 안에 알맞은 수를 구하세요.

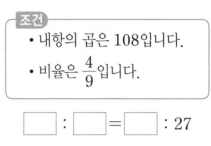

$$㉮ : \boxed{} = 2 : ㉯$$

(   )

29 조건 에 맞게 비례식을 완성해 보세요.

> 조건
> • 내항의 곱은 108입니다.
> • 비율은 $\frac{4}{9}$입니다.

$$\boxed{} : \boxed{} = \boxed{} : 27$$

서술형 中수   문제 해결의 전략 을 보면서 풀어 보자.

30 정인이네 반 학생의 25 %가 안경을 쓰고 있습니다. 안경을 쓴 학생이 6명이라면 정인이네 반 학생은 모두 몇 명인지 구하세요.

전략 정인이네 반 전체 학생 수를 ●명이라 하고 비례식을 세우자.

❶ 정인이네 반 전체 학생 수는 $\boxed{}$ % 이므로 정인이네 반 학생의 25 %가 6명일 때 정인이네 반 전체 학생 수 ●명을 구하는 비례식을 세우면

$$25 : 6 = \boxed{} : ●입니다.$$

전략 비례식의 성질을 이용하여 ●의 값을 구하자.

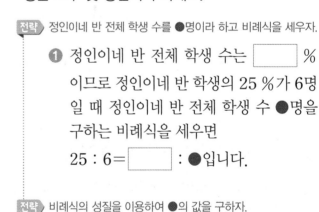

❷ $25 × ● = 6 × \boxed{}$,

$25 × ● = \boxed{}$, $● = \boxed{}$

❸ 따라서 정인이네 반 학생은 모두 $\boxed{}$명입니다.

답 _____

핵심 개념 비례배분

1. 비례배분

전체를 주어진 비로 배분하는 것을 **비례배분**이라고 합니다.

> **예** 지혜와 윤수가 구슬 10개를 **2 : 3**으로 나누어 가지려고 합니다.

(1) 그림으로 알아보기

구슬 10개를 2개와 3개씩 번갈아 가집니다.

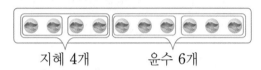

지혜 4개 윤수 6개

(2) 수직선으로 알아보기

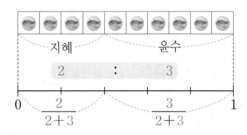

(3) 식으로 알아보기

$$지혜: 10 \times \frac{2}{2+3} = 10 \times \frac{2}{5} = 4(개)$$

$$윤수: 10 \times \frac{3}{2+3} = 10 \times \frac{3}{5} = ❶ (개)$$

2. 비례배분 문제 해결하기

> **예** 수지와 경호는 할머니께서 주신 용돈 9000원을 4 : 5로 나누었습니다. 수지가 받은 용돈은 얼마인지 알아보세요.

방법 1 비례배분 이용하기

수지가 받은 용돈은 전체 용돈의 $\frac{4}{4+5}$이므로 $9000 \times \frac{4}{9} = ❷$ (원)입니다.

방법 2 비례식 이용하기

수지와 경호가 받은 용돈의 비가 4 : 5이므로 전체 용돈에 대한 수지가 받은 용돈의 비는 4 : (4+5) ➡ 4 : 9입니다.

수지가 받은 용돈을 □원이라 하고 비례식을 세우면 4 : 9 = □ : 9000입니다.

4 × 9000 = 9 × □, □ = 4000(원)입니다.

> 비의 성질을 이용하여 구할 수도 있어.
> 수지가 받은 용돈을 □원이라 하면
>
>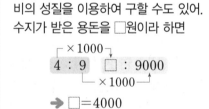
>
> ➡ □ = 4000

정답 확인 | ❶ 6 ❷ 4000

확인 문제 1~4번 문제를 풀면서 개념 익히기!

1 길이가 35 cm인 색 테이프를 3 : 2로 나누려고 합니다. □ 안에 알맞은 수를 써넣으세요.

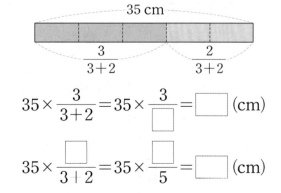

$$35 \times \frac{3}{3+2} = 35 \times \frac{3}{\square} = \square \text{ (cm)}$$

$$35 \times \frac{\square}{3+2} = 35 \times \frac{\square}{5} = \square \text{ (cm)}$$

한번 더! 확인 5~8번 유사문제를 풀면서 개념 다지기!

5 길이가 40 cm인 리본을 5 : 3으로 나누려고 합니다. □ 안에 알맞은 수를 써넣으세요.

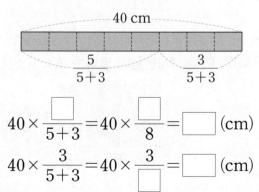

$$40 \times \frac{\square}{5+3} = 40 \times \frac{\square}{8} = \square \text{ (cm)}$$

$$40 \times \frac{3}{5+3} = 40 \times \frac{3}{\square} = \square \text{ (cm)}$$

4 비례식과 비례배분

2 18을 5 : 1로 나누려고 합니다. □ 안에 알맞은 수를 써넣으세요.

$$18 \times \frac{5}{\boxed{}} = \boxed{}$$

$$18 \times \frac{\boxed{}}{6} = \boxed{}$$

6 24를 2 : 6으로 나누려고 합니다. □ 안에 알맞은 수를 써넣으세요.

$$24 \times \frac{2}{\boxed{}} = \boxed{}$$

$$24 \times \frac{\boxed{}}{8} = \boxed{}$$

3 20을 4 : 1로 바르게 나눈 사람의 이름을 쓰세요.

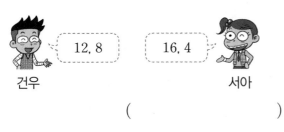

건우   12, 8   16, 4   서아

(   )

7 42를 4 : 3으로 바르게 나눈 것에 ○표 하세요.

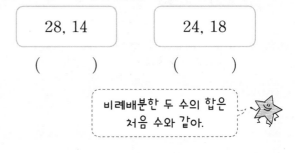

| 28, 14 | 24, 18 |

(   )   (   )

> 비례배분한 두 수의 합은 처음 수와 같아.

4 철사 81 cm를 은석이와 승준이가 5 : 4로 나누어 가졌습니다. 두 사람이 가진 철사는 각각 **몇 cm**인지 구하세요.

(1) 두 사람이 가진 철사는 각각 전체의 몇 분의 몇인지 분수로 나타내 보세요.

이름	은석	승준
분수		

(2) 두 사람이 가진 철사는 각각 몇 cm인지 구하세요.

> 꼭 단위까지 따라 쓰세요.

은석 (cm   )

승준 (cm   )

🏅 서술형 下수

8 클립 120개를 시현이와 영진이가 7 : 5로 나누어 가졌습니다. 두 사람이 가진 클립은 각각 **몇 개**인지 구하세요.

풀이

시현이가 가진 클립은 $120 \times \dfrac{\boxed{}}{12} = \boxed{}$ (개),

영진이가 가진 클립은 $120 \times \dfrac{\boxed{}}{12} = \boxed{}$ (개)

입니다.

답 시현: _____ 개

영진: _____ 개

1 ☐ 안에 알맞은 말을 써넣으세요.

> 전체를 주어진 비로 배분하는 것을
> ☐ 이라고 합니다.

2 28을 3 : 4로 나누려고 합니다. ☐ 안에 알맞은 수를 써넣으세요.

$$28 \times \frac{3}{\square + 4} = \square$$

$$28 \times \frac{\square}{3 + \square} = \square$$

3 색종이 55장을 은총이와 다정이가 8 : 3으로 나누어 가졌습니다. 은총이가 가진 색종이 수를 구하는 식을 찾아 ◯표 하세요.

$$55 \times \frac{3}{11}$$ $$55 \times \frac{3}{8}$$ $$55 \times \frac{8}{11}$$

(   )   (   )   (   )

4 49를 2 : 5로 나눈 것입니다. ㉠과 ㉡에 알맞은 수를 각각 구하세요.

$$49 \times \frac{2}{㉠ + 5} = 14, \quad 49 \times \frac{5}{2 + 5} = ㉡$$

㉠ (   )

㉡ (   )

5 10000원을 정아와 동생이 6 : 4로 나누어 가졌습니다. 두 사람이 가진 돈은 각각 얼마인지 구하세요.

정아: $$10000 \times \frac{\square}{10} = \boxed{}$$ (원)

동생: $$10000 \times \frac{\square}{10} = \boxed{}$$ (원)

6 ☐ 안의 수를 7 : 2로 나누어 [,] 안에 쓰세요.

> 72

→ [,   ]

7 화병에 꽂은 장미와 튤립은 모두 12송이이고, 장미와 튤립 수의 비는 1 : 2입니다. 화병에 꽂은 장미는 몇 송이인지 소윤이가 구한 과정입니다. **잘못** 계산한 부분을 찾아 바르게 계산해 보세요.

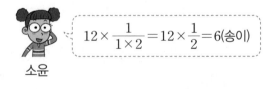

소윤 $$12 \times \frac{1}{1 \times 2} = 12 \times \frac{1}{2} = 6(송이)$$

→ _____

8 카드 85장을 동생과 형이 2 : 3으로 나누어 가지려고 합니다. 동생과 형은 각각 몇 장씩 가질 수 있는지 알맞게 이어 보세요.

9 민기와 정호의 몸무게 합은 96 kg입니다. 민기와 정호의 몸무게의 비가 9 : 7일 때 정호의 몸무게는 몇 kg인지 구하세요.

( )

10 어느 박물관의 초등학생과 중고등학생의 입장료의 비는 5 : 6입니다. 초등학생인 주원이와 고등학생인 언니가 입장료로 4400원을 냈을 때 주원이의 입장료는 얼마인지 두 가지 방법으로 구하세요.

방법 1 비례배분 이용하기

방법 2 비례식 이용하기

11 한 변의 길이가 20 cm인 정사각형 모양의 종이를 넓이의 비가 3 : 1이 되도록 나누었습니다. 나누어진 두 개의 종이 중 더 넓은 종이의 넓이는 몇 cm^2인지 구하세요.

(1) 나누기 전 종이의 넓이는 몇 cm^2인가요?

( )

(2) 나누어진 두 개의 종이 중 더 넓은 종이의 넓이는 몇 cm^2인가요?

( )

서술형 中수 문제 해결의 전략 을 보면서 풀어 보자.

12 63을 다음에서 설명하는 비로 나누어 보세요.

· 전항은 2입니다.
· 비율은 $\frac{2}{7}$입니다.

전략 비 ● : ■에서 전항은 ●, 후항은 ■이다.

❶ 전항이 2인 비는 $\boxed{}$: ■입니다.

전략 비율이 $\frac{●}{■}$인 비는 ● : ■이다.

❷ 비율이 $\frac{2}{7}$이므로 비는 $\boxed{}$: $\boxed{}$입니다.

전략 63을 위 ❷에서 구한 비로 배분한다.

❸ 63을 2 : 7로 나누면

$63 \times \dfrac{\boxed{}}{2+7} = 63 \times \dfrac{\boxed{}}{9} = \boxed{}$

$63 \times \dfrac{\boxed{}}{2+\boxed{}} = 63 \times \dfrac{\boxed{}}{9} = \boxed{}$

답 _____ , _____

BOOK❷ 39쪽

🖊 키워드 문제

1-1 35를 주어진 비로 나누어 보세요.

$$\dfrac{1}{4} : \dfrac{1}{3}$$

전략 $\dfrac{1}{4} : \dfrac{1}{3}$ 을 간단한 자연수의 비로 나타내자.

❶ 전항과 후항에 두 분모의 □□□인 12를 곱합니다.

$$\left(\dfrac{1}{4}\times 12\right) : \left(\dfrac{1}{3}\times\boxed{}\right) \Rightarrow \boxed{} : \boxed{}$$

❷ 35를 ❶에서 구한 비로 나누면

$$35\times\dfrac{3}{7}=\boxed{}, \quad 35\times\dfrac{\boxed{}}{7}=\boxed{}$$

답 _____ , _____

🏅 서술형 高수

1-2 78을 주어진 비로 나누어 보세요.

$$0.7 : 0.6$$

❶

❷

답 _____ , _____

🖊 키워드 문제

2-1 똑같은 책을 읽는 데 지우는 3시간, 준호는 2시간이 걸렸습니다. 각자 시간 당 읽은 책의 양이 같다고 할 때 지우와 준호가 한 시간 동안 읽은 책의 양의 비를 간단한 자연수의 비로 나타내 보세요.

전략 전체 책의 양을 1로 놓고 한 시간 동안 읽은 책의 양이 전체의 몇 분의 몇인지 구하여 비로 나타내자.

❶ 한 시간 동안 지우는 전체의 $\dfrac{1}{\boxed{}}$ 만큼, 준호는

전체의 $\dfrac{1}{\boxed{}}$ 만큼 읽었습니다. ➡ $\dfrac{1}{\boxed{}} : \dfrac{1}{\boxed{}}$

전략 위 ❶에서 구한 비의 전항과 후항에 두 분모의 공배수를 곱하자.

❷ 두 분모의 공배수인 6을 곱하면

$$\left(\dfrac{1}{3}\times 6\right) : \left(\dfrac{1}{2}\times\boxed{}\right) \Rightarrow \boxed{} : \boxed{}$$

답 _____

🏅 서술형 高수

2-2 똑같은 책을 읽는 데 수지는 5시간, 석현이는 4시간이 걸렸습니다. 각자 시간 당 읽은 책의 양이 같다고 할 때 수지와 석현이가 한 시간 동안 읽은 책의 양의 비를 간단한 자연수의 비로 나타내 보세요.

❶

❷

답 _____

🖊️ 키워드 문제

3-1 어느 농구 선수는 자유투를 10번 던지면 7번 성공합니다. 이 선수가 자유투를 200번 던졌을 때 몇 번 성공할 것으로 예상되는지 구하세요.

❶ 자유투를 200번 던졌을 때 성공할 것으로 예상되는 횟수를 ■라 하고 비례식을 세우면
$10 : \boxed{} = \boxed{} : ■$ 입니다.

> **전략** 비례식의 성질을 이용하여 ■의 값을 구하자.

❷ 외항의 곱과 내항의 곱이 같으므로
$10 \times ■ = \boxed{} \times \boxed{}$,
$10 \times ■ = \boxed{}$, $■ = \boxed{}$
따라서 $\boxed{}$ 번 성공할 것으로 예상됩니다.

답 _____

🏅 서술형 高수

3-2 어느 축구 선수는 공을 15번 차면 4번 골을 넣습니다. 이 선수가 공을 300번 찼을 때 골을 몇 번 넣을 것으로 예상되는지 구하세요.

❶

❷

답 _____

🖊️ 키워드 문제

4-1 112 cm의 끈을 겹치지 않게 모두 사용하여 가로와 세로의 비가 3 : 5인 직사각형 모양을 만들려고 합니다. 만든 직사각형의 넓이는 몇 cm²인가요?

> **전략** (둘레)=(가로+세로)×2 ➡ (가로+세로)=(둘레)÷2

❶ 직사각형의 둘레가 $\boxed{}$ cm이므로
(가로)+(세로)=$\boxed{}$÷2=$\boxed{}$ (cm)

> **전략** 가로와 세로의 합을 3 : 5로 비례배분하자.

❷ 가로: $56 \times \dfrac{\boxed{}}{3+5} = \boxed{}$ (cm)

세로: $56 \times \dfrac{\boxed{}}{3+\boxed{}} = \boxed{}$ (cm)

> **전략** (직사각형의 넓이)=(가로)×(세로)

❸ (만든 직사각형의 넓이)
=$21 \times \boxed{} = \boxed{}$ (cm²)

답 _____

🏅 서술형 高수

4-2 126 cm의 실을 겹치지 않게 모두 사용하여 가로와 세로의 비가 4 : 3인 직사각형 모양을 만들려고 합니다. 만든 직사각형의 넓이는 몇 cm²인가요?

❶

❷

❸

답 _____

4 비례식과 비례배분

105

1 비 4 : 7에서 전항과 후항을 각각 찾아 쓰세요.

전항 (   )

후항 (   )

2 비례식이면 ○표, 비례식이 <u>아니면</u> ×표 하세요.

$$18 \div 9 = 2 \quad (\qquad)$$

$$2 : 9 = 18 : 81 \quad (\qquad)$$

3 비례식에서 외항과 내항을 각각 찾아 쓰세요.

$$8 : 3 = 24 : 9$$

외항 (,   )

내항 (,   )

4 ☐ 안에 알맞은 수나 식을 써넣으세요.

4 : 7은 전항과 후항에 3을 곱한

☐ : ☐ 과/와 비율이 같습니다.

이를 비례식으로 나타내면

☐ 입니다.

5 외항의 곱과 내항의 곱을 각각 구하고, 비례식이면 ○표, 비례식이 <u>아니면</u> ×표 하세요.

$$4 : 5 = 8 : 15$$

외항의 곱 ➡ ☐

내항의 곱 ➡ ☐

(   )

6 56을 2 : 5로 나누어 보세요.

(,   )

7 간단한 자연수의 비로 나타내 보세요.

$$\frac{1}{4} : \frac{5}{6}$$

(   )

8 밑변의 길이와 높이의 비가 2 : 3인 삼각형을 찾아 기호를 쓰세요.

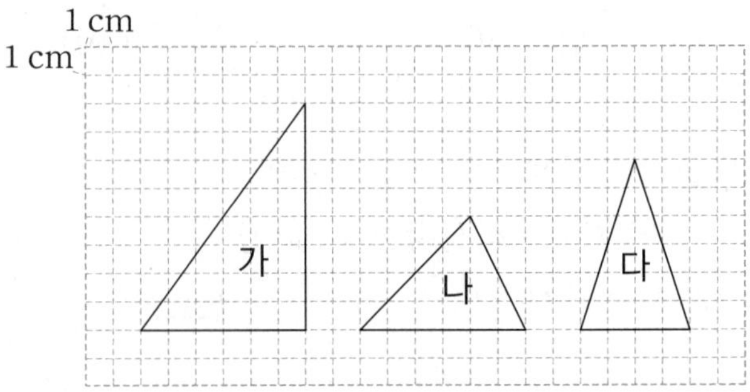

1 cm
1 cm

가   나   다

(   )

9 비율이 같은 두 비를 찾아 비례식으로 나타내 보세요.

$$27 : 12 \qquad 12 : 18 \qquad 9 : 4$$

$$\boxed{} : \boxed{} = \boxed{} : \boxed{}$$

10 지우개가 20개, 자가 8개 있습니다. 지우개와 자의 수의 비를 간단한 자연수의 비로 나타내 보세요.

( )

11 □ 안에 알맞은 수가 8인 비례식을 말한 사람의 이름을 쓰세요.

14 : □ = 7 : 4   18 : 4 = 9 : □

현서   은우

( )

12 튀김 가게에 있는 오징어 튀김과 새우 튀김의 수의 비는 6 : 5입니다. 오징어 튀김이 30개라면 새우 튀김은 몇 개인가요?

( )

13 혜민이가 10분 동안 훌라후프를 했을 때 소모되는 열량은 25킬로칼로리입니다. 혜민이가 훌라후프를 하여 소모된 열량이 75킬로칼로리라면 훌라후프를 몇 분 동안 했나요?

출처: ©Iconic Bestiary/shutterstock

( )

14 왼쪽의 비를 간단한 자연수의 비로 나타낸 것을 찾아 이어 보세요.

22 : 14 ·

$1.3 : \dfrac{4}{5}$ ·

· 13 : 8

· 11 : 7

· 5 : 3

15 어느 날 낮과 밤의 길이의 비가 5 : 7이라면 낮과 밤은 각각 몇 시간인지 구하세요.

낮 ( )

밤 ( )

16 토마토 240 g을 2 : 1로 나누어 스파게티와 샐러드를 만들려고 합니다. 스파게티를 만드는 데 사용한 토마토는 몇 g인지 두 가지 방법으로 구하세요.

> **방법 1** 비례배분 이용하기

> **방법 2** 비례식 이용하기

17 분수의 비를 간단한 자연수의 비로 나타낸 것입니다. □ 안에 알맞은 수를 구하세요.

$$\frac{5}{6} : \frac{\square}{9} \rightarrow 15 : 14$$

( )

18 연필 100자루를 학생 수의 비에 따라 1반과 2반에게 나누어 주려고 합니다. 1반에는 2반보다 연필을 몇 자루 더 주어야 하는지 구하세요.

반별 학생 수

반	1반	2반
학생 수(명)	29	21

( )

서술형 **실전**

19 비례식에서 외항의 곱이 180일 때, ㉠과 ㉡에 알맞은 수는 얼마인지 풀이 과정을 쓰고 답을 각각 구하세요.

$$90 : ㉠ = 15 : ㉡$$

풀이 _____

_____

_____

답 ㉠: _____ , ㉡: _____

20 8분 동안 충전하면 120 km를 갈 수 있는 전기 자동차가 있습니다. 이 전기 자동차로 600 km를 가려면 몇 분 동안 충전을 해야 하는지 풀이 과정을 쓰고 답을 구하세요.

풀이 _____

_____

_____

_____

_____

답 _____

5 원의 넓이

스마트폰을 이용하여 QR 코드를 찍으면 개념 학습 영상을 볼 수 있어요.

5단원 학습 계획표

✔ 이 단원의 표준 학습 일수는 **5일**입니다. 계획대로 공부한 후 확인란에 사인을 받으세요.

이 단원에서 배울 내용	쪽수	계획한 날	확인
1단계 교과서 바로 알기 ● 원주와 지름의 관계 ● 원주율	110~113쪽	월 일	확인했어요! ☺
2단계 익힘책 바로 풀기	114~115쪽		
1단계 교과서 바로 알기 ● 원주와 지름 구하기⑴ ● 원주와 지름 구하기⑵	116~119쪽	월 일	확인했어요! ☺
2단계 익힘책 바로 풀기	120~121쪽		
1단계 교과서 바로 알기 ● 원의 넓이 어림하기 ● 원의 넓이 구하는 방법	122~125쪽	월 일	확인했어요! ☺
2단계 익힘책 바로 풀기	126~127쪽		
1단계 교과서 바로 알기 ● 다양한 모양의 넓이 구하기	128~129쪽	월 일	확인했어요! ☺
2단계 익힘책 바로 풀기	130~131쪽		
3단계 실력 바로 쌓기	132~133쪽	월 일	확인했어요! ☺
TEST 단원 마무리 하기	134~136쪽		

핵심 개념 원주와 지름의 관계

1. 원주 알아보기

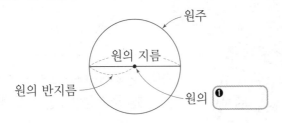

원주
원의 지름
원의 반지름
원의 ❶

원의 둘레를 **원주**라고 합니다.

(1) 원의 **지름**은 원 위의 두 점을 이은 선분 중에서 원의 중심을 지나는 선분입니다.

(2) 원의 **지름**이 길어지면 **원주**도 **길어집니다.**

참고

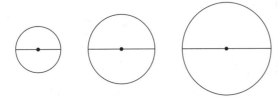

• 원의 크기가 커지면 원주도 길어집니다.
• 원의 지름이 길어지면 원주도 길어집니다.

2. 정다각형을 이용하여 원주와 지름의 관계 알아보기

예 한 변의 길이가 1 cm인 정육각형, 지름이 2 cm인 원, 한 변의 길이가 2 cm인 정사각형 비교

(1) 정육각형의 둘레와 원주 비교하기

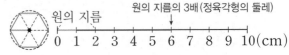

원의 지름
원의 지름의 3배(정육각형의 둘레)
0 1 2 3 4 5 6 7 8 9 10(cm)

➡ (정육각형의 둘레) < (원주)

(2) 정사각형의 둘레와 원주 비교하기

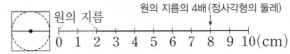

원의 지름
원의 지름의 4배(정사각형의 둘레)
0 1 2 3 4 5 6 7 8 9 10(cm)

➡ (원주) < (정사각형의 둘레)

(3) 원주는 지름의 몇 배인지 알아보기

(원의 지름) × **3** < (원주)
(원주) < (원의 지름) × **4**

원주는 원의 지름의 3배보다 길고, ❷ 배보다 짧아.

정답 확인 | ❶ 중심 ❷ 4

110

원의 넓이

확인 문제 1~4번 문제를 풀면서 개념 익히기!

1 □ 안에 알맞은 말을 써넣으세요.

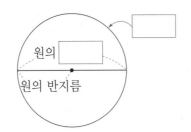

원의
원의 반지름

2 알맞은 말에 ○표 하세요.

원의 지름이 길어지면 원주는
(길어 , 짧아)집니다.

한번 더! 확인 5~8번 유사문제를 풀면서 개념 다지기!

5 원에 원주를 빨간색으로, 지름을 파란색으로 표시해 보세요.

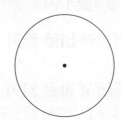

6 알맞은 말에 ○표 하세요.

원주가 길어지면 원의 크기는
(커 , 작아)집니다.

3 원주가 더 긴 것의 기호를 쓰세요.

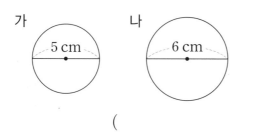

(   )

7 원주가 더 짧은 것의 기호를 쓰세요.

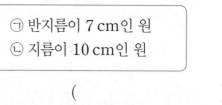

(   )

4 한 변의 길이가 2 cm인 정육각형, 지름이 4 cm인 원, 한 변의 길이가 4 cm인 정사각형을 보고 물음에 답하세요.

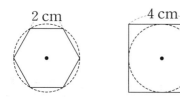

(1) 정육각형의 둘레와 원의 지름의 관계를 나타내 보세요.

(원의 지름)=□ cm,

(정육각형의 둘레)=□ cm

➡ (정육각형의 둘레)=(원의 지름)×□

(2) 정사각형의 둘레와 원의 지름의 관계를 나타내 보세요.

(원의 지름)=□ cm,

(정사각형의 둘레)=□ cm

➡ (정사각형의 둘레)=(원의 지름)×□

(3) 원주와 원의 지름의 관계를 나타내 보세요.

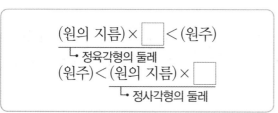

8 한 변의 길이가 1.5 cm인 정육각형, 지름이 3 cm인 원, 한 변의 길이가 3 cm인 정사각형을 보고 물음에 답하세요.

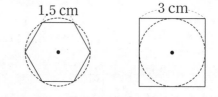

(1) 정육각형의 둘레를 수직선에 표시해 보세요.

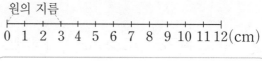

(2) 정사각형의 둘레를 수직선에 표시해 보세요.

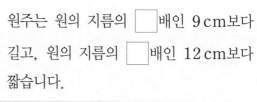

(3) 원주가 얼마쯤 될지 수직선에 표시하고, □ 안에 알맞은 수를 써넣으세요.

원의 지름
┠─┼─┼─┼─┼─┼─┼─┼─┼─┼─┼─┼─┨
0 1 2 3 4 5 6 7 8 9 10 11 12(cm)

원주는 원의 지름의 □배인 9 cm보다 길고, 원의 지름의 □배인 12 cm보다 짧습니다.

핵심 개념 원주율

1. 원주율 알아보기

원주율: 원의 지름에 대한 원주의 비율

원주율을 소수로 나타내면 3.1415926535897932…와 같이 끝없이 계속되므로 필요에 따라
3, 3.1, 3.14 등으로 어림하여 사용하기도 합니다.

$$(원주율)=(원주)\div(지름)$$

2. 원주율 구하기

 → 거울

원주: 25.13 cm
지름: 8 cm

 → 시계

원주: 100.5 cm
지름: 32 cm

➡ 원주율: 25.13÷8=3.1412…

➡ 원주율: 100.5÷32=3.1406…

	반올림하여 일의 자리까지	반올림하여 소수 첫째 자리까지	반올림하여 소수 둘째 자리까지
거울	3	❶	3.14
시계	3	3.1	❷

원의 크기와 상관없이 (원주)÷(지름)의 값은 일정해.

정답 확인 | ❶ 3.1　❷ 3.14

112

확인 문제 1~5번 문제를 풀면서 개념 익히기!

1 원의 지름에 대한 원주의 비율을 무엇이라고 하는지 쓰세요.

(　　　　　　　　)

2 설명이 옳으면 ○표, 틀리면 ×표 하세요.

> 원의 크기가 커지면 (원주)÷(지름)도 커집니다.

(　　　　　　　　)

한번 더! 확인 6~10번 유사문제를 풀면서 개념 다지기!

6 원주율을 구하는 식에 ○표 하세요.

(원주)÷(지름)	(지름)÷(원주)
(　　　)	(　　　)

7 □ 안에 알맞은 수를 써넣으세요.

> 원주율은 끝없이 계속되므로 필요에 따라 3, □, □ 등으로 어림하여 사용합니다.

3 원주율을 보고 지안이가 설명하는 방법으로 간단히 나타내 보세요.

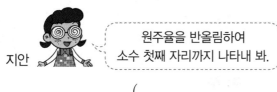

원주율 ➡ 3.1415926535897932…

지안 · 원주율을 반올림하여 소수 첫째 자리까지 나타내 봐.

( )

8 원주율을 소수로 나타낸 것입니다. 원주율을 반올림하여 소수 둘째 자리까지 나타내 보세요.

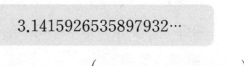

3.1415926535897932…

( )

4 원주가 22 cm인 원 모양의 병뚜껑입니다. 병뚜껑의 (원주)÷(지름)을 반올림하여 일의 자리까지 나타내 보세요.

7 cm

( )

9 원 모양의 시계가 있습니다. 시계의 원주와 지름을 보고 (원주)÷(지름)을 반올림하여 소수 첫째 자리까지 나타내 보세요.

원주: 75.4 cm
지름: 24 cm

( )

5 오른쪽은 원주가 18.86 cm인 원입니다. 물음에 답하세요.

6 cm

(1) (원주)÷(지름)을 반올림하여 소수 둘째 자리까지 나타내 보세요.

( )

(2) 위 (1)과 같이 원주율을 어림하여 사용하는 까닭을 쓰세요.   까닭을 따라 쓰세요.

까닭 원주율은 나누어떨어지지 않고, _____

_____

🏅 서술형 下수

10 원주가 28.3 cm인 원 모양의 색종이입니다. 색종이의 (원주)÷(지름)을 반올림하여 일의 자리까지 나타내고, 원주율을 어림하여 나타내는 까닭을 쓰세요.

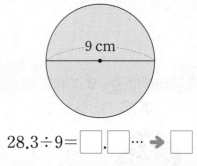

9 cm

$28.3 \div 9 = \boxed{\ }.\boxed{\ } \cdots ➡ \boxed{\ }$

까닭 _____

_____

1 □ 안에 알맞은 말을 써넣으세요.

> 원의 지름에 대한 원주의 비율을 [   ]
> (이)라고 합니다.

2 그림을 보고 □ 안에 알맞은 기호를 찾아 써넣으세요.

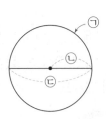

> 원의 지름은 □이고 원주는 □입니다.

3 원에 대한 설명이 옳으면 ○표, 틀리면 ×표 하세요.
(1) 원의 지름은 원의 중심을 지나는 선분입니다.
(   )

(2) 원주와 지름의 길이는 같습니다.
(   )

4 원 모양 바퀴의 원주와 지름을 잰 것입니다.
(원주)÷(지름)을 계산해 보세요.

> 원주: 125.6 cm
> 지름: 40 cm

(   )

5 원주율에 대해 바르게 말한 사람의 이름을 쓰세요.

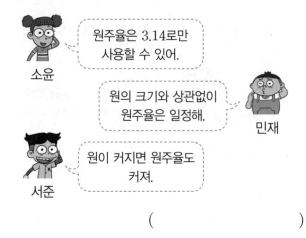

소윤: 원주율은 3.14로만 사용할 수 있어.

민재: 원의 크기와 상관없이 원주율은 일정해.

서준: 원이 커지면 원주율도 커져.

(   )

6 원주율을 소수로 나타내면 3.141592653589…
와 같이 끝없이 계속됩니다. 원주율을 반올림하여 주어진 자리까지 나타내 보세요.

	반올림하여 일의 자리까지	반올림하여 소수 첫째 자리까지	반올림하여 소수 둘째 자리까지
원주율			

7 지름이 2 cm인 원 조각을 자 위에서 한 바퀴 굴렸습니다. 원주가 얼마쯤 될지 자에 ↓로 표시해 보세요.

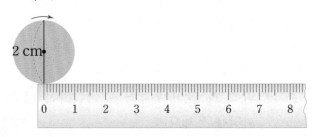

[8~10] 한 변의 길이가 2.5 cm인 **정육각형**, 지름이 5 cm 인 **원**, 한 변의 길이가 5 cm인 **정사각형**을 보고 물음에 답하세요.

2.5 cm   5 cm

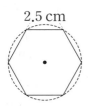 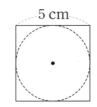

8 정육각형의 둘레는 원의 지름의 몇 배인가요?

(   )

9 정사각형의 둘레는 원의 지름의 몇 배인가요?

(   )

10 □ 안에 알맞은 수를 써넣으세요.

> 원주는 원의 지름의 □ 배보다 길고,
> 원의 지름의 □ 배보다 짧습니다.

11 은지는 원 모양 거울의 원주와 지름을 재어 보았습니다. 거울의 (원주)÷(지름)을 반올림하여 주어진 자리까지 나타내 보세요.

원주: 56.6 cm
지름: 18 cm

반올림하여 소수 첫째 자리까지	반올림하여 소수 둘째 자리까지

12 지름이 4 cm인 원의 원주와 가장 비슷한 길이를 찾아 ○표 하세요.

4 cm

1 cm

 (   )

 (   )

 (   )

13 크기가 다른 원 모양의 동전 가와 나가 있습니다. 원주율을 비교하여 ○ 안에 >, =, <를 알맞게 써넣으세요.

가   ○   나

원주: 83.21 mm	원주: 75.36 mm
지름: 26.5 mm	지름: 24 mm

🥇 서술형 **中수**   문제 해결의 **전략**을 보면서 풀어 보자.

14 종이 위에 유림이는 지름이 11 cm인 원을, 태희는 반지름이 6 cm인 원을 그렸습니다. 원주가 더 긴 원을 그린 사람은 누구인가요?

전략 (태희가 그린 원의 반지름)×2

❶ (태희가 그린 원의 지름)
= □ ×2= □ (cm)

전략 원의 지름이 길어지면 원주도 길어진다.

❷ 원의 지름을 비교하면 11 cm< □ cm 이므로 원주가 더 긴 원을 그린 사람은 □ 입니다.

답 _____

5

원의 넓이

핵심 개념 원주와 지름 구하기(1)

1. 지름을 알 때 원주 구하기
(원주율)=(원주)÷(지름)
(원주)=(지름)×(원주율)

$$(원주)=(지름)×(원주율)$$

예 지름이 4 cm인 원의 원주 구하기
(원주율: 3.14)

(원주)=(지름)×(원주율)
=❶ ×3.14
=12.56 (cm)

원주율은 **3, 3.1, 3.14** 등으로 어림하여 상황에 따라 다르게 사용할 수 있으므로 원주율을 잘 확인하고 계산해야 해.

2. 주변에서 원 모양의 물건을 찾아 원주 구하기
예 지름이 50 cm인 원 모양 방석의 원주 구하기
(원주율: 3.1)

50 cm

(원주)=(지름)×(원주율)
=50×❷
=155 (cm)

참고 반지름을 알 때 원주 구하기
지름은 반지름의 2배이므로
(원주)=(반지름)×2×(원주율)로 구할 수 있습니다.
예 반지름이 5 cm인 원의 원주 구하기 (원주율: 3)
(원주)=5×2×3=30 (cm)

정답 확인 | ❶ 4 ❷ 3.1

확인 문제 1~5번 문제를 풀면서 개념 익히기!

1 원주를 구하는 방법입니다. □ 안에 알맞은 말을 써넣으세요.

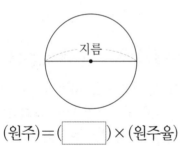
지름

(원주)=( ) × (원주율)

2 지름이 10 cm인 원의 원주를 구하려고 합니다. □ 안에 알맞은 수를 써넣으세요. (원주율: 3.14)

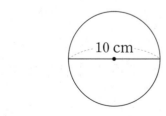
10 cm

(원주)=(지름)×(원주율)
=10× = (cm)

한번 더! 확인 6~10번 유사문제를 풀면서 개념 다지기!

6 원주를 구하는 식의 기호를 쓰세요.

㉠ (원주)=(반지름)×2×(원주율)
㉡ (원주)=(반지름)×(원주율)

( )

7 지름이 15 cm인 원의 원주를 구하려고 합니다. □ 안에 알맞은 수를 써넣으세요. (원주율: 3.1)

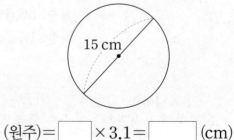
15 cm

(원주)= ×3.1= (cm)

3 원주를 바르게 구한 식의 기호를 쓰세요.

(원주율: 3.1)

6 cm

⊙ 6×2×3.1=37.2 (cm)
ⓒ 6×3.1=18.6 (cm)

(   )

4 원주는 몇 **cm**인가요? (원주율: 3)

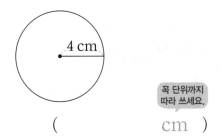

4 cm

꼭 단위까지
따라 쓰세요.

(cm   )

5 소연이와 지우가 운동장에 원을 그렸습니다. 두 사람이 그린 원의 원주는 각각 **몇 m**인가요?

(원주율: 3.14)

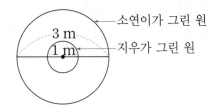

3 m — 소연이가 그린 원
1 m — 지우가 그린 원

(1) 소연이가 그린 원의 원주는 몇 m인가요?
(m   )

(2) 지우가 그린 원의 원주는 몇 m인가요?
(m   )

8 원 모양 접시의 원주를 바르게 구한 것의 기호를 쓰세요. (원주율: 3.14)

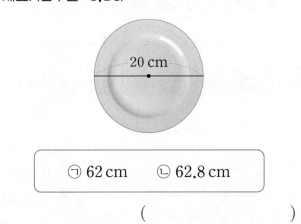

20 cm

⊙ 62 cm   ⓒ 62.8 cm

(   )

9 원 모양 호두파이의 둘레는 몇 **cm**인가요?

(원주율: 3.1)

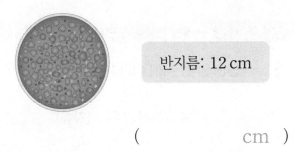

반지름: 12 cm

(cm   )

🏅 서술형 下슈

10 가예와 성재가 원 모양의 길을 따라 한 바퀴씩 걸었습니다. 두 사람이 걸은 길의 거리는 각각 **몇 m**인지 차례로 쓰세요. (원주율: 3)

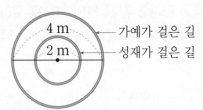

4 m — 가예가 걸은 길
2 m — 성재가 걸은 길

풀이

가예가 걸은 길의 거리는 4×☐=☐ (m),

성재가 걸은 길의 거리는 ☐×3=☐ (m)입니다.

답 _____ m , _____ m

핵심 개념 **원주와 지름 구하기**(2)

1. 원주를 알 때 지름 구하기

> (지름)＝(원주)÷(원주율)

예 원주가 15.5 cm인 원의 지름 구하기
(원주율: 3.1)

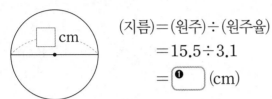

(지름)＝(원주)÷(원주율)
　　＝15.5÷3.1
　　＝ (cm)

> (원주율)＝(원주)÷(지름)이므로 원주를 원주율로 나누어 지름을 구할 수 있어.

2. 주변에서 원 모양의 물건을 찾아 지름 구하기

예 원 모양 쟁반의 지름 구하기 (원주율: 3.14)

원주: 109.9 cm

(지름)＝(원주)÷(원주율)
　　＝ [　] ÷3.14＝35 (cm)

참고 원주를 알 때 반지름 구하기
(지름)＝(원주)÷(원주율)이므로
(반지름)＝(지름)÷2
　　＝(원주)÷(원주율)÷2로 구할 수 있습니다.

정답 확인 | ❶ 5 ❷ 109.9

확인 문제 1~5번 문제를 풀면서 개념 익히기!

1 □ 안에 알맞은 말을 써넣으세요.

> (원주율)＝(원주)÷(지름)
>
> ➡ (지름)＝([　])÷(원주율)

2 원주가 다음과 같은 원의 지름을 구하려고 합니다. □ 안에 알맞은 수를 써넣으세요. (원주율: 3.14)

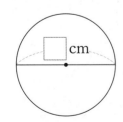

원주: 21.98 cm

(지름)＝(원주)÷(원주율)
　　＝[　]÷3.14
　　＝[　](cm)

한번 더! 확인 6~10번 유사문제를 풀면서 개념 다지기!

6 옳은 식을 찾아 ○표 하세요.

(지름)＝(원주)×(원주율)　　(　　)

(지름)＝(원주)÷(원주율)　　(　　)

7 원주가 다음과 같은 원의 지름을 구하려고 합니다. □ 안에 알맞은 수를 써넣으세요. (원주율: 3.1)

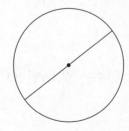

원주: 40.3 cm

(지름)＝(원주)÷(원주율)
　　＝40.3÷[　]
　　＝[　](cm)

3 원 모양 쿠키의 반지름은 **몇 cm**인지 구하려고 합니다. 물음에 답하세요. (원주율: 3.1)

원주: 31 cm

(1) 원 모양 쿠키의 지름은 몇 cm인가요?

(지름)=□÷3.1=□(cm)

(2) 원 모양 쿠키의 반지름은 몇 cm인가요?

꼭 단위까지 따라 쓰세요.

(cm   )

4 원의 지름은 **몇 cm**인가요? (원주율: 3.14)

원주: 18.84 cm

(cm   )

5 오른쪽은 바깥쪽 원의 원주가 225 cm인 원 모양의 훌라후프입니다. 이 훌라후프 바깥쪽 원의 지름은 **몇 cm**인가요?

(원주율: 3)

(1) 알맞은 식을 쓰세요.

식 _____

(2) 훌라후프 바깥쪽 원의 지름은 몇 cm인가요?

(cm   )

8 원주가 43.96 cm인 원의 반지름은 **몇 cm**인지 구하려고 합니다. 물음에 답하세요. (원주율: 3.14)

(1) 원의 지름을 찾아 ○표 하세요.

| 14 cm | 14.5 cm | 15 cm |

(2) 원의 반지름은 몇 cm인가요?

(cm   )

9 원 모양의 자전거 통행금지 표지판의 원주가 186 cm일 때, 지름은 **몇 cm**인가요? (원주율: 3.1)

(cm   )

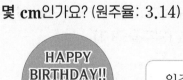

10 원 모양의 생일 카드입니다. 이 생일 카드의 지름은 **몇 cm**인가요? (원주율: 3.14)

원주: 47.1 cm

식 _____

답 _____ cm

5
원의 넓이

1 □ 안에 알맞은 말을 보기 에서 찾아 써넣으세요.

보기
원주율   원주   지름   반지름

(1) (원주)＝(지름)×(□)

(2) (□)＝(원주)÷(원주율)

[2~3] 원주를 구하려고 합니다. □ 안에 알맞은 수를 써넣으세요. (원주율: 3.14)

2

(원주)＝ □ ×3.14
＝ □ (cm)

3
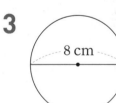
(원주)＝ □ × □
＝ □ (cm)

4 원의 지름을 구하려고 합니다. □ 안에 알맞은 수를 써넣으세요. (원주율: 3.1)

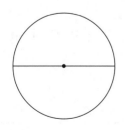
원주: 27.9 cm

(지름)＝ □ ÷3.1
＝ □ (cm)

5 원 모양의 접시입니다. 이 접시의 원주는 몇 cm인가요? (원주율: 3)

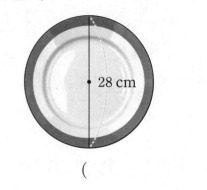
28 cm

(   )

6 ㉠의 길이는 몇 cm인가요? (원주율: 3.1)

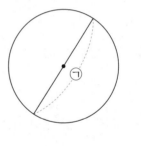
㉠

원주: 31 cm

(   )

7 원 모양의 10원짜리 동전입니다. 이 동전의 원주가 56.52 mm일 때 지름은 몇 mm인가요?
(원주율: 3.14)

(   )

8 오른쪽 원의 반지름은 7 cm입니다. 이 원의 원주는 몇 cm인가요? (원주율: 3)

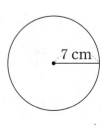
7 cm

(   )

9 관계있는 것끼리 이어 보세요. (원주율: 3.1)

지름: 11 cm •	• 원주: 37.2 cm
반지름: 6 cm •	• 원주: 43.4 cm
지름: 14 cm •	• 원주: 34.1 cm

10 원주가 75.36 cm인 원입니다. 이 원의 반지름은 몇 cm인가요? (원주율: 3.14)

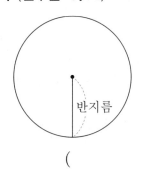

반지름

( )

11 지름이 16 cm인 원 모양의 프라이팬이 있습니다. 이 프라이팬의 원주는 몇 cm인가요?

(원주율: 3.14)

식 _____

답 _____

12 민지는 길이가 15.5 cm인 철사를 겹치지 않게 모두 사용하여 원 모양 한 개를 만들었습니다. 만든 원의 반지름은 몇 cm인가요? (원주율: 3.1)

( )

13 원주가 63 cm인 원 옆에 컴퍼스를 다음과 같이 벌려 원을 그리려고 합니다. 두 원의 원주의 차는 몇 cm인지 구하세요. (원주율: 3)

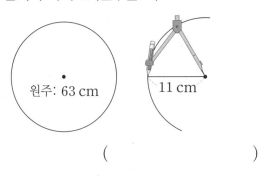

원주: 63 cm 11 cm

( )

14 원의 지름이 더 짧은 것의 기호를 쓰세요.

(원주율: 3.1)

> ㉠ 원주가 40.3 cm인 원
> ㉡ 반지름이 5 cm인 원

( )

🏅 서술형 **中수** 문제 해결의 **전략** 을 보면서 풀어 보자.

15 원 모양의 굴렁쇠를 3바퀴 굴렸을 때 굴렁쇠가 앞으로 441 cm 굴러갔습니다. 굴렁쇠의 지름은 몇 cm인가요? (원주율: 3)

전략 굴렁쇠가 한 바퀴 굴러간 거리를 구하자.

❶ (굴렁쇠가 한 바퀴 굴러간 거리)

$= 441 \div \boxed{} = \boxed{}$ (cm)

전략 (굴렁쇠가 한 바퀴 굴러간 거리)=(굴렁쇠의 원주)를 이용하여 지름을 구하자.

❷ (굴렁쇠의 지름)

$= ($굴렁쇠의 원주$) \div ($원주율$)$

$= \boxed{} \div \boxed{} = \boxed{}$ (cm)

답 _____

핵심 개념 **원의 넓이 어림하기**

1. 사각형을 이용하여 원의 넓이 어림하기

예 반지름이 6 cm인 원의 넓이 어림하기

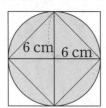 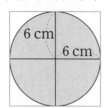

(원 안에 있는 **마름모의 넓이**)
$=12 \times 12 \div 2 =$ ❶ ⬚ (cm^2)

(원 밖에 있는 **정사각형의 넓이**)
$=12 \times 12 =$ **144** (cm^2)

72 $cm^2 <$ (원의 넓이) $<$ **144** cm^2

  원의 넓이는
원 안에 있는 마름모의 넓이보다 크고,
원 밖에 있는 정사각형의 넓이보다 작아.

2. 모눈종이를 이용하여 원의 넓이 어림하기

예 반지름이 8 cm인 원의 넓이 어림하기

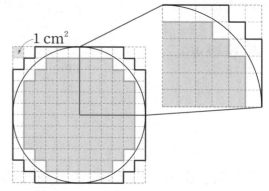

(주황색 모눈의 수)=88개

➔ (주황색 모눈의 넓이)= ❷ ⬚ cm^2

(보라색 선 안쪽 모눈의 수)=132개

➔ (보라색 선 안쪽 모눈의 넓이)=132 cm^2

88 $cm^2 <$ (원의 넓이) $<$ **132** cm^2

정답 확인 | ❶ 72 ❷ 88

---

5 원의 넓이

122

확인 문제 1~3번 문제를 풀면서 개념 익히기!

1 원의 넓이를 어림하려고 합니다. 그림을 보고 ○ 안에 $>$, $=$, $<$를 알맞게 써넣으세요.

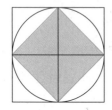 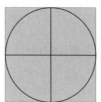

(1)
원 안에 있는
마름모의 넓이 ◯ 원의 넓이

(2)
원의 넓이 ◯ 원 밖에 있는
정사각형의 넓이

한번 더! 확인 4~6번 유사문제를 풀면서 개념 다지기!

4 반지름이 4 cm인 원의 넓이는 얼마인지 어림하려고 합니다. □ 안에 알맞은 수를 써넣으세요.

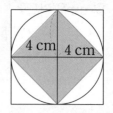 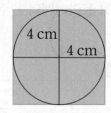

(1) (원 안에 있는 마름모의 넓이)<(원의 넓이)

➔ ⬚ $cm^2 <$ (원의 넓이)

(2) (원의 넓이)<(원 밖에 있는 정사각형의 넓이)

➔ (원의 넓이)$<$ ⬚ cm^2

2 반지름이 5 cm인 원의 넓이를 어림하려고 합니다. □ 안에 알맞은 수를 써넣으세요.

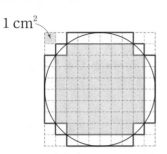

1 cm²

(초록색 모눈)=60개 ➡ □ cm²

(빨간색 선 안쪽 모눈)=88개 ➡ □ cm²

□ cm²<(원의 넓이)

(원의 넓이)< □ cm²

3 반지름이 7 cm인 원의 넓이를 어림하려고 합니다. 물음에 답하세요.

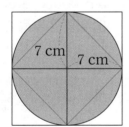

7 cm   7 cm

(1) 원 안에 있는 마름모의 넓이는 몇 cm²인가요?

꼭 단위까지 따라 쓰세요.

(cm²)

(2) 원 밖에 있는 정사각형의 넓이는 몇 cm²인가요?

(cm²)

(3) □ 안에 알맞은 수를 써넣으세요.

□ cm²<(원의 넓이)< □ cm²

5 반지름이 8 cm인 원의 넓이를 어림하려고 합니다. □ 안에 알맞은 수를 써넣으세요.

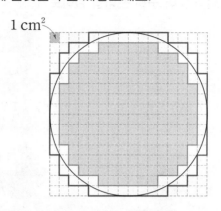

1 cm²

(분홍색 모눈)=164개 ➡ □ cm²

(빨간색 선 안쪽 모눈)=224개 ➡ □ cm²

□ cm²<(원의 넓이)

(원의 넓이)< □ cm²

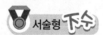 서술형 下수

6 사각형의 넓이를 이용하여 원의 넓이를 어림하려고 합니다. □ 안에 알맞은 수를 써넣고, 그 까닭을 쓰세요.

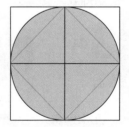

원 안에 있는 마름모의 넓이: 162 cm²
원 밖에 있는 정사각형의 넓이: 324 cm²

□ cm²<(원의 넓이)< □ cm²

까닭 원의 넓이는 원 안에 있는 마름모의 넓이

보다 크고 _____

_____

핵심 개념 원의 넓이 구하는 방법

1. 원의 넓이 구하는 방법 알아보기

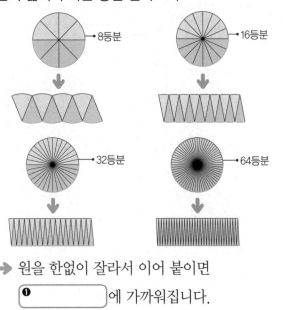

• 8등분
• 16등분
• 32등분
• 64등분

➡ 원을 한없이 잘라서 이어 붙이면
[❶]에 가까워집니다.

원을 자를 때는 원의 중심을
지나도록 잘라야 해.

2. 원의 넓이 구하기

직사각형의 가로는 원의 (원주) × $\frac{1}{2}$과 같고
직사각형의 세로는 원의 반지름과 같아.

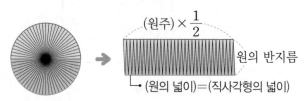

(원주) × $\frac{1}{2}$
원의 반지름
(원의 넓이)=(직사각형의 넓이)

(원의 넓이)

= (원주) × $\frac{1}{2}$ × (반지름)

= (원주율) × (지름) × $\frac{1}{2}$ × (반지름)

= (반지름) × (반지름) × (❷)

(원의 넓이)=(반지름)×(반지름)×(원주율)

정답 확인 | ❶ 직사각형   ❷ 원주율

5
원의 넓이

124

1~5번 문제를 풀면서 개념 익히기!

1 원을 한없이 잘라서 이어 붙이면 점점 가까워지는
도형에 ○표 하세요.

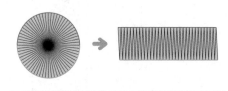

직사각형   직각삼각형

2 반지름이 4 cm인 원을 한없이 잘라서 이어 붙여
직사각형을 만들었습니다. □ 안에 알맞은 수를 써
넣으세요. (원주율: 3.14)

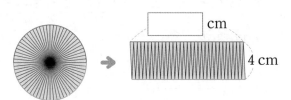

☐ cm
4 cm

6~10번 유사문제를 풀면서 개념 다지기!

6 원을 한없이 잘라서 이어 붙여 직사각형을 만들었
습니다. □ 안에 알맞은 말을 써넣으세요.

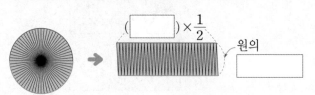

(☐) × $\frac{1}{2}$
원의
☐

7 반지름이 5 cm인 원을 한없이 잘라서 이어 붙여
직사각형을 만들었습니다. □ 안에 알맞은 수를 써
넣으세요. (원주율: 3.1)

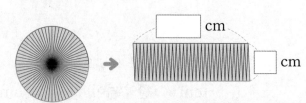

☐ cm
☐ cm

3 원의 넓이를 구하려고 합니다. ☐ 안에 알맞은 수를 써넣으세요. (원주율: 3)

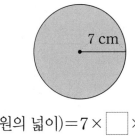

(원의 넓이)$= 7 \times$ ☐ $\times 3$

$=$ ☐ (cm^2)

4 원의 넓이는 **몇 cm²**인가요? (원주율: 3.14)

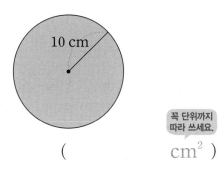

꼭 단위까지 따라 쓰세요.

(cm^2)

5 원 모양의 거울입니다. 이 거울의 넓이는 **몇 cm²**인 가요? (원주율: 3.1)

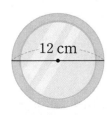

(1) 거울의 반지름은 몇 cm인가요?

(cm)

(2) 거울의 넓이는 몇 cm²인가요?

(cm^2)

8 원의 넓이를 구하려고 합니다. ☐ 안에 알맞은 수를 써넣으세요. (원주율: 3.14)

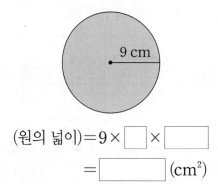

(원의 넓이)$= 9 \times$ ☐ $\times$ ☐

$=$ ☐ (cm^2)

9 원의 넓이는 **몇 cm²**인가요? (원주율: 3.1)

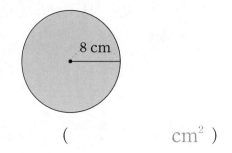

(cm^2)

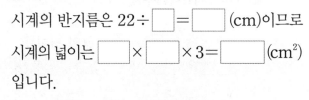
서술형 下수

10 원 모양의 시계입니다. 이 시계의 넓이는 **몇 cm²**인 가요? (원주율: 3)

지름: 22 cm

풀이

시계의 반지름은 $22 \div$ ☐ $=$ ☐ (cm)이므로

시계의 넓이는 ☐ $\times$ ☐ $\times 3 =$ ☐ (cm^2)

입니다.

답 _____ cm^2

5

원의 넓이

125

[1~3] 반지름이 9 cm인 원의 넓이는 얼마인지 어림하려고 합니다. 물음에 답하세요.

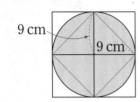

1 원 안에 있는 마름모의 넓이는 몇 cm²인지 구하세요.

(   )

2 원 밖에 있는 정사각형의 넓이는 몇 cm²인지 구하세요.

(   )

3 원의 넓이를 어림하려고 합니다. □ 안에 알맞은 수를 써넣으세요.

    □ cm² < (원의 넓이)

    (원의 넓이) < □ cm²

4 원의 넓이를 구하려고 합니다. □ 안에 알맞은 수를 써넣으세요. (원주율: 3)

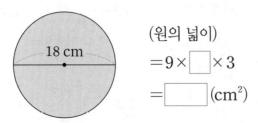

(원의 넓이)

= 9 × □ × 3

= □ (cm²)

5 모눈종이를 이용하여 지름이 8 cm인 원의 넓이를 어림하려고 합니다. 분홍색 모눈의 수와 빨간색 선 안쪽 모눈의 수를 이용하여 □ 안에 알맞은 수를 써넣으세요.

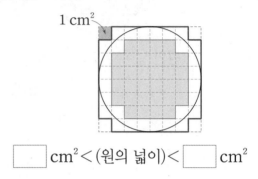

□ cm² < (원의 넓이) < □ cm²

6 반지름이 2 cm인 원을 한없이 잘라서 이어 붙여 직사각형을 만들었습니다. 원의 넓이는 몇 cm²인가요? (원주율: 3.14)

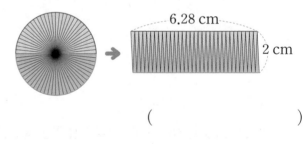

(   )

7 반지름이 5 cm인 원입니다. 원의 넓이는 몇 cm²인가요? (원주율: 3.1)

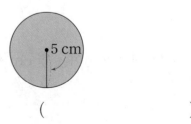

(   )

8 지름이 14 cm인 원입니다. 원의 넓이는 몇 cm²인가요? (원주율: 3.14)

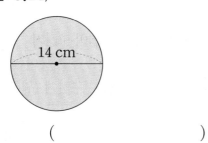

(   )

9 반지름이 12 cm인 원반이 있습니다. 이 원반의 넓이는 몇 cm²인가요? (원주율: 3.1)

식 _____

답 _____

10 넓이가 더 큰 원의 기호를 쓰세요. (원주율: 3)

> ㉠ 반지름이 10 cm인 원
> ㉡ 넓이가 363 cm²인 원

(   )

11 한 변의 길이가 16 cm인 정사각형 안에 들어갈 수 있는 가장 큰 원의 넓이는 몇 cm²인가요?
(원주율: 3.1)

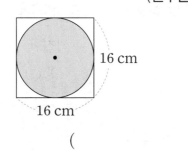

(   )

[12~14] 정육각형의 넓이를 이용하여 원의 넓이를 어림하려고 합니다. 물음에 답하세요.

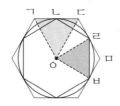

> 삼각형 ㄱㅇㄷ의 넓이: 36 cm²
> 삼각형 ㄹㅇㅂ의 넓이: 27 cm²

12 원 안에 있는 정육각형의 넓이는 몇 cm²인가요?

(   )

13 원 밖에 있는 정육각형의 넓이는 몇 cm²인가요?

(   )

14 원의 넓이는 약 몇 cm²인지 어림해 보세요.

> 원의 넓이는 ☐ cm²보다는 크고
> ☐ cm²보다는 작으므로 약 ☐ cm²로 어림할 수 있습니다.

🏅 서술형 **中수** 문제 해결의 전략 을 보면서 풀어 보자.

15 원 모양의 접시 가와 나가 있습니다. 접시 가의 반지름은 4 cm이고, 접시 나의 반지름은 13 cm입니다. 접시 가와 나의 넓이의 차는 몇 cm²인지 구하세요. (원주율: 3)

전략 (원의 넓이)=(반지름)×(반지름)×(원주율)

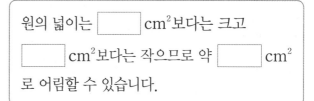

❶ (가의 넓이)=☐×4×3=☐ (cm²)

❷ (나의 넓이)=☐×13×3=☐ (cm²)

전략 접시 가와 나의 넓이의 차를 구하자.

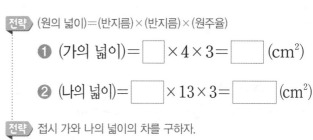

❸ (접시 가와 나의 넓이의 차)
    =☐−☐=☐ (cm²)

답 _____

BOOK**2** 48~50쪽

5

원의 넓이

127

핵심 개념 다양한 모양의 넓이 구하기

1. 반지름과 원의 넓이의 관계 (원주율: 3)

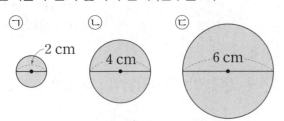

원	㉠	㉡ 3배	㉢
반지름(cm)	1	2배 → 2	3
넓이(cm²)	3	❶	27

반지름이 **2**배가 되면 넓이는 **4**배가 되고
반지름이 **3**배가 되면 넓이는 **9**배가 됩니다.

2. 색칠한 부분의 넓이 구하기

예 중심이 같고 반지름이 다른 원에서 색칠한 부분의 넓이 구하기 (원주율: 3.14)

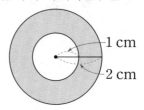

(큰 원의 넓이)=2×2×3.14=**12.56** (cm²)
(작은 원의 넓이)=1×1×3.14=**3.14** (cm²)
➔ (색칠한 부분의 넓이)
　=(큰 원의 넓이)−(작은 원의 넓이)
　=**12.56**−**3.14**=❷ (cm²)

정답 확인 | ❶ 12　❷ 9.42

확인 문제 1~4번 문제를 풀면서 개념 익히기!

1 □ 안에 알맞은 수를 써넣으세요. (원주율: 3.1)

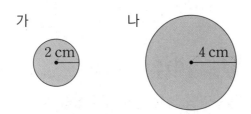

나 원의 반지름은 가 원의 반지름의 2배
➔ 나 원의 넓이는 가 원의 넓이의 □ 배

2 색칠한 부분의 넓이를 구하려고 합니다. □ 안에 알맞은 수를 써넣으세요. (원주율: 3)

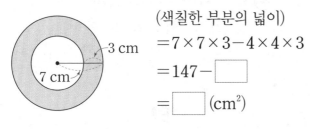

(색칠한 부분의 넓이)
=7×7×3−4×4×3
=147−□
=□ (cm²)

한번 더! 확인 5~8번 유사문제를 풀면서 개념 다지기!

5 □ 안에 알맞은 수를 써넣으세요. (원주율: 3.14)

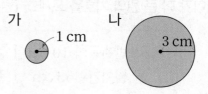

나 원의 반지름은 가 원의 반지름의 3배
➔ 나 원의 넓이는 가 원의 넓이의 □ 배

6 색칠한 부분의 넓이를 구하려고 합니다. □ 안에 알맞은 수를 써넣으세요. (원주율: 3.1)

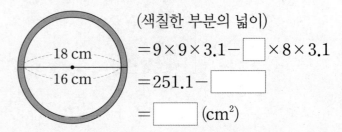

(색칠한 부분의 넓이)
=9×9×3.1−□×8×3.1
=251.1−□
=□ (cm²)

5 원의 넓이

3 색칠한 부분의 넓이는 **몇 cm²**인지 구하려고 합니다. 물음에 답하세요. (원주율: 3.14)

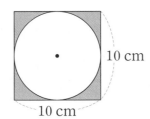

(1) 한 변의 길이가 10 cm인 정사각형의 넓이는 몇 cm²인가요?

꼭 단위까지 따라 쓰세요.

(cm²)

(2) 지름이 10 cm인 원의 넓이는 몇 cm²인가요?

(cm²)

(3) 색칠한 부분의 넓이는 몇 cm²인가요?

(cm²)

4 유빈이는 지름이 16 cm인 원 모양 반죽 한가운데에 원 모양으로 구멍을 뚫어 폭이 6 cm인 도넛을 만들려고 합니다. 원 모양 구멍의 넓이는 **몇 cm²**인가요? (원주율: 3.1)

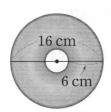

(1) 구멍의 반지름은 몇 cm인가요?

(cm)

(2) 구멍의 넓이는 몇 cm²인가요?

(cm²)

7 색칠한 부분의 넓이는 **몇 cm²**인지 구하려고 합니다. 물음에 답하세요. (원주율: 3.1)

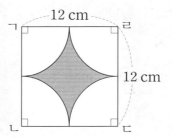

(1) 한 변의 길이가 12 cm인 정사각형의 넓이는 몇 cm²인가요?

(cm²)

(2) 색칠하지 않은 부분의 넓이의 합은 몇 cm²인가요?

(cm²)

(3) 색칠한 부분의 넓이는 몇 cm²인가요?

(cm²)

서술형 下수

8 지름이 20 m인 원 모양의 땅에 폭이 2 m인 길 안쪽으로 꽃밭을 만들었습니다. 꽃밭의 넓이는 **몇 m²**인가요? (원주율: 3)

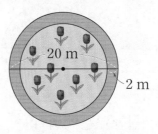

풀이

원 모양 땅의 반지름이 ☐ m이므로

꽃밭의 반지름은 10 − ☐ = ☐ (m)입니다.

➡ (꽃밭의 넓이) = ☐ × ☐ × 3 = ☐ (m²)

답 _____ m²

1 원 나의 넓이는 원 가의 넓이의 몇 배인지 구하려고 합니다. 물음에 답하세요. (원주율: 3)

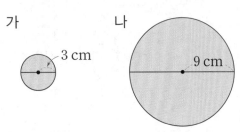

가   나

(1) 원 가와 원 나의 넓이는 각각 몇 cm²인지 구하세요.

가 (   )

나 (   )

(2) 원 나의 넓이는 원 가의 넓이의 몇 배인지 구하세요.

(   )

2 색칠한 부분의 넓이를 구하려고 합니다. □ 안에 알맞은 수를 써넣으세요. (원주율: 3.14)

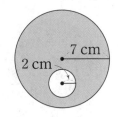

(색칠한 부분의 넓이)

$= 7 \times 7 \times 3.14 - \boxed{} \times \boxed{} \times 3.14$

$= 153.86 - \boxed{}$

$= \boxed{}$ (cm²)

3 바르게 설명한 것의 기호를 쓰세요.

> ㉠ 원의 반지름이 2배, 3배가 되면 원의 넓이도 2배, 3배가 됩니다.
>
> ㉡ 원의 반지름이 2배, 3배가 되면 원의 넓이는 4배, 9배가 됩니다.

(   )

4 오른쪽 그림에서 색칠한 부분의 넓이를 구하려고 합니다. 물음에 답하세요. (원주율: 3.1)

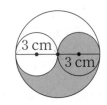

(1) □ 안에 알맞은 수를 써넣으세요.

> 색칠한 부분의 넓이는 반지름이 3 cm인 반원 □ 개의 넓이와 같습니다.

(2) 색칠한 부분의 넓이는 몇 cm²인가요?

(   )

5 민지가 원 모양 종이의 일부분을 잘라냈습니다. 잘라내고 남은 부분의 넓이를 구하세요.

(원주율: 3.14)

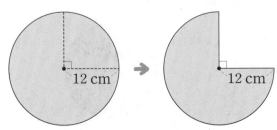

(1) 잘라내고 남은 부분은 원의 얼마만큼인지 분수로 나타내 보세요.

(   )

(2) 잘라내고 남은 부분의 넓이는 몇 cm²인가요?

(   )

6 색칠한 부분의 넓이를 구하려고 합니다. 물음에 답하세요. (원주율: 3)

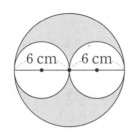

(1) 큰 원의 넓이는 몇 cm^2인가요?

(   )

(2) 작은 원 1개의 넓이는 몇 cm^2인가요?

(   )

(3) 색칠한 부분의 넓이는 몇 cm^2인가요?

(   )

7 색칠한 부분의 넓이는 몇 cm^2인가요? (원주율: 3.1)

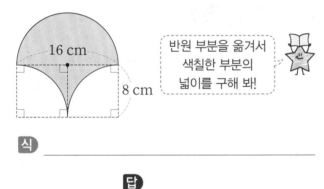

> 반원 부분을 옮겨서 색칠한 부분의 넓이를 구해 봐!

식 _____

답 _____

8 원 가의 넓이가 원 나의 넓이의 9배일 때 원 가의 반지름은 몇 cm인가요? (원주율: 3.14)

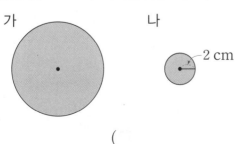

(   )

9 가와 나의 색칠한 부분의 넓이를 비교하여 ○ 안에 >, =, <를 알맞게 써넣으세요. (원주율: 3.1)

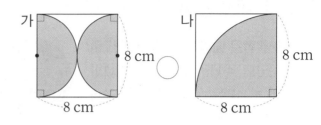

서술형 中수 문제 해결의 **전략**을 보면서 풀어 보자.

10 과녁판의 초록색 부분이 차지하는 넓이는 몇 cm^2인지 구하세요. (원주율: 3)

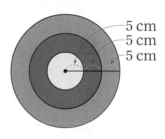

전략 (가장 큰 원의 넓이)=(반지름이 15 cm인 원의 넓이)

❶ (가장 큰 원의 반지름)=5+5+5

       =☐ (cm)

➡ (가장 큰 원의 넓이)

  =☐×☐×3=☐ (cm^2)

전략 (중간 크기 원의 넓이)=(반지름이 10 cm인 원의 넓이)

❷ (중간 크기 원의 반지름)=5+5

          =☐ (cm)

➡ (중간 크기 원의 넓이)

  =☐×☐×3=☐ (cm^2)

전략 (가장 큰 원의 넓이)−(중간 크기 원의 넓이)

❸ (초록색 부분이 차지하는 넓이)

  =☐−☐=☐ (cm^2)

답 _____

5

원의 넓이

131

BOOK**2** 50~51쪽

키워드 문제

1-1 오른쪽은 넓이가 27.9 cm^2인 원 모양의 수세미입니다. 이 수세미의 반지름은 몇 cm인지 구하세요. (원주율: 3.1)

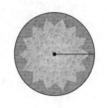

전략 (원의 넓이)=(반지름)×(반지름)×(원주율)

❶ 수세미의 반지름을 ●cm라 하여 넓이 구하는 식 세우기: ●×●× ☐ = ☐

전략 ❶에서 세운 식을 이용하여 수세미의 반지름을 구하자.

❷ ●×●=27.9÷ ☐ = ☐ , ●= ☐

➡ (수세미의 반지름)= ☐ cm

답 _____

서술형 高수

1-2 오른쪽은 넓이가 78.5 cm^2인 원 모양의 나무 단면입니다. 이 나무 단면의 반지름은 몇 cm인지 구하세요. (원주율: 3.14)

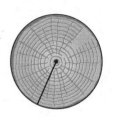

❶

❷

답 _____

키워드 문제

2-1 도형의 둘레는 몇 cm인지 구하세요. (원주율: 3.1)

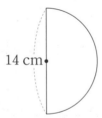

14 cm

전략 (지름이 14 cm인 원의 둘레)×$\frac{1}{2}$

❶ (곡선의 길이)= ☐ ×3.1× $\frac{1}{\boxed{}}$

= ☐ (cm)

전략 (곡선 부분의 길이)+(직선 부분의 길이)

❷ (도형의 둘레)= ☐ +14

= ☐ (cm)

답 _____

서술형 高수

2-2 도형의 둘레는 몇 cm인지 구하세요.

(원주율: 3.14)

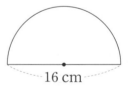

16 cm

❶

❷

답 _____

키워드 문제

3-1 오른쪽 직사각형 모양의 종이를 잘라 만들 수 있는 가장 큰 원의 넓이는 몇 cm²인가요?
(원주율: 3.14)

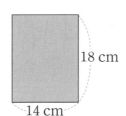
18 cm
14 cm

전략 ❶ (만들 수 있는 가장 큰 원의 지름)= ☐ cm

❷ (만들 수 있는 가장 큰 원의 반지름)
= ☐ ÷2= ☐ (cm)

전략 (원의 넓이)=(반지름)×(반지름)×(원주율)

❸ (만들 수 있는 가장 큰 원의 넓이)
= ☐ × ☐ ×3.14= ☐ (cm²)

답 _____

서술형 高수

3-2 오른쪽 직사각형 모양의 종이를 잘라 만들 수 있는 가장 큰 원의 넓이는 몇 cm²인가요?
(원주율: 3)

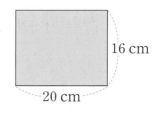
16 cm
20 cm

❶

❷

❸

답 _____

키워드 문제

4-1 다음과 같은 모양의 공터의 넓이는 몇 m²인지 구하세요. (원주율: 3)

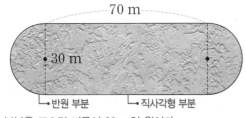
70 m
30 m
반원 부분 ── 직사각형 부분

전략 반원 부분을 모으면 지름이 30 m인 원이다.

❶ (반원 부분 2개의 넓이의 합)
= ☐ × ☐ ×3= ☐ (m²)

❷ (직사각형 부분의 넓이)
=70× ☐ = ☐ (m²)

전략 (반원 부분 2개의 넓이의 합)+(직사각형 부분의 넓이)

❸ (공터의 넓이)
= ☐ + ☐ = ☐ (m²)

답 _____

서술형 高수

4-2 다음과 같은 모양의 잔디밭의 넓이는 몇 m²인지 구하세요. (원주율: 3.1)

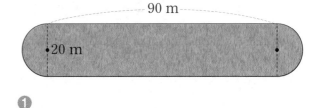
90 m
20 m

❶

❷

❸

답 _____

5
원의 넓이

133

BOOK❷ 52~55쪽

1 관계있는 것끼리 이어 보세요.

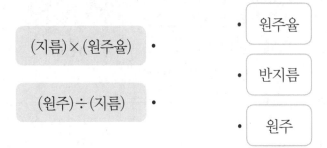

- 원주율
- 반지름
- 원주

2 원의 원주를 구하려고 합니다. □ 안에 알맞은 수를 써넣으세요. (원주율: 3.14)

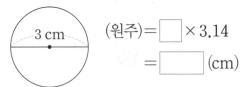

(원주) = □ × 3.14
= □ (cm)

3 (원주) ÷ (지름)을 반올림하여 소수 둘째 자리까지 나타내 보세요.

원주 (cm)	지름 (cm)	(원주) ÷ (지름)
44	14	
56.6	18	

4 크기가 다른 바퀴를 보고 설명한 것입니다. 바르게 설명한 것의 기호를 쓰세요.

㉠ 바퀴의 지름이 길수록 원주율도 깁니다.
㉡ 바퀴의 지름이 길수록 한 바퀴 굴렸을 때 더 먼 거리를 갈 수 있습니다.

( )

5 원을 한없이 잘라서 이어 붙여 직사각형을 만들었습니다. □ 안에 알맞은 수를 써넣으세요.

(원주율: 3.1)

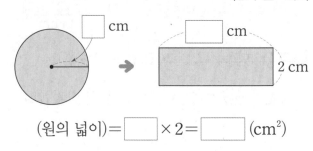

(원의 넓이) = □ × 2 = □ (cm²)

6 원의 원주는 몇 cm인가요? (원주율: 3)

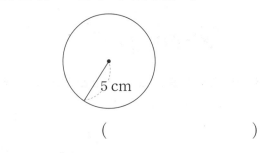

( )

7 오른쪽 원의 넓이를 바르게 계산한 사람은 누구인가요?

(원주율: 3.1)

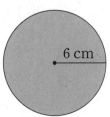

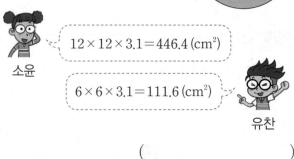

소윤 12 × 12 × 3.1 = 446.4 (cm²)

6 × 6 × 3.1 = 111.6 (cm²) 유찬

( )

8 원 모양의 피자입니다. 이 피자의 지름은 몇 cm인가요? (원주율: 3.14)

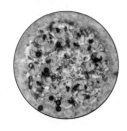

원주: 81.64 cm

(   )

9 원 모양의 고리를 그림과 같이 한 바퀴 굴렸습니다. 이 고리의 지름은 몇 cm인가요? (원주율: 3.1)

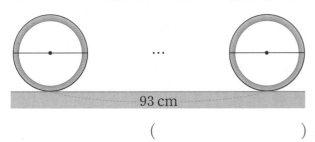

93 cm

(   )

10 반지름이 9 m인 원 모양의 텃밭이 있습니다. 이 텃밭의 넓이는 몇 m²인가요? (원주율: 3)

(   )

11 길이가 34.54 cm인 끈이 있습니다. 이 끈을 이용하여 만들 수 있는 가장 큰 원의 지름은 몇 cm인가요? (원주율: 3.14)

34.54 cm

식 _____

답 _____

[12~13] 도형의 넓이를 구하려고 합니다. 물음에 답하세요. (원주율: 3)

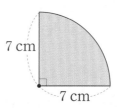

7 cm

7 cm

12 반지름이 7 cm인 원의 넓이는 몇 cm²인가요?

(   )

13 도형의 넓이는 몇 cm²인지 분수로 나타내 보세요.

(   )

14 지름이 2 cm인 오른쪽 원의 원주와 길이가 가장 비슷한 것을 찾아 기호를 쓰세요.

2 cm

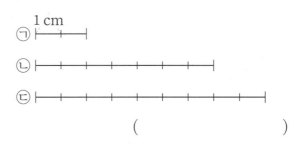

1 cm

㉠

㉡

㉢

(   )

15 원 안에 있는 마름모의 넓이와 원 밖에 있는 정사각형의 넓이를 구하여 원의 넓이를 어림한 것입니다. ㉠과 ㉡에 알맞은 수를 각각 구하세요.

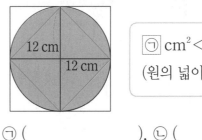

12 cm

12 cm

㉠ cm² < (원의 넓이)
(원의 넓이) < ㉡ cm²

㉠ (   ), ㉡ (   )

TEST 단원 마무리 **하기**

16 반지름이 12 cm인 원을 한없이 잘라서 이어 붙여 직사각형을 만들었습니다. □ 안에 알맞은 수를 써넣고, 원의 넓이는 몇 cm²인지 구하세요.

(원주율: 3.14)

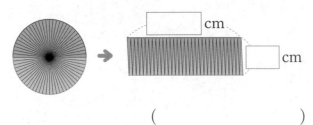

( )

17 가장 큰 원을 찾아 기호를 쓰세요. (원주율: 3)

ㄱ 반지름이 4 cm인 원
ㄴ 지름이 7 cm인 원
ㄷ 원주가 27 cm인 원

( )

18 색칠한 부분의 넓이는 몇 cm²인지 구하세요.

(원주율: 3.14)

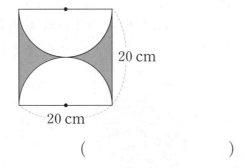

( )

서술형 실전

19 도형의 둘레는 몇 cm인지 풀이 과정을 쓰고 답을 구하세요. (원주율: 3.1)

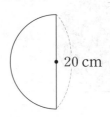

풀이

답

20 그림에서 두 반원의 크기가 같을 때, 색칠한 부분의 넓이는 몇 cm²인지 풀이 과정을 쓰고 답을 구하세요. (원주율: 3)

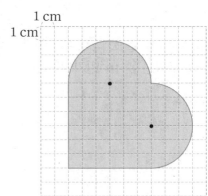

풀이

답

6 원기둥, 원뿔, 구

스마트폰을 이용하여 QR 코드를 찍으면
개념 학습 영상을 볼 수 있어요.

6단원 학습 계획표

✓ 이 단원의 표준 학습 일수는 **4일**입니다. 계획대로 공부한 후 확인란에 사인을 받으세요.

이 단원에서 배울 내용	쪽수	계획한 날	확인
1단계 교과서 바로 알기 ● 원기둥 알아보기 ● 원기둥의 전개도	138~141쪽	월 일	확인했어요! ☺
2단계 익힘책 바로 풀기	142~145쪽	월 일	확인했어요! ☺
1단계 교과서 바로 알기 ● 원뿔 알아보기 ● 구 알아보기	146~149쪽	월 일	확인했어요! ☺
2단계 익힘책 바로 풀기	150~151쪽		
3단계 실력 바로 쌓기	152~153쪽	월 일	확인했어요! ☺
TEST 단원 마무리 하기	154~156쪽		

1 단계 교과서 바로 알기

1. 원기둥 알아보기

원기둥: 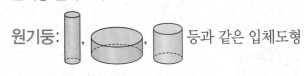 등과 같은 입체도형

원기둥은 위와 아래에 있는 면이 서로 평행하고 합동인 원이야.

2. 원기둥을 여러 방향에서 본 모양 알아보기

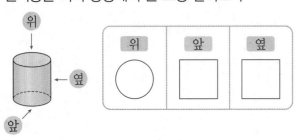

위	앞	옆

원기둥을 **위**에서 본 모양은 **원**이고, 앞과 **옆**에서 본 모양은 **직사각형**입니다.

3. 원기둥의 구성 요소 알아보기

- **밑면**: 서로 평행하고 합동인 ❶ □ 면
- **옆면**: 두 밑면과 만나는 면 → 원기둥의 옆면은 굽은 면
- **높이**: 두 밑면에 수직인 선분의 길이

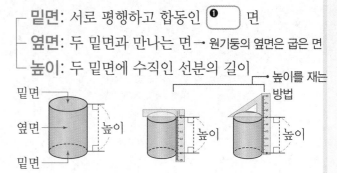

4. 한 변을 기준으로 직사각형 모양의 종이를 돌려 원기둥 만들기

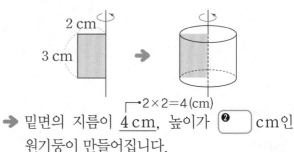

→ 2×2=4(cm)

➡ 밑면의 지름이 4 cm, 높이가 ❷ □ cm인 원기둥이 만들어집니다.

정답 확인 | ❶ 두 ❷ 3

확인 문제 1~6번 문제를 풀면서 개념 익히기!

1 다음과 같은 입체도형의 이름을 쓰세요.

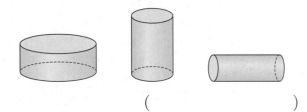

(　　　　　　　)

2 원기둥에서 각 부분의 이름을 □ 안에 써넣으세요.

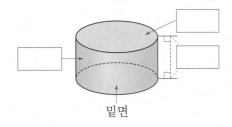

밑면

한번 더! 확인 7~12번 유사문제를 풀면서 개념 다지기!

7 원기둥 모양이면 ○표, 아니면 ×표 하세요.

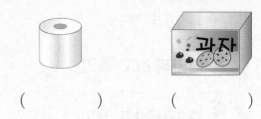

(　　　)　　　(　　　)

8 □ 안에 알맞은 말을 써넣으세요.

(1) 원기둥에서 서로 평행하고 합동인 두 면을 □ 이라고 합니다.

(2) 두 밑면과 만나는 면을 □ 이라고 합니다.

(3) 두 밑면에 수직인 선분의 길이를 □ 라고 합니다.

6 원기둥, 원뿔, 구

3 원기둥을 위에서 본 모양의 기호를 쓰세요.

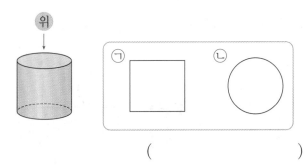

( )

9 원기둥을 앞에서 본 모양의 기호를 쓰세요.

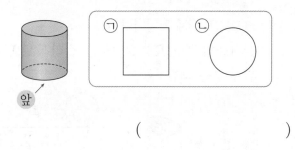

( )

4 원기둥의 높이는 몇 **cm**인가요?

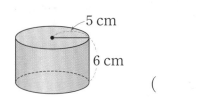

꼭 단위까지
따라 쓰세요.

(cm)

10 원기둥의 높이는 몇 **cm**인가요?

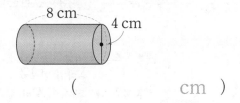

(cm)

5 한 변을 기준으로 직사각형 모양의 종이를 돌려 만든 입체도형의 높이는 몇 **cm**인지 구하세요.

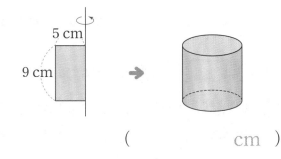

(cm)

11 한 변을 기준으로 직사각형 모양의 종이를 돌려 만든 입체도형의 밑면의 지름은 몇 **cm**인지 구하세요.

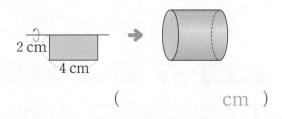

(cm)

6 오른쪽 입체도형이 원기둥인지 아닌지 답하고, 그렇게 답한 까닭을 쓰세요.

(1) 알맞은 말에 ○표 하세요.
주어진 입체도형은 원기둥이
(맞습니다 , 아닙니다).

(2) 위 (1)과 같이 답한 까닭을 쓰세요.

까닭을
따라 쓰세요.

까닭 위와 아래에 있는 면이 □

이 아니기 때문입니다.

🏅 서술형 下수

12 오른쪽 입체도형이 원기둥인지 아닌지 답하고, 그렇게 답한 까닭을 쓰세요.

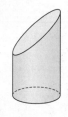

답 원기둥이

까닭 위와 아래에 있는 면이

_____

핵심 개념 원기둥의 전개도

1. 원기둥의 전개도 알아보기

원기둥의 **전개도**: 원기둥을 잘라서 평면 위에 펼쳐 놓은 그림

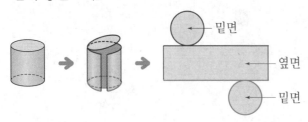

→ 원기둥을 위와 같이 잘라서 완전히 펼쳤을 때 밑면은 모양, 옆면은 직사각형 모양입니다.

일반적으로 원기둥의 전개도는 두 밑면의 둘레와 두 밑면에 수직인 선분을 따라 잘라 펼쳐서 만들지만 다음과 같이 잘라 옆면이 평행사변형이 나오는 전개도를 만들 수도 있어~

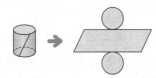

2. 원기둥의 전개도에서 각 부분의 길이 알아보기

(원주율: 3)

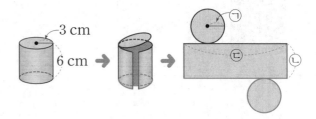

ㄱ=(밑면의 반지름)=3 cm
ㄴ=(옆면의 세로)=(원기둥의 높이)=6 cm
ㄷ=(옆면의 가로)
  =(밑면의 둘레)
  =(밑면의 지름)×(원주율)
  = ❷ ×3=18 (cm)

(밑면의 둘레)=(원주)
        =(밑면의 지름)×(원주율)

정답 확인 ❶ 원 ❷ 6

확인 문제 1~5번 문제를 풀면서 개념 익히기!

1 원기둥의 전개도를 보고 □ 안에 알맞은 말을 써넣으세요.

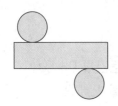

원기둥의 전개도에서 밑면은 □ 모양입니다.

2 원기둥과 원기둥의 전개도를 보고 각 부분의 이름을 □ 안에 써넣으세요.

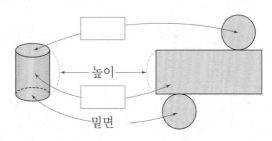

한번 더! 확인 6~10번 유사문제를 풀면서 개념 다지기!

6 원기둥의 전개도를 보고 □ 안에 알맞은 말을 써넣으세요.

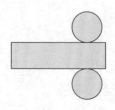

원기둥의 전개도에서 옆면은 □ 모양입니다.

7 원기둥의 전개도입니다. 밑면에는 빨간색, 옆면에는 초록색을 칠해 보세요.

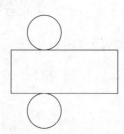

3 원기둥의 전개도에서 원기둥의 밑면의 둘레와 길이가 같은 선분을 모두 찾아 빨간색으로 표시해 보세요.

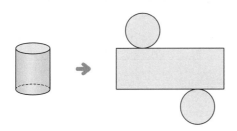

8 원기둥의 전개도에서 원기둥의 높이와 길이가 같은 선분을 모두 찾아 빨간색으로 표시해 보세요.

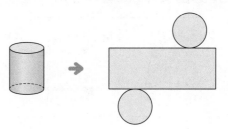

4 원기둥과 원기둥의 전개도를 보고 선분 ㄱㄴ은 **몇 cm**인지 구하세요. (원주율: 3.14)

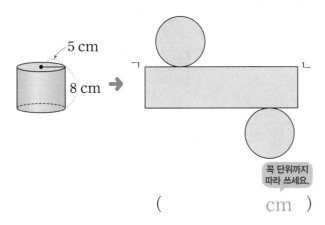

꼭 단위까지
따라 쓰세요.

(cm   )

9 지수가 원기둥 모양의 쿠키 통을 잘라서 펼친 것입니다. 선분 ㄱㄹ은 **몇 cm**인가요? (원주율: 3.1)

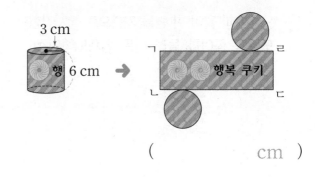

(cm   )

5 다음 그림이 원기둥의 전개도가 맞는지 아닌지 답하고, 그렇게 답한 까닭을 쓰세요.

(1) 알맞은 말에 ◯표 하세요.

주어진 그림은 원기둥의 전개도가

(맞습니다 , 아닙니다).

(2) 위 (1)과 같이 답한 까닭을 완성하세요.

까닭 두 원은 합동이지만 전개도를 접었을 때

_____

🏅 서술형 下수

10 다음 그림이 원기둥의 전개도가 맞는지 아닌지 답하고, 그렇게 답한 까닭을 쓰세요.

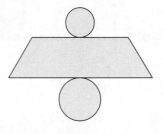

답 원기둥의 전개도가

_____

까닭 _____

_____

1 원기둥을 찾아 기호를 쓰세요.

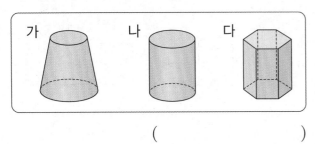

가　　　　나　　　　다

(　　　　　　)

2 오른쪽과 같이 한 변을 기준으로 직사각형 모양의 종이를 돌려 만든 입체도형의 이름을 쓰세요.

(　　　　　　)

3 보기 에서 알맞은 말을 골라 □ 안에 써넣으세요.

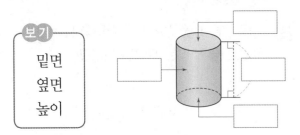

보기

밑면
옆면
높이

4 오른쪽 원기둥의 높이는 몇 cm 인가요?

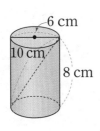

6 cm
10 cm
8 cm

(　　　　　　)

5 원기둥을 보고 빈칸에 알맞은 수나 말을 써넣으세요.

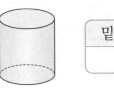

밑면의 모양	밑면의 수(개)

6 원기둥의 전개도를 보고 물음에 답하세요.

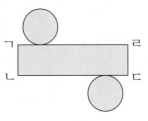

ㄱ　　　　　　　ㄹ
ㄴ　　　　　　　ㄷ

(1) 원기둥의 밑면의 둘레와 길이가 같은 선분을 전개도에서 모두 찾아 쓰세요.

(　　　　　　　　　)

(2) 원기둥의 높이와 길이가 같은 선분을 전개도에서 모두 찾아 쓰세요.

(　　　　　　　　　)

7 원기둥의 전개도이면 ○표, 아니면 ×표 하세요.

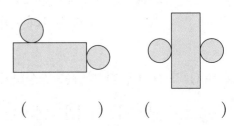

(　　　)　　　(　　　)

8 오른쪽 입체도형에 대해 바르게 설명한 사람의 이름을 쓰세요.

 위와 아래에 있는 면이 합동이므로 원기둥이야.

소윤

위와 아래에 있는 면이 원이 아니므로 원기둥이 아니야.

현서

(   )

9 오른쪽 원기둥을 보고 설명이 옳으면 ○표, 틀리면 ×표 하세요.

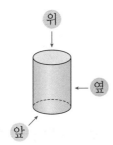

(1) 원기둥을 위에서 본 모양은 원입니다.

·················· (   )

(2) 원기둥을 앞에서 본 모양은 원입니다.

·················· (   )

10 원기둥에 대해 잘못 설명한 것의 기호를 쓰세요.

㉠ 옆면은 굽은 면입니다.
㉡ 밑면은 서로 수직입니다.

(   )

11 오른쪽 원기둥의 전개도를 그리려고 합니다. 전개도에서 옆면의 세로가 12 cm일 때 옆면의 가로는 몇 cm로 그려야 하는지 구하세요. (원주율: 3.1)

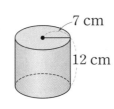

(   )

12 한 변을 기준으로 직사각형 모양의 종이를 돌려 만든 입체도형의 밑면의 지름과 높이는 각각 몇 cm인지 구하세요.

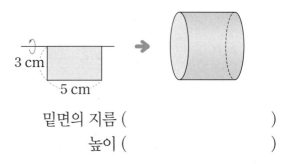

3 cm
5 cm

밑면의 지름 (   )
높이 (   )

서술형 **中 수** 문제 해결의 **전략**을 보면서 풀어 보자.

13 원기둥의 전개도에서 옆면의 가로가 36 cm, 세로가 8 cm일 때 원기둥의 밑면의 반지름은 몇 cm인지 구하세요. (원주율: 3)

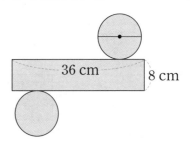

36 cm
8 cm

전략 (옆면의 가로)÷(원주율)

❶ (밑면의 지름)

= □ ÷ 3 = □ (cm)

전략 (밑면의 지름)÷2

❷ (밑면의 반지름)

= □ ÷ 2 = □ (cm)

답 _____

14 원기둥의 전개도를 보고 <u>잘못</u> 설명한 것을 찾아 기호를 쓰세요.

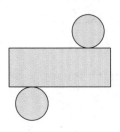

┌─────────────────────────────────┐
│ ㉠ 옆면은 직사각형 모양입니다.   │
│ ㉡ 밑면은 2개이고 서로 합동인 원 모양입니다. │
│ ㉢ 옆면의 세로의 길이와 원기둥의 밑면의 둘 │
│   레는 같습니다.   │
└─────────────────────────────────┘

(   )

15 다음 원기둥의 전개도를 완성하고, □ 안에 알맞은 수를 써넣으세요. (원주율: 3)

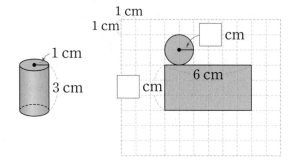

16 원기둥 모형을 위에서 본 모양은 지름이 10 cm인 원이고, 앞에서 본 모양은 정사각형입니다. 이 원기둥의 높이는 몇 cm인가요?

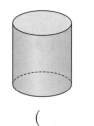

(   )

17 다음 도형을 보고 원기둥과 각기둥의 공통점을 모두 찾아 기호를 쓰세요.

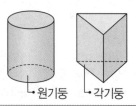

┌─────────────────────────────────┐
│ ㉠ 밑면이 2개입니다.   │
│ ㉡ 밑면이 다각형입니다.   │
│ ㉢ 원기둥과 각기둥은 입체도형입니다. │
└─────────────────────────────────┘

(   )

18 원기둥과 원기둥의 전개도를 보고 □ 안에 알맞은 수를 써넣으세요. (원주율: 3.14)

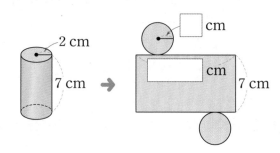

19 원기둥의 전개도를 보고 밑면인 원의 지름은 몇 cm인지 구하세요. (원주율: 3.1)

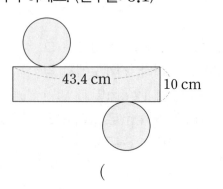

(   )

20 한 변을 기준으로 직사각형 모양의 종이를 돌려 만든 입체도형의 한 밑면의 둘레는 몇 cm인지 구하세요. (원주율: 3)

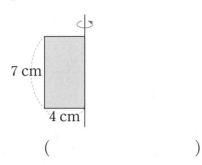

( )

21 세 사람의 대화를 읽고 원기둥의 높이를 구하세요.

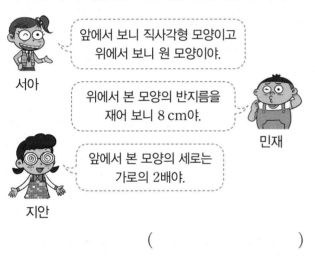

서아: 앞에서 보니 직사각형 모양이고 위에서 보니 원 모양이야.

민재: 위에서 본 모양의 반지름을 재어 보니 8 cm야.

지안: 앞에서 본 모양의 세로는 가로의 2배야.

( )

22 입체도형 가와 나를 보고 나타내는 개수가 많은 것부터 차례로 기호를 쓰세요.

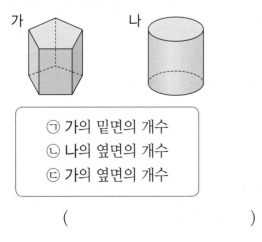

가   나

> ㉠ 가의 밑면의 개수
> ㉡ 나의 옆면의 개수
> ㉢ 가의 옆면의 개수

( )

23 오른쪽 원기둥의 전개도를 그리고, 전개도에 밑면의 반지름, 옆면의 가로와 세로의 길이를 각각 나타내 보세요.

(원주율: 3)

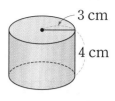

3 cm
4 cm

1 cm
1 cm

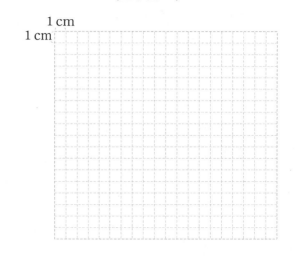

🏅 서술형 **中수** 문제 해결의 전략 을 보면서 풀어 보자.

24 원기둥 모양의 통 옆면에 겹치는 부분이 없게 포장지를 붙였습니다. 붙인 포장지의 넓이는 몇 cm²인가요? (원주율: 3)

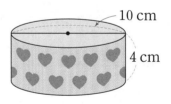

10 cm
4 cm

전략 (옆면의 가로)=(밑면의 둘레)=(밑면의 지름)×(원주율)

❶ (옆면의 가로)=10× ☐
       = ☐ (cm)

전략 (옆면의 가로)×(옆면의 세로)

❷ (붙인 포장지의 넓이)= ☐ ×4
       = ☐ (cm²)

답  _____

핵심 개념 원뿔 알아보기

1. 원뿔 알아보기

원뿔: 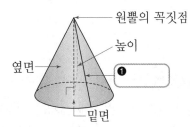 등과 같은 입체도형

2. 원뿔의 구성 요소 알아보기

- **밑면**: 평평한 면 → 밑면의 모양은 원이고 1개입니다.
- **옆면**: 옆을 둘러싼 굽은 면
- **원뿔의 꼭짓점**: 뾰족한 부분의 점
- **모선**: 원뿔의 꼭짓점과 밑면인 원의 둘레의 한 점을 이은 선분
- **높이**: 원뿔의 꼭짓점에서 밑면에 수직으로 내린 선분의 길이

원뿔의 꼭짓점
높이
옆면
❶
밑면

3. 원뿔의 높이, 모선의 길이, 밑면의 지름을 재는 방법

  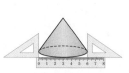

높이　　　모선의 길이　　　밑면의 지름

4. 한 변을 기준으로 직각삼각형 모양의 종이를 돌려 원뿔 만들기

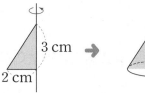 →

3 cm
2 cm

→ 밑면의 반지름이 2 cm, 높이가 ❷□ cm인 원뿔이 만들어집니다.

> 직각삼각형을 돌리면 직각삼각형의 높이는 원뿔의 높이가 되고, 직각삼각형의 밑변은 원뿔의 밑면의 반지름이 돼.

정답 확인 | ❶ 모선　❷ 3

6 원기둥, 원뿔, 구

확인 문제 1~5번 문제를 풀면서 개념 익히기!

1 원뿔인 것에 ○표 하세요.

(　　　)　　　(　　　)

2 원뿔에서 각 부분의 이름을 □ 안에 써넣으세요.

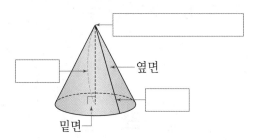

옆면
밑면

한번 더! 확인 6~10번 유사문제를 풀면서 개념 다지기!

6 원뿔의 기호를 쓰세요.

가 　　　나

(　　　　　　　)

7 □ 안에 알맞은 말을 써넣으세요.

(1) 원뿔에서 원뿔의 꼭짓점과 밑면인 원의 둘레의 한 점을 이은 선분을 □ 이라고 합니다.

(2) 원뿔의 꼭짓점에서 밑면에 수직으로 내린 선분의 길이를 □ 라고 합니다.

3 원뿔의 어느 부분을 재는 그림인지 보기 에서 찾아 쓰세요.

보기
높이   모선의 길이

(   )

4 한 변을 기준으로 직각삼각형 모양의 종이를 돌려 만든 입체도형의 높이는 **몇 cm**인지 구하세요.

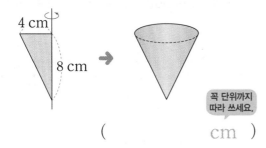

꼭 단위까지
따라 쓰세요.

(cm   )

5 원뿔에 대한 설명으로 잘못된 것의 기호를 쓰고, 바르게 고쳐 보세요.

㉠ 뾰족한 뿔 모양의 입체도형입니다.
㉡ 원뿔의 높이는 항상 모선의 길이보다 깁니다.

(1) 잘못된 것의 기호를 쓰세요.

(   )

(2) 위 (1)에서 답한 것을 바르게 고쳐 보세요.

원뿔의 높이는 _____

_____

8 원뿔의 어느 부분을 재고 있는지 이어 보세요.

· 밑면의 지름

· 모선의 길이

9 한 변을 기준으로 직각삼각형 모양의 종이를 돌려 만든 입체도형의 밑면의 지름은 **몇 cm**인지 구하세요.

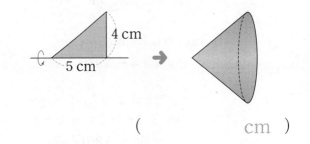

(cm   )

 서술형 下수

10 원뿔에 대해 잘못 이야기한 사람의 이름을 쓰고, 바르게 고쳐 보세요.

원뿔의
모선은 1개야.

원뿔의
꼭짓점은 1개야.

서준   은우

잘못 이야기한 친구: [   ]

바르게 고치기 _____

_____

핵심 **개념** 구 알아보기

1. 구 알아보기

구: , , 등과 같은 입체도형

2. 구의 구성 요소 알아보기

┌ **구의 중심**: 구에서 가장 안쪽에 있는 점
└ **구의 반지름**: 구의 중심에서 구의 겉면의 한 점을 이은 선분

구의 중심 · 구의 반지름

💬 구의 반지름은 무수히 많고, 길이가 모두 같아.

💬 구의 겉면의 두 점을 이은 선분이 구의 중심을 지날 때 이 선분을 **구의 지름**이라고 해.

3. 원기둥, 원뿔, 구의 공통점과 차이점

입체도형	원기둥	원뿔	구
전체 모양	기둥 모양	뿔 모양	공 모양
앞, 옆에서 본 모양	직사각형	삼각형	❶
위에서 본 모양	❷	원	원
굽은 면	있음.	있음.	있음.
밑면	원, 2개	원, 1개	없음.

공통점 ─┤ (위에서 본 모양 ~ 굽은 면)

4. 지름을 기준으로 반원 모양의 종이를 돌려 구 만들기

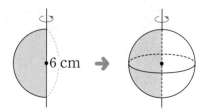

•6 cm ➡

➡ 반지름이 3 cm인 구가 만들어집니다.

정답 확인 | ❶ 원 ❷ 원

6 원기둥, 원뿔, 구

확인 문제 1~6번 문제를 풀면서 개념 익히기!

1 오른쪽과 같은 모양의 입체도형의 이름을 쓰세요.

( )

2 □ 안에 알맞은 말을 써넣으세요.

구의 중심에서 구의 겉면의 한 점을 이은 선분을 [   ]이라고 합니다.

한번 더! 확인 7~12번 유사문제를 풀면서 개념 다지기!

7 구를 찾아 ○표 하세요.

( ) ( ) ( )

8 구의 중심을 나타내는 것의 기호를 쓰세요.

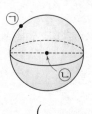

( )

3 오른쪽 구의 반지름은 **몇 cm**인가요?

꼭 단위까지 따라 쓰세요.

(cm)

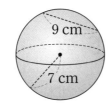

9 건우의 물음에 알맞은 답을 구하세요.

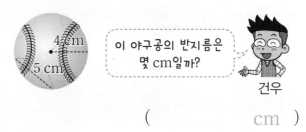

이 야구공의 반지름은 몇 cm일까?

건우

(cm)

4 반원 모양의 종이를 돌려서 입체도형 만들었습니다. ☐ 안에 알맞은 수를 써넣으세요.

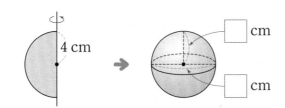

☐ cm

☐ cm

10 지름을 기준으로 반원 모양의 종이를 돌려 만든 입체도형의 반지름은 **몇 cm**인지 구하세요.

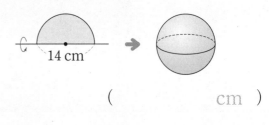

(cm)

5 뽀족한 부분이 <u>없는</u> 도형을 찾아 기호를 쓰세요.

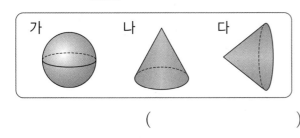

가   나   다

( )

11 밑면이 <u>없는</u> 도형을 찾아 기호를 쓰세요.

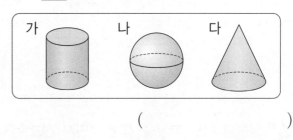

가   나   다

( )

6 원기둥과 구의 공통점을 한 가지 쓰세요.

따라 쓰고 완성하세요.

공통점 굽은 면이 _____

 서술형 下수

12 원뿔과 구의 차이점을 한 가지 쓰세요.

차이점 원뿔은 앞에서 본 모양이 _____

_____

6

원기둥, 원뿔, 구

149

1 원뿔에서 모선은 모두 몇 개인가요?

(   )

2 구에서 각 부분의 이름을 □ 안에 써넣으세요.

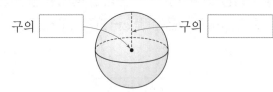

구의 □   구의 □

3 원뿔의 모선의 길이는 몇 cm인가요?

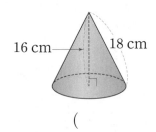

16 cm   18 cm

(   )

4 원뿔의 어느 부분을 재는 것인지 선으로 이어보세요.

   ·   · 모선의 길이

   ·   · 밑면의 지름

   ·   · 높이

5 오른쪽과 같이 한 변을 기준으로 직각삼각형 모양의 종이를 돌렸습니다. 물음에 답하세요.

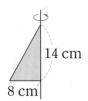

14 cm

8 cm

(1) 만들어진 입체도형을 찾아 기호를 쓰세요.

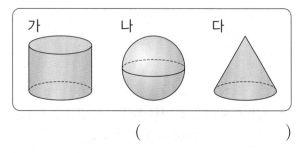

가   나   다

(   )

(2) 만들어진 입체도형의 밑면의 지름은 몇 cm인가요?

(   )

6 모양을 만드는 데 사용한 입체도형에 ○표 하세요.

(원기둥 , 원뿔 , 구)

7 지름을 기준으로 반원 모양의 종이를 돌려 만든 입체도형의 이름을 쓰고, 반지름은 몇 cm인지 구하세요.

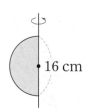

16 cm

이름 _____

반지름 _____

8 원기둥, 원뿔, 구를 옆에서 본 모양을 보기 에서 골라 그려 보세요.

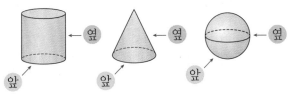

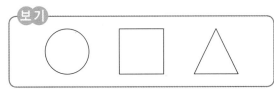

입체도형	원기둥	원뿔	구
옆에서 본 모양			

9 각뿔과 원뿔을 살펴보고, 표를 완성해 보세요.

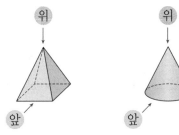

도형	밑면의 모양	위에서 본 모양	앞에서 본 모양
각뿔	사각형		삼각형
원뿔	원		

10 다음 설명 중 잘못된 것을 찾아 기호를 쓰세요.

> ㉠ 원뿔과 원기둥은 밑면의 수가 다릅니다.
> ㉡ 원뿔과 원기둥은 모두 굽은 면이 있습니다.
> ㉢ 구와 원기둥은 모두 밑면이 2개입니다.

(   )

 서술형

11 원기둥과 원뿔의 공통점과 차이점을 각각 한 가지 씩 쓰세요.

공통점 _____

_____

차이점 _____

_____

서술형 **中수** 문제 해결의 전략 을 보면서 풀어 보자.

12 원뿔 가의 높이는 원뿔 나의 높이보다 몇 cm 더 높은지 구하세요.

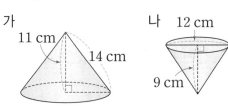

전략 원뿔의 높이는 원뿔의 꼭짓점에서 밑면에 수직으로 내린 선분의 길이이다.

❶ (원뿔 가의 높이)= ☐ cm

❷ (원뿔 나의 높이)= ☐ cm

전략 (위 ❶에서 구한 높이)−(위 ❷에서 구한 높이)

❸ 원뿔 가의 높이는 원뿔 나의 높이보다

☐ − ☐ = ☐ (cm) 더 높습니다.

답 _____

3 단계 실력 바로 쌓기

가이드

문제에서 핵심이 되는 말에 표시하고,
주어진 풀이를 따라 풀어 보자.

키워드 문제

1-1 오른쪽 원뿔을 앞에서 본 모양
의 넓이는 몇 cm²인가요?

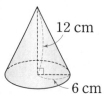

❶ 원뿔을 앞에서 본 모양은 밑변의 길이가
☐ cm, 높이가 ☐ cm인 삼각형입니다.

전략 위 ❶에서 알아 본 모양의 넓이를 구하자.

❷ (앞에서 본 모양의 넓이)

= ☐ × ☐ ÷ 2 = ☐ (cm²)

답 _____

서술형 高수

1-2 오른쪽 원뿔을 앞에서 본 모양
의 넓이는 몇 cm²인가요?

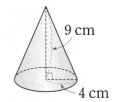

❶

❷

답 _____

키워드 문제

2-1 원기둥의 전개도에서 옆면의 넓이는 90 cm²입니
다. 밑면의 지름은 몇 cm인가요? (원주율: 3)

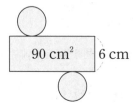

전략 (한 밑면의 둘레)=(옆면의 가로)

❶ (한 밑면의 둘레)

= ☐ ÷ 6 = ☐ (cm)

전략 (한 밑면의 둘레)÷(원주율)

❷ (밑면의 지름)

= ☐ ÷ 3 = ☐ (cm)

답 _____

서술형 高수

2-2 원기둥의 전개도에서 옆면의 넓이는 62 cm²입니
다. 밑면의 지름은 몇 cm인가요? (원주율: 3.1)

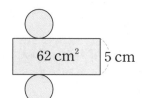

❶

❷

답 _____

✏️ **키워드 문제**

3-1 오른쪽은 반원 모양의 종이를 지름을 기준으로 돌려 만든 구입니다. 돌리기 전 평면도형의 넓이는 몇 cm^2인지 구하세요. (원주율: 3)

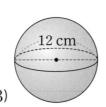
12 cm

❶ 돌리기 전 평면도형은 반지름이 □ cm인 반원입니다.

전략 (반지름)×(반지름)×(원주율)×$\frac{1}{2}$

❷ (돌리기 전 평면도형의 넓이)

$= □ × □ × 3 × \frac{1}{2} = □$ (cm^2)

답 _____

🏅 서술형 **高수**

3-2 오른쪽은 반원 모양의 종이를 지름을 기준으로 돌려 만든 구입니다. 돌리기 전 평면도형의 넓이는 몇 cm^2인지 구하세요.

(원주율: 3.1)

16 cm

❶

❷

답 _____

✏️ **키워드 문제**

4-1 원기둥의 전개도에서 옆면의 둘레가 $59.4\,cm$일 때 원기둥의 높이는 몇 cm인지 구하세요. (원주율: 3.1)

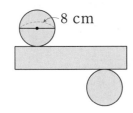
8 cm

전략 (옆면의 둘레)÷2

❶ (옆면의 가로와 세로의 길이의 합)

$= 59.4 ÷ □ = □$ (cm)

전략 (옆면의 가로)=(밑면의 둘레)

❷ (옆면의 가로)$= □ × 3.1 = □$ (cm)

전략 (위 ❶에서 구한 값)−(위 ❷에서 구한 값)

❸ (원기둥의 높이)

$= □ − □ = □$ (cm)

답 _____

🏅 서술형 **高수**

4-2 원기둥의 전개도에서 옆면의 둘레가 $96\,cm$일 때 원기둥의 높이는 몇 cm인지 구하세요. (원주율: 3)

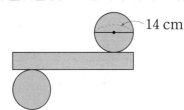
14 cm

❶

❷

❸

답 _____

[1~2] 도형을 보고 물음에 답하세요.

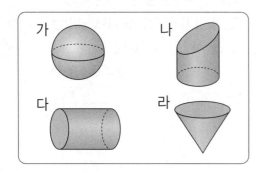

1 원뿔을 찾아 기호를 쓰세요.

( )

2 구를 찾아 기호를 쓰세요.

( )

3 원기둥의 밑면에는 ○표, 옆면에는 △표 하세요.

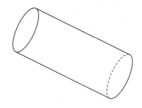

4 구의 반지름은 몇 cm인지 구하세요.

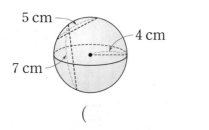

5 cm
4 cm
7 cm

( )

5 원기둥, 원뿔, 구 중에서 다음 연필 모양을 만드는 데 사용하지 <u>않은</u> 입체도형을 쓰세요.

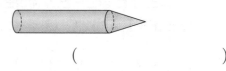

( )

6 지안이와 민재의 대화를 읽고 원기둥, 원뿔, 구 중에서 □ 안에 알맞은 입체도형을 써넣으세요.

안전 고깔

지안

도로에 있는 안전 고깔은 속이 비어 있는데 바람이 불어도 넘어지지 않아.

안전 고깔이 [   ] 모양이라서 그래. 아래로 내려갈수록 땅에 닿는 부분이 넓어져서 안정적이지.

민재

7 한 변을 기준으로 평면도형을 돌려 만든 입체도형을 찾아 이어 보세요.

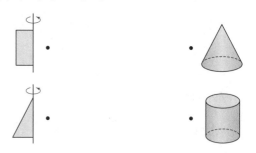

8 원기둥을 만들 수 있는 전개도를 찾아 기호를 쓰세요.

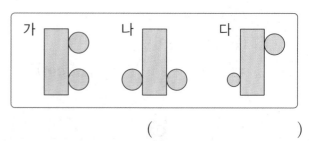

( )

9 원기둥을 앞에서 본 모양을 그려 보세요.

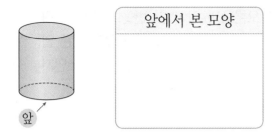

10 어떤 입체도형을 위, 앞, 옆에서 본 모양을 그린 것입니다. 어떤 입체도형인지 쓰세요.

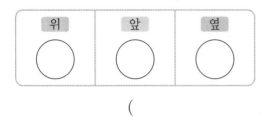

( )

11 오른쪽과 같이 지름을 기준으로 반원 모양의 종이를 돌렸습니다. 만들어지는 입체도형의 반지름은 몇 cm인가요?

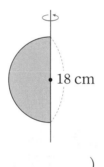

18 cm

( )

12 모양과 크기가 같은 원뿔을 보고 나눈 대화에서 잘못 말한 사람의 이름을 쓰세요.

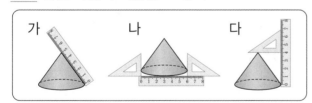

- 연아: 가는 모선의 길이를 재는 방법이야.
- 현규: 밑면의 반지름은 6 cm야.
- 지수: 다는 높이를 재는 방법이고 높이는 4 cm야.

( )

13 다음 원기둥의 전개도를 완성하고, □ 안에 알맞은 수를 써넣으세요. (원주율: 3)

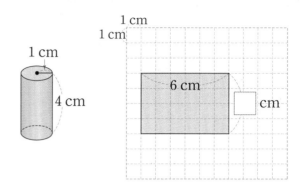

14 원기둥, 원뿔, 구의 특징을 잘못 말한 사람의 이름을 쓰세요.

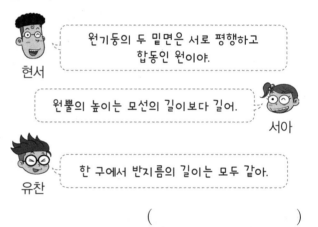

현서: 원기둥의 두 밑면은 서로 평행하고 합동인 원이야.

서아: 원뿔의 높이는 모선의 길이보다 길어.

유찬: 한 구에서 반지름의 길이는 모두 같아.

( )

📝 서술형

15 원뿔과 각뿔에 대한 설명으로 잘못된 것의 기호를 쓰고, 내용을 바르게 고쳐 보세요.

> ㉠ 원뿔에는 굽은 면이 있지만 각뿔에는 굽은 면이 없습니다.
> ㉡ 원뿔과 각뿔은 꼭짓점과 모서리가 있습니다.

( )

바르게 고치기 _____

_____

16 ⓐ과 ⓑ에 알맞은 수의 합을 구하세요.

> • 구의 밑면의 수 ➡ ⓐ개
> • 원뿔의 밑면의 수 ➡ ⓑ개

( )

17 원기둥의 전개도를 보고 밑면의 반지름은 몇 cm 인지 구하세요. (원주율: 3.1)

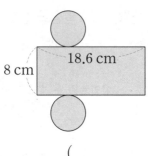

8 cm   18.6 cm

( )

18 오른쪽 원기둥의 전개도를 그리고, 전개도에 밑면의 반지름과 옆면의 가로, 세로의 길이는 각각 몇 cm인지 나타내 보세요. (원주율: 3)

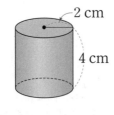

2 cm

4 cm

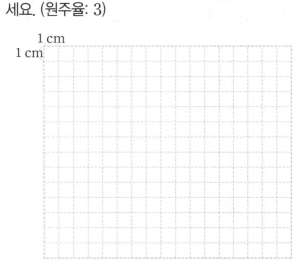
1 cm
1 cm

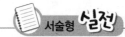

19 오른쪽과 같이 한 변을 기준으로 직각삼각형 모양의 종이를 돌려 만든 입체도형의 밑면의 둘레는 몇 cm인지 구하세요. (원주율: 3)

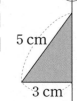

5 cm

3 cm

풀이 _____

_____

_____

_____

답 _____

20 원기둥의 전개도에서 옆면의 둘레가 70 cm일 때 원기둥의 높이는 몇 cm인지 구하세요. (원주율: 3)

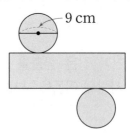

9 cm

풀이 _____

_____

_____

_____

답 _____

6
원기둥, 원뿔, 구

빈틈없는
수준별 학습으로
빠져나갈 구멍 없이
완전봉쇄!

사고력

서술형

독해력

이제 긴 문제도
어렵지 않아요!

기본기와 서술형을 한 번에, 확실하게
수학 자신감은 덤으로!

수학리더 시리즈 (초1~6 / 학기용)

| [연산] | [개념] | [기본] | [유형] | [기본＋응용] | [응용·심화] | [최상위] |

(*예비초~초6/총14단계)

(*초3~6)

book.chunjae.co.kr

교재 내용 문의 ·················· 교재 홈페이지 ▶ 초등 ▶ 교재상담
교재 내용 외 문의 ·············· 교재 홈페이지 ▶ 고객센터 ▶ 1:1문의
발간 후 발견되는 오류 ·········· 교재 홈페이지 ▶ 초등 ▶ 학습지원 ▶ 학습자료실

수학의 자신감을 키워 주는 **초등 수학 교재**

난이도 한눈에 보기!

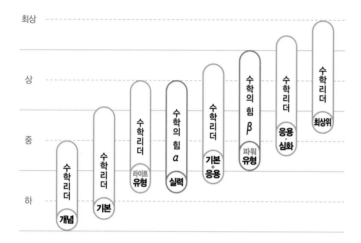

- ● **수학리더 연산** 〔계산 연습〕
  연산 드릴과 문장 읽고 식 세우기 연습이 필요할 때

- ● **수학리더 유형** 〔라이트 유형서〕
  응용·심화 단계로 가기 전
  다양한 유형 문제로 실력을 탄탄히 다지고 싶을 때

- ● **수학리더 기본+응용** 〔실력서〕
  기본 단계를 끝낸 후
  기본부터 응용까지 한 권으로 끝내고 싶을 때

- ● **수학리더 최상위** 〔고난도〕
  응용·심화 단계를 끝낸 후
  고난도 문제로 최상위권으로 도약하고 싶을 때

차세대 리더

검정 교과서 완벽 반영

수학리더 기본

백전

백★승

리더가 되기 위한
공부 비법

익힘책 다시 풀기
지피지기 익힘책 유형
반복학습

서술형 바로 쓰기
나를 따라 해
+ 내가 써 볼게

단원평가·총정리
단원평가 2회 수록
수학 성취도 평가 수록

BOOK 2
6-2

천재교육

BOOK ②
구성과 특장

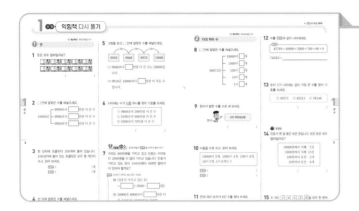

익힘책 다시 풀기

익힘책 기본 문제와 응용 문제를 수록하여
실력을 쑥쑥!

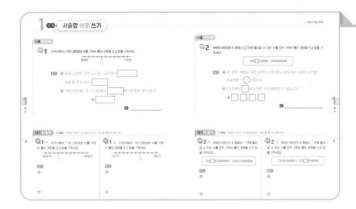

서술형 바로 쓰기

풀이를 보고 따라 쓸 수 있는 '나를 따라 해'
코너와 유사 문제의 풀이를 직접 써 보는
'내가 써 볼게' 코너로 서술형 완벽 마스터!

단원평가 A · B

단원평가 A형, B형으로 학교 단원평가에
완벽하게 대비해~

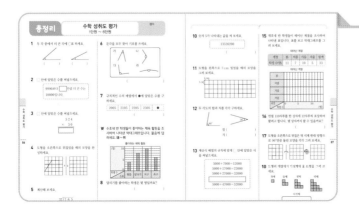

수학 성취도 평가

과정을 모두 끝낸 후에 풀어 보고 내 실력을
확인해 봐!

수학 리더 기본 6-2

BOOK **2**

↻ 개념 확인: BOOK① 4쪽

① 분모가 같은 (분수)÷(분수)(1)
└ (진분수)÷(단위분수)

1 빈칸에 알맞은 수를 써넣으세요.

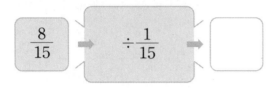

$\dfrac{8}{15}$ ➡ $\div \dfrac{1}{15}$ ➡ ☐

2 나눗셈의 몫을 찾아 이어 보세요.

$\dfrac{12}{13} \div \dfrac{1}{13}$ ·

$\dfrac{7}{12} \div \dfrac{1}{12}$ ·

· 7

· 12

· 13

3 크기를 비교하여 ○ 안에 >, =, <를 알맞게 써넣으세요.

$$\dfrac{2}{7} \div \dfrac{1}{7} \bigcirc 4$$

4 주스 $\dfrac{9}{10}$ L를 컵 한 개에 $\dfrac{1}{10}$ L씩 나누어 담으려고 합니다. 필요한 컵은 몇 개인가요?

 _____

답 _____

↻ 개념 확인: BOOK① 6쪽

② 분모가 같은 (분수)÷(분수)(2)
└ 분자끼리 나누어떨어지는 (진분수)÷(진분수)

5 계산해 보세요.

$$\dfrac{9}{11} \div \dfrac{3}{11}$$

( )

6 $\dfrac{8}{15} \div \dfrac{2}{15}$ 와 계산 결과가 같은 것을 찾아 기호를 쓰세요.

㉠ $8 \div 1$
㉡ $2 \div 8$
㉢ $8 \div 2$

( )

7 ☐ 안에 알맞은 수를 써넣으세요.

$$\boxed{} \times \dfrac{2}{9} = \dfrac{4}{9}$$

8 길이가 $\dfrac{15}{16}$ m인 끈을 $\dfrac{5}{16}$ m씩 잘랐습니다. 자른 끈은 모두 몇 도막인가요?

( )

🔄 개념 확인: **BOOK①** 8쪽

3 분모가 같은 (분수)÷(분수)(3)
└▸ 분자끼리 나누어떨어지지 않는 (진분수)÷(진분수)

9 보기와 같이 계산해 보세요.

┌─ 보기 ─────────────────────┐
│ $\dfrac{5}{8} \div \dfrac{3}{8} = 5 \div 3 = \dfrac{5}{3} = 1\dfrac{2}{3}$ │
└────────────────────────────┘

$\dfrac{9}{10} \div \dfrac{7}{10}$ _____

10 큰 수를 작은 수로 나눈 몫을 빈칸에 써넣으세요.

$\dfrac{8}{9}$	$\dfrac{5}{9}$

11 잘못 계산한 곳을 찾아 바르게 계산해 보세요.

┌────────────────────────────┐
│ $\dfrac{5}{16} \div \dfrac{9}{16} = 5 \div 9 = \dfrac{9}{5} = 1\dfrac{4}{5}$ │
└────────────────────────────┘

$\dfrac{5}{16} \div \dfrac{9}{16}$ _____

12 계산 결과가 <u>다른</u> 하나에 ×표 하세요.

$\dfrac{9}{11} \div \dfrac{10}{11}$	$1\dfrac{1}{9}$	$9 \div 10$
( )	( )	( )

13 수직선을 보고 ㉮÷㉯의 값을 구하세요.

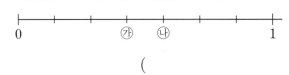

( )

14 배 한 개의 무게는 $\dfrac{11}{15}$ kg이고 귤 한 개의 무게는 $\dfrac{4}{15}$ kg입니다. 배 한 개의 무게는 귤 한 개의 무게의 몇 배인가요?

( )

🏅 서술형 中수 문제 해결의 전략을 보면서 풀어 보자.

15 혜영이는 일정한 빠르기로 $\dfrac{13}{14}$ km를 달리는 데 $\dfrac{5}{14}$ 시간이 걸렸습니다. 같은 빠르기로 3시간 동안 달릴 수 있는 거리는 몇 km인가요?

전략 (달린 거리)÷(걸린 시간)

❶ (1시간 동안 달릴 수 있는 거리)

$= \dfrac{\square}{14} \div \dfrac{\square}{14} = \square \div \square$

$= \dfrac{\square}{\square} = \square\dfrac{\square}{\square}$ (km)

전략 (1시간 동안 달릴 수 있는 거리)×3

❷ (3시간 동안 달릴 수 있는 거리)

$= \square\dfrac{\square}{\square} \times 3 = \square$ (km)

답 _____

↻ 개념 확인: BOOK❶ 12쪽

④ 분모가 다른 (분수)÷(분수)

1 빈칸에 알맞은 수를 써넣으세요.

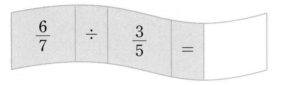

$$\frac{6}{7} \div \frac{3}{5} =$$

2 보기와 같이 계산해 보세요.

보기

$$\frac{2}{5} \div \frac{3}{4} = \frac{8}{20} \div \frac{15}{20} = 8 \div 15 = \frac{8}{15}$$

$$\frac{3}{8} \div \frac{2}{3}$$ _____

3 계산 결과가 자연수인 것에 ○표 하세요.

$$\frac{8}{9} \div \frac{4}{11}$$ $$\frac{3}{7} \div \frac{3}{14}$$

(   )   (   )

4 가장 큰 수를 가장 작은 수로 나눈 몫을 구하세요.

$$\frac{3}{4} \qquad \frac{9}{10} \qquad \frac{4}{5}$$

(   )

5 넓이가 $\frac{2}{3}$ m²인 직사각형 모양의 땅이 있습니다. 이 땅의 가로가 $\frac{13}{15}$ m일 때, 세로는 몇 m인가요?

식 _____

답 _____

6 계산 결과가 큰 것부터 차례대로 기호를 쓰세요.

ㄱ $\frac{1}{2} \div \frac{1}{4}$ ㄴ $\frac{2}{9} \div \frac{7}{8}$ ㄷ $\frac{5}{6} \div \frac{2}{7}$

(   )

7 □ 안에 들어갈 수 있는 자연수를 모두 구하세요.

$$\frac{7}{10} \div \frac{4}{15} < \square < \frac{4}{9} \div \frac{1}{12}$$

(   )

8 어떤 수에 $\frac{3}{22}$을 곱하면 $\frac{5}{11}$입니다. 어떤 수를 구하세요.

(   )

↻ 개념 확인: **BOOK❶** 14쪽

5 **(자연수)÷(분수)**

9 $10 \div \frac{2}{7}$ 를 계산하려고 합니다. □ 안에 알맞은 수를 써넣으세요.

$$10 \div \frac{2}{7} = (\boxed{} \div 2) \times \boxed{} = \boxed{}$$

10 자연수를 분수로 나눈 몫을 구하세요.

$$18 \qquad \frac{9}{10}$$

( )

11 빈칸에 알맞은 수를 써넣으세요.

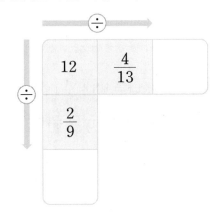

12 계산 결과가 더 작은 나눗셈의 기호를 쓰세요.

$$\bigcirc \ 3 \div \frac{3}{7} \qquad \bigcirc \ 4 \div \frac{2}{3}$$

( )

13 노트북의 배터리를 $\frac{5}{8}$ 만큼 충전하는 데 75분이 걸렸습니다. 일정한 빠르기로 충전된다면 배터리를 완전히 충전하는 데 걸리는 시간은 몇 분인가요?

( )

14 다음 나눗셈에서 $\frac{\bullet}{11}$ 는 진분수이고 몫은 자연수입니다. ●에 알맞은 수는 모두 몇 개인가요?

$$8 \div \frac{\bullet}{11}$$

( )

🏅 서술형 **中수** 문제 해결의 **전략** 을 보면서 풀어 보자.

15 3 L짜리 간장이 2통 있습니다. 이 간장을 병 한 개에 $\frac{2}{3}$ L씩 나누어 담으려고 합니다. 필요한 병은 몇 개인가요?

전략 (간장 한 통의 양)×(통의 수)

❶ (전체 간장의 양)=□×□=□(L)

전략 (전체 간장의 양)÷(한 병에 담는 간장의 양)

❷ (필요한 병의 수)

$$= \boxed{} \div \frac{\boxed{}}{\boxed{}} = \boxed{}(\text{개})$$

답

1

분수의 나눗셈

5

↱ 개념 확인: BOOK❶ 18쪽

6 (분수)÷(분수)를 (분수)×(분수)로 나타내기

1 □ 안에 알맞은 분수를 구하세요.

$$\frac{4}{5} \div \frac{8}{9} = \frac{4}{5} \times \square$$

(   )

2 $\frac{5}{8} \div \frac{4}{5}$ 를 두 가지 방법으로 계산해 보세요.

방법 1 통분하여 계산하기

방법 2 분수의 곱셈으로 나타내 계산하기

3 빈칸에 알맞은 수를 써넣으세요.

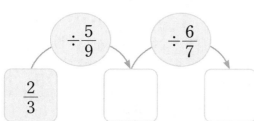

4 큰 수를 작은 수로 나눈 몫을 구하세요.

$$\frac{3}{5} \qquad \frac{3}{14}$$

(   )

5 넓이가 $\frac{4}{9}$ m²인 평행사변형이 있습니다. 밑변의 길이가 $\frac{5}{7}$ m일 때, 높이는 몇 m인가요?

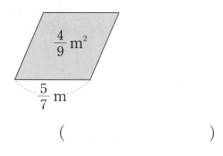

(   )

6 굵기가 일정한 나무 막대 $\frac{5}{6}$ m의 무게는 $\frac{7}{10}$ kg 입니다. 이 나무 막대 1 m의 무게는 몇 kg인가요?

식

답 _____

7 주스의 $\frac{2}{5}$ 를 마셨더니 $\frac{7}{10}$ L가 남았습니다. 처음에 있던 주스는 몇 L인가요?

(   )

분수의 나눗셈

↻ 개념 확인: **BOOK①** 20쪽

7 (분수)÷(분수) 계산하기

8 빈칸에 알맞은 수를 써넣으세요.

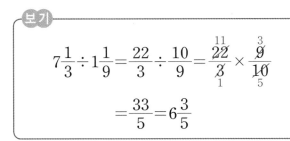

9 보기 와 같이 계산해 보세요.

보기

$$7\frac{1}{3} \div 1\frac{1}{9} = \frac{22}{3} \div \frac{10}{9} = \frac{\overset{11}{\cancel{22}}}{\cancel{3}_{1}} \times \frac{\overset{3}{\cancel{9}}}{\cancel{10}_{5}}$$

$$= \frac{33}{5} = 6\frac{3}{5}$$

$1\frac{2}{7} \div 2\frac{1}{4}$ _____

_____

10 잘못 계산한 곳을 찾아 그 까닭을 쓰고, 바르게 계산해 보세요.

$$3\frac{3}{8} \div \frac{3}{5} = 3\frac{\overset{1}{\cancel{3}}}{8} \times \frac{5}{\cancel{3}_{1}} = 3\frac{5}{8}$$

까닭 _____

_____

바른 계산 $3\frac{3}{8} \div \frac{3}{5}$ _____

_____

11 계산 결과를 비교하여 ○ 안에 >, =, <를 알맞게 써넣으세요.

$$\frac{11}{6} \div \frac{3}{4} \bigcirc 2\frac{1}{3} \div \frac{5}{6}$$

12 학교에서 석진이네 집까지의 거리는 학교에서 윤기네 집까지의 거리의 몇 배인가요?

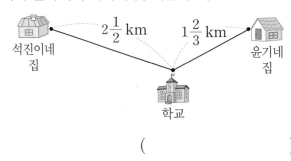

(_____)

서술형 中수 문제 해결의 전략 을 보면서 풀어 보자.

13 상자 한 개를 묶는 데 끈이 $\frac{4}{5}$ m 필요합니다. 끈 $2\frac{1}{10}$ m로 상자를 몇 개까지 묶을 수 있고, 남는 끈의 길이는 몇 m인가요?

전략 (끈의 전체 길이)
÷(상자 한 개를 묶는 데 필요한 끈의 길이)

❶ $2\frac{1}{10} \div \dfrac{\square}{\square} = \square$

➔ 상자를 $\square$ 개까지 묶을 수 있습니다.

전략 ❶에서 남는 부분은 $\frac{4}{5}$ m의 얼마인지 알아보자.

❷ ❶에서 묶고 남는 부분이 한 개를 묶는 길이의 $\dfrac{\square}{\square}$ 이므로 남는 끈의 길이는

$$\frac{4}{5} \times \frac{\square}{\square} = \square \text{ (m)입니다.}$$

답 _____ , _____

1

분수의 나눗셈

7

나를 따라 해

연습 1 어떤 수를 $\frac{2}{5}$로 나누어야 할 것을 잘못하여 곱했더니 $\frac{3}{4}$이 되었습니다. 바르게 계산한 값은 얼마인인지 풀이 과정을 쓰고 답을 구하세요.

풀이 ❶ 어떤 수를 ■라 하여 잘못 계산한 식을 세우면 $■ \times \frac{2}{5} = \frac{3}{4}$입니다.

❷ $■ = \frac{3}{4} \div \frac{2}{5} = \frac{3}{4} \times \frac{5}{2} = \frac{\boxed{}}{8} = \boxed{}$

❸ 바르게 계산한 값은

$1\frac{7}{8} \div \frac{2}{5} = \frac{15}{8} \div \frac{2}{5} = \frac{15}{8} \times \frac{5}{2} = \frac{\boxed{}}{16} = \boxed{}$입니다.

답 _____

내가 써 볼게

🍀 **가이드** | 문제에서 핵심이 되는 말에 표시하고, 위의 풀이를 따라 풀어 보자.

실전 1-1 어떤 수를 $\frac{3}{7}$으로 나누어야 할 것을 잘못하여 곱했더니 $\frac{4}{5}$가 되었습니다. 바르게 계산한 값은 얼마인지 풀이 과정을 쓰고 답을 구하세요.

풀이

❶

❷

❸

답 _____

실전 1-2 어떤 수를 $\frac{5}{8}$로 나누어야 할 것을 잘못하여 곱했더니 $\frac{2}{3}$가 되었습니다. 바르게 계산한 값은 얼마인지 풀이 과정을 쓰고 답을 구하세요.

풀이

❶

❷

❸

답 _____

나를 따라 해

연습 2 정국이네 반 학생의 $\dfrac{4}{9}$가 남학생입니다. 여학생이 15명일 때 정국이네 반 학생은 모두 몇 명인지 풀이 과정을 쓰고 답을 구하세요.

풀이 ❶ 여학생은 전체의 $1 - \dfrac{4}{9} = \dfrac{\square}{9}$ 입니다.

❷ 전체 학생 수를 ●명이라 하면 ● $\times \boxed{} = 15$ 입니다.

❸ ● $= 15 \div \dfrac{5}{9} = \overset{3}{\cancel{15}} \times \dfrac{9}{\underset{1}{\cancel{5}}} = \boxed{}$ 이므로

정국이네 반 학생은 모두 $\boxed{}$ 명입니다.

답 _____

내가 써 볼게 🔎 **가이드** | 문제에서 핵심이 되는 말에 표시하고, 위의 풀이를 따라 풀어 보자.

실전 2-1 소민이네 반 학생의 $\dfrac{5}{8}$가 동생이 있습니다. 동생이 없는 학생이 12명일 때 소민이네 반 학생은 모두 몇 명인지 풀이 과정을 쓰고 답을 구하세요.

풀이

❶

❷

❸

답 _____

실전 2-2 미연이네 반 학생의 $\dfrac{2}{7}$가 안경을 썼습니다. 안경을 쓰지 않은 학생이 20명일 때 미연이네 반 학생은 모두 몇 명인지 풀이 과정을 쓰고 답을 구하세요.

풀이

❶

❷

❸

답 _____

나를 따라 해

연습 **3** 어느 컴퓨터 공장에서 일정한 빠르기로 컴퓨터 한 대를 만드는 데 $1\frac{2}{5}$시간이 걸립니다. 같은 빠르기로 매일 쉬지 않고 7시간씩 만든다면 일주일 동안 만들 수 있는 컴퓨터는 모두 몇 대인지 풀이 과정을 쓰고 답을 구하세요.

풀이 ❶ (7시간 동안 만드는 컴퓨터의 수)

$$= 7 \div 1\frac{2}{5} = 7 \div \frac{7}{5} = \overset{1}{\cancel{7}} \times \frac{5}{\underset{1}{\cancel{7}}} = \boxed{} \text{(대)}$$

❷ 일주일은 $\boxed{}$일이므로 일주일 동안 만들 수 있는 컴퓨터는 모두

$\boxed{} \times 7 = \boxed{}$(대)입니다.

답 _____

내가 써 볼게 🌱**가이드** | 문제에서 핵심이 되는 말에 표시하고, 위의 풀이를 따라 풀어 보자.

실전 **3-1** 어느 공장에서 일정한 빠르기로 로봇 한 개를 만드는 데 $2\frac{2}{3}$시간이 걸립니다. 같은 빠르기로 매일 쉬지 않고 8시간씩 만든다면 일주일 동안 만들 수 있는 로봇은 모두 몇 개인지 풀이 과정을 쓰고 답을 구하세요.

풀이

❶

❷

답 _____

실전 **3-2** 어느 공장에서 일정한 빠르기로 자동차 한 대를 만드는 데 $2\frac{1}{4}$시간이 걸립니다. 같은 빠르기로 매일 쉬지 않고 9시간씩 만든다면 일주일 동안 만들 수 있는 자동차는 모두 몇 대인지 풀이 과정을 쓰고 답을 구하세요.

풀이

❶

❷

답 _____

나를 따라 해

연습 4 오른쪽은 지은이가 만두를 만들기 위해 준비한 재료입니다. 지은이는 만두를 몇 인분까지 만들 수 있는지 풀이 과정을 쓰고 답을 구하세요.

재료	밀가루	만두소
준비한 양	$9\frac{2}{3}$컵	$2\,kg$
1인분 만드는 데 필요한 양	$1\frac{1}{3}$컵	$\frac{1}{4}\,kg$

풀이 ❶ $9\dfrac{2}{3} \div 1\dfrac{1}{3} = \dfrac{29}{3} \div \dfrac{4}{3} = \dfrac{\boxed{}}{4} = \boxed{}\dfrac{\boxed{}}{4}$

➡ 밀가루로 $\boxed{}$인분까지 만들 수 있습니다.

❷ $2 \div \dfrac{1}{4} = 2 \times \boxed{} = \boxed{}$ ➡ 만두소로 $\boxed{}$인분까지 만들 수 있습니다.

❸ 만두를 $\boxed{}$인분까지 만들 수 있습니다.

답 _____

내가 써 볼게 🔵 **가이드** | 문제에서 핵심이 되는 말에 표시하고, 위의 풀이를 따라 풀어 보자.

실전 4-1 윤정이가 붕어빵을 만들기 위해 준비한 재료입니다. 윤정이가 붕어빵을 몇 봉지까지 만들 수 있는지 풀이 과정을 쓰고 답을 구하세요.

재료	밀가루	팥소
준비한 양	$7\frac{1}{8}$컵	$2\,kg$
1봉지 만드는 데 필요한 양	$1\frac{3}{8}$컵	$\frac{1}{2}\,kg$

풀이

❶

❷

❸

답 _____

실전 4-2 무료 급식소에서 밥과 국을 나누어 주려고 준비하였습니다. 밥과 국을 함께 몇 명까지 나누어 줄 수 있는지 풀이 과정을 쓰고 답을 구하세요.

재료	밥	국
준비한 양	$80\frac{4}{5}\,kg$	$40\,L$
1명에게 나누어 주는 양	$\frac{3}{5}\,kg$	$\frac{5}{16}\,L$

풀이

❶

❷

❸

답 _____

↪ 개념 확인: BOOK① 30쪽

1 (소수)÷(소수) 알아보기
→ 자연수의 나눗셈을 이용

1 자연수의 나눗셈을 이용하여 계산하려고 합니다. □ 안에 알맞은 수를 써넣으세요.

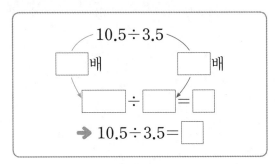

$$10.5 \div 3.5$$

□ 배 □ 배

□ ÷ □ = □

➡ 10.5 ÷ 3.5 = □

2 천 원짜리 지폐의 긴 쪽과 짧은 쪽의 길이는 다음과 같습니다. 천 원짜리 지폐의 긴 쪽의 길이는 짧은 쪽의 길이의 몇 배인가요?

6.8 cm

13.6 cm

(   )

3 효섭이의 제자리멀리뛰기 기록은 80.48 cm이고 혜선이의 기록은 20.12 cm입니다. 효섭이의 기록은 혜선이의 기록의 몇 배인가요?

(   )

↪ 개념 확인: BOOK① 32쪽

2 (소수 한 자리 수)÷(소수 한 자리 수)

4 계산해 보세요.

(1)

$$1.9 \overline{)3.8}$$

(2)

$$2.6 \overline{)20.8}$$

5 빈 곳에 알맞은 수를 써넣으세요.

| 12.5 | ➡ | ÷2.5 | ➡ | |

6 크기를 비교하여 ○ 안에 >, =, <를 알맞게 써넣으세요.

| 8.5÷1.7 | ○ | 5.2 |

7 둘레가 47.6 m인 원 모양의 연못이 있습니다. 이 연못의 둘레를 따라 3.4 m 간격으로 나무를 심으려고 합니다. 나무는 적어도 몇 그루 필요한가요?
(단, 나무의 두께는 생각하지 않습니다.)

(   )

↪ 개념 확인: BOOK❶ 34쪽

③ (소수 두 자리 수)÷(소수 두 자리 수)

8 □ 안에 알맞은 수를 써넣으세요.

$$2.32 \div 0.58 = \frac{\boxed{}}{100} \div \frac{\boxed{}}{100}$$

$$= \boxed{} \div \boxed{} = \boxed{}$$

9 빈 곳에 알맞은 수를 써넣으세요.

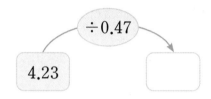

10 잘못 계산한 곳을 찾아 바르게 계산해 보세요.

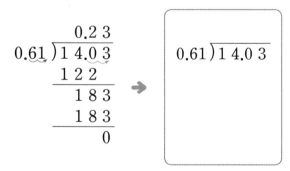

11 바르게 계산한 것의 기호를 쓰세요.

┌─────────────────┐
│ ㉠ 3.36÷0.84=40 │
│ ㉡ 1.14÷0.19=6 │
└─────────────────┘

( )

12 몫이 7보다 작은 나눗셈을 말한 사람의 이름을 쓰세요.

( )

13 어떤 수를 0.54로 나누어야 할 것을 잘못하여 곱하였더니 4.32가 되었습니다. 어떤 수를 구하세요.

( )

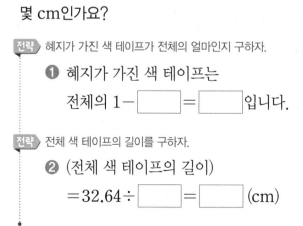

🏅 서술형 中수 문제 해결의 전략 을 보면서 풀어 보자.

14 전체 색 테이프의 0.68을 정호가 가지고, 그 나머지를 혜지가 가졌습니다. 혜지가 가진 색 테이프의 길이가 32.64 cm일 때, 전체 색 테이프의 길이는 몇 cm인가요?

전략 혜지가 가진 색 테이프가 전체의 얼마인지 구하자.

❶ 혜지가 가진 색 테이프는

전체의 1 - □ = □ 입니다.

전략 전체 색 테이프의 길이를 구하자.

❷ (전체 색 테이프의 길이)

= 32.64 ÷ □ = □ (cm)

답 _____

2

소수의 나눗셈

13

↪ 개념 확인: **BOOK❶** 38쪽

4 자릿수가 다른 (소수)÷(소수)

1 빈 곳에 알맞은 수를 써넣으세요.

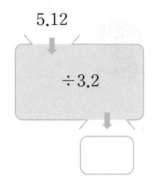

5.12

÷3.2

2 나눗셈의 몫을 찾아 이어 보세요.

8.82÷1.8 •

49.95÷13.5 •

• 3.7

• 4.2

• 4.9

🖊️ 서술형

3 잘못 계산한 것입니다. 그 까닭을 쓰세요.

```
        3 4
2.3̸)7.8̸ 2
      6 9
      9 2
      9 2
        0
```

까닭

_____

_____

4 가장 큰 수를 가장 작은 수로 나눈 몫을 구하세요.

| 5.01 | 9.66 | 4.2 |

( )

5 가 막대의 길이는 나 막대의 길이의 몇 배인가요?

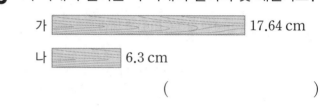

가   17.64 cm

나   6.3 cm

( )

6 가로가 16.7 cm이고 넓이가 75.15 cm²인 직사각형이 있습니다. 이 직사각형의 세로는 몇 cm인가요?

( )

7 몫이 나누어지는 수 5.94보다 큰 것을 찾아 기호를 쓰고, 몫을 구하세요.

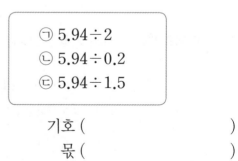

㉠ 5.94÷2
㉡ 5.94÷0.2
㉢ 5.94÷1.5

기호 ( )

몫 ( )

↻ 개념 확인: **BOOK❶** 40쪽

⑤ (자연수)÷(소수)
→ (자연수)÷(소수 한 자리 수), (자연수)÷(소수 두 자리 수)

8 나눗셈을 할 때 소수점을 바르게 옮긴 것의 기호를 쓰세요.

> ㉠ $35 \div 2.5$ ➡ $350 \div 250$
> ㉡ $18 \div 3.6$ ➡ $180 \div 36$

(   )

9 자연수를 소수로 나눈 몫을 구하세요.

| 4.5 | 81 |

(   )

10 계산 결과를 비교하여 ◯ 안에 >, =, <를 알맞게 써넣으세요.

$36 \div 1.44$ ◯ $42 \div 1.75$

11 밤 25 kg을 한 사람에게 1.25 kg씩 나누어 준다면 몇 명에게 나누어 줄 수 있나요?

(   )

12 1분 동안 2.4 L의 물이 일정하게 나오는 수도꼭지가 있습니다. 이 수도꼭지로 60 L의 물을 받으려면 몇 분 동안 받아야 하나요?

식 _____

답 _____

13 서현이의 저금통에 있는 돈은 4600원입니다. 서현이의 저금통에 있는 돈이 은별이의 저금통에 있는 돈의 2.3배라면 은별이의 저금통에 있는 돈은 얼마인가요?

(   )

🏅 **서술형 中수** 문제 해결의 **전략**을 보면서 풀어 보자.

14 트럭이 일정한 빠르기로 2시간 30분 동안 205 km를 달렸습니다. 이 트럭은 1시간 동안 몇 km를 달린 건가요?

전략 2시간 30분을 시간 단위로 바꾸어 나타내자.

❶ 2시간 30분 $= 2\dfrac{\boxed{}}{60}$ 시간 $= 2\dfrac{\boxed{}}{10}$ 시간

$= \boxed{}$ 시간

전략 (달린 거리)÷(달린 시간)

❷ (1시간 동안 달린 거리)

$= 205 \div \boxed{} = \boxed{}$ (km)

답 _____

2

소수의 나눗셈

6 몫을 반올림하여 나타내기
→ 간단한 소수로 구해지지 않을 경우 몫을 반올림하여 나타내기

1 몫을 소수 둘째 자리까지 계산하고, 몫을 반올림하여 소수 첫째 자리까지 나타내 보세요.

$$7 \overline{)1.1}$$

(   )

2 몫을 반올림하여 소수 둘째 자리까지 옳게 나타낸 것의 기호를 쓰세요.

ㄱ $50 \div 8.9 = 5.617 \cdots$ ➜ 5.62
ㄴ $24 \div 6.6 = 3.636 \cdots$ ➜ 3.63

(   )

3 몫을 반올림하여 일의 자리까지 나타내 보세요.

$46.49 \div 3.2$

(   )

4 반올림하여 주어진 자리까지 나타낸 몫의 크기를 비교하여 ○ 안에 >, =, <를 알맞게 써넣으세요.

$60.82 \div 2.7$

소수 첫째 자리까지 ○ 소수 둘째 자리까지

5 배의 무게는 감의 무게의 몇 배인지 반올림하여 소수 첫째 자리까지 나타내 보세요.

0.8 kg   0.3 kg
배   감

(   )

6 번개가 친 곳에서 21 km 떨어진 곳은 번개가 친 약 1분 뒤에 천둥소리를 들을 수 있습니다. 번개가 친 곳에서 33 km 떨어진 곳은 번개가 친 지 몇 분 뒤에 천둥소리를 들을 수 있는지 반올림하여 소수 둘째 자리까지 나타내 보세요.

(   )

🏅서술형 **中수** 문제 해결의 **전략** 을 보면서 풀어 보자.

7 잉어의 무게는 6.07 kg, 붕어를 담고 잰 바구니의 무게는 1.82 kg입니다. 바구니의 무게가 0.28 kg일 때 잉어의 무게는 붕어의 무게의 몇 배인지 반올림하여 일의 자리까지 나타내 보세요.

전략 (붕어를 담고 잰 바구니의 무게)−(바구니의 무게)

❶ (붕어의 무게)$=1.82-$ ☐
$=$ ☐ (kg)

전략 (잉어의 무게)÷(붕어의 무게)의 몫을 소수 첫째 자리까지 구해 반올림하자.

❷ ☐ $\div$ ☐ $=$ ☐.☐ $\cdots$이므로 반올림하여 일의 자리까지 나타내면 ☐배입니다.

답 _____

↻ 개념 확인: BOOK❶ 46쪽

7 **나누어 주고 남는 양 알아보기**

[8~9] 붕어빵을 한 개 만드는 데 밀가루가 0.4 kg 필요합니다. 밀가루 2.2 kg으로 만들 수 있는 붕어빵 수와 남는 밀가루의 양은 몇 kg인지 구하려고 합니다. 물음에 답하세요.

8 뺄셈의 방법으로 구하세요.

식 _____

만들 수 있는 붕어빵 수 (   )
남는 밀가루 양 (   )

9 세로로 계산하는 방법으로 구하세요.

$$0.4 \overline{)2.2}$$

만들 수 있는 붕어빵 수 (   )
남는 밀가루 양 (   )

10 ⬤ 안의 수를 바깥 수로 나눈 몫을 자연수까지 구하여 원 안에 쓰고 남는 양은 ▢ 안에 써넣으세요.

91.7÷3 ➡ 몫: 30, 남는 양: 1.7

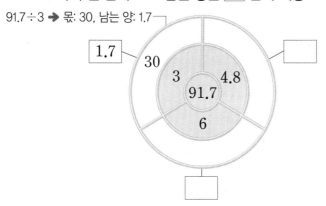

11 소금 30.3 kg을 한 봉지에 4 kg씩 나누어 담으려고 합니다. 세로로 계산하고 소금을 몇 봉지에 나누어 담을 수 있고 남는 소금의 양은 몇 kg인지 구하세요.

$$4 \overline{)30.3}$$

나누어 담을 수 있는 봉지 수 (   )
남는 소금의 양 (   )

12 목도리 한 개를 만드는 데 털실 5 m가 필요합니다. 길이가 141.8 m인 털실 한 묶음으로 만들 수 있는 목도리 수와 남는 털실의 길이는 몇 m인지 차례로 쓰세요.

(   ), (   )

13 어느 책꽂이 한 칸의 가로는 55.5 cm입니다. 이 책꽂이 한 칸에 두께가 2.4 cm인 동화책을 여러 권 꽂으려고 합니다. 책꽂이에 동화책을 몇 권까지 꽂을 수 있는지 구하세요.

(   )

14 블루베리 26.1 kg을 한 상자에 3 kg씩 담아 판매하려고 합니다. 블루베리를 남김없이 모두 판매하려면 블루베리는 적어도 몇 kg 필요한지 구하세요.

(   )

2

소수의 나눗셈

17

나를 따라 해

연습 1 환경단체에서 해수면의 높이를 관찰했습니다. 관찰한 기간 동안 해수면은 96 mm 높아졌습니다. 이 해수면이 5년에 16 mm씩 일정하게 높아진다면 해수면의 높이를 관찰한 기간은 몇 년인지 풀이 과정을 쓰고 답을 구하세요.

→ 바닷물의 표면

풀이 ❶ (해수면이 1년 동안 높아진 높이)＝16÷☐＝☐ (mm)

❷ (해수면의 높이를 관찰한 기간)＝☐ ÷3.2＝☐ (년)

답 _____

내가 써 볼게

🧭 **가이드** | 문제에서 핵심이 되는 말에 표시하고, 위의 풀이를 따라 풀어 보자.

실전 1-1 유아는 소나무의 높이를 관찰했습니다. 관찰한 기간 동안 소나무는 6.72 m 자랐습니다. 이 소나무가 3년에 2.52 m씩 일정하게 자란다면 소나무의 높이를 관찰한 기간은 몇 년인지 풀이 과정을 쓰고 답을 구하세요.

풀이

❶

❷

답 _____

실전 1-2 상호는 증발한 물의 양을 관찰했습니다. 관찰한 시간 동안 물이 221 mL 증발했습니다. 2분에 물이 5.2 mL씩 일정하게 증발했다면 물의 증발을 관찰한 시간은 몇 분인지 풀이 과정을 쓰고 답을 구하세요.

풀이

❶

❷

답 _____

나를 따라 해

 2 정우네 가게에서 파는 귤은 $1.2\,\mathrm{kg}$당 11400원이고, 현주네 가게에서 파는 귤은 $0.8\,\mathrm{kg}$당 7800원 입니다. 같은 무게의 귤을 산다면 어느 가게에서 사는 것이 더 저렴한지 풀이 과정을 쓰고 답을 구하세요.

풀이 ❶ (정우네 가게 귤 $1\,\mathrm{kg}$의 가격)$=11400\div$ ☐ $=$ ☐ (원)

❷ (현주네 가게 귤 $1\,\mathrm{kg}$의 가격)$=7800\div$ ☐ $=$ ☐ (원)

❸ 같은 무게일 때 ☐ 네 가게에서 사는 것이 더 저렴합니다.

답 _____

내가 써 볼게

🔵 **가이드** | 문제에서 핵심이 되는 말에 표시하고, 위의 풀이를 따라 풀어 보자.

실전 **2-1** 시원 망고주스는 $1.8\,\mathrm{L}$가 3600원, 달다 망고주스는 $0.24\,\mathrm{L}$가 600원입니다. 같은 양의 망 고주스를 산다면 어느 망고주스가 더 저렴한지 풀이 과정을 쓰고 답을 구하세요.

풀이

❶

❷

❸

답 _____

실전 **2-2** 어느 아이스크림 가게에서는 컵의 종류 에 따라 무게와 가격이 다릅니다. 가 컵은 $0.96\,\mathrm{kg}$ 에 7200원, 나 컵은 $1.5\,\mathrm{kg}$에 11100원입니다. 같 은 무게의 아이스크림을 산다면 어느 컵이 더 저렴한지 풀이 과정을 쓰고 답을 구하세요.

풀이

❶

❷

❸

답 _____

나를 따라 해

연습 3 욕조에 물이 49.26 L 들어 있습니다. 들이가 4 L인 그릇으로 물을 남김없이 퍼내려면 적어도 몇 번 퍼내야 하는지 풀이 과정을 쓰고 답을 구하세요.

풀이 ❶ (욕조에 들어 있는 물의 양)÷(물을 퍼내는 그릇의 들이)

= 49.26÷4의 몫은 12이고 남는 양은 □□ 입니다.

❷ 물을 4 L씩 12번 퍼내면 □□ L가 남고 남는 물 □□ L도 퍼내야 합니다.

❸ 그릇으로 물을 적어도 12+□□=□□ (번) 퍼내야 합니다.

답 _____

내가 써 볼게 🔮 **가이드** | 문제에서 핵심이 되는 말에 표시하고, 위의 풀이를 따라 풀어 보자.

실전 3-1 보리차 31.5 L가 있습니다. 들이가 2 L인 병에 보리차를 남김없이 나누어 담으려면 병은 적어도 몇 개 필요한지 풀이 과정을 쓰고 답을 구하세요.

풀이

❶

❷

❸

답 _____

실전 3-2 수확한 포도 130.4 kg을 3 kg까지 담을 수 있는 상자에 남김없이 나누어 담으려고 합니다. 상자는 적어도 몇 개 필요한지 풀이 과정을 쓰고 답을 구하세요.

풀이

❶

❷

❸

답 _____

연습 4 오른쪽 사다리꼴의 넓이는 **31.62 m²**입니다. 이 사다리꼴의 윗변의 길이가 **4.8 m**일 때 아랫변의 길이는 몇 m인지 풀이 과정을 쓰고 답을 구하세요.

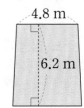

4.8 m
6.2 m

풀이 **①** 아랫변의 길이를 ● m라 하여 넓이를 구하는 식을 쓰면

$(4.8 + ●) \times 6.2 \div 2 =$ ☐ 입니다.

② $(4.8 + ●) \times 6.2 \div 2 = 31.62$, $(4.8 + ●) \times 6.2 =$ ☐ ,

$4.8 + ● =$ ☐ , $● =$ ☐

③ 사다리꼴의 아랫변의 길이는 ☐ m입니다.

답 _____

내가 써 볼게 🍀 **가이드** ┃ 문제에서 핵심이 되는 말에 표시하고, 위의 풀이를 따라 풀어 보자.

실전 4-1 오른쪽 사다리꼴의 넓이는 **11.2 m²**입니다. 이 사다리꼴의 아랫변의 길이가 **4.3 m**일 때 윗변의 길이는 몇 m인지 풀이 과정을 쓰고 답을 구하세요.

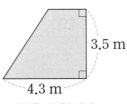

3.5 m
4.3 m

풀이

①

②

③

답 _____

실전 4-2 오른쪽 사다리꼴의 넓이는 **44.55 m²**입니다. 이 사다리꼴의 윗변의 길이가 **6.4 m**일 때 아랫변의 길이는 몇 m인지 풀이 과정을 쓰고 답을 구하세요.

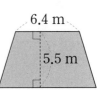

6.4 m
5.5 m

풀이

①

②

③

답 _____

2

소수의 나눗셈

↩ 개념 확인: BOOK① 56쪽

① 어느 방향에서 보았는지 알아보기

1 어느 방향에서 본 모양인지 기호를 쓰세요.

(   )   (   )

2 쌓기나무로 쌓은 모양을 어느 방향에서 본 모양인지 쓰세요.

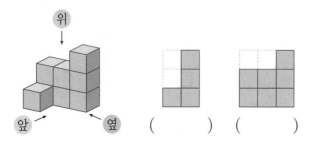

(   )   (   )

3 오른쪽은 어느 방향에서 찍은 사진인지 기호를 쓰세요.

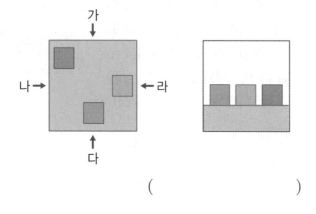

(   )

4 보기 와 같이 컵을 놓고 찍은 사진입니다. 컵의 손잡이를 그려 넣어 사진을 옳게 완성해 보세요.

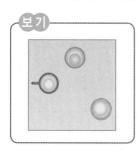 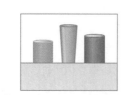

5 보기 와 같이 블록이 놓여 있을 때 찍을 수 <u>없는</u> 사진을 찾아 ×표 하세요.

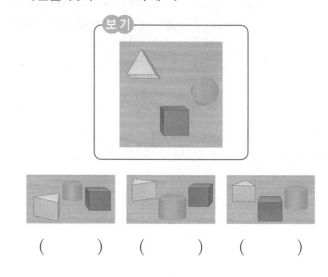

(   )   (   )   (   )

📝 서술형

6 각자의 방향에서 보았을 때 분홍색 쌓기나무를 못 보는 친구를 찾아 이름을 쓰고, 그 까닭을 설명해 보세요.

이름 _____

까닭 _____

_____

_____

공간과 입체

↪ 개념 확인: BOOK❶ 58쪽

② **쌓은 모양과 쌓기나무의 개수**(1)
　　　　　→ 쌓은 모양과 위에서 본 모양

7 쌓기나무 8개로 쌓은 모양입니다. 위에서 본 모양으로 알맞은 것에 ○표 하세요.

위에서 본 모양　　　위에서 본 모양

　　(　　　)　　　(　　　)

[8~9] 주어진 모양과 똑같이 쌓는 데 필요한 쌓기나무의 개수를 구하세요.

8

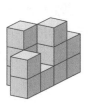 

위에서 본 모양

(　　　　　　)

9

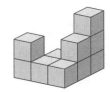 

위에서 본 모양

(　　　　　　)

10 ☐ 안에 알맞은 수를 써넣으세요.

위에서 본 모양

위의 모양과 똑같이 쌓는 데 필요한 쌓기나무
의 개수는 ☐ 개 또는 ☐ 개가 될 거야.

11 주어진 모양을 쌓는 데 쌓기나무 10개를 사용하였습니다. 위에서 본 모양을 그려 보세요.

위에서 본 모양

🏅 서술형 **中수** 문제 해결의 **전략**을 보면서 풀어 보자.

12 서우가 쌓기나무로 쌓은 모양과 위에서 본 모양입니다. 쌓기나무 몇 개를 빼낸 후 위에서 본 모양을 다시 그렸습니다. 빼내고 남은 쌓기나무는 몇 개인가요?

위에서 본 모양　　　　빼낸 후 위에서 본 모양

❶ 처음에 쌓은 쌓기나무의 개수: ☐ 개

전략 위에서 본 모양에서 없어진 자리를 먼저 찾자.

❷ 빼낸 쌓기나무의 개수: ☐ 개

❸ (남은 쌓기나무의 개수)
　= ☐ − ☐ = ☐ (개)

답 _____

🔄 개념 확인: **BOOK①** 62쪽

3 **쌓은 모양과 쌓기나무의 개수**(2)
→ 위, 앞, 옆에서 본 모양 그리기

1 쌓기나무로 쌓은 오른쪽 모양을 보고 위, 앞, 옆 중 어느 방향에서 본 모양인지 각각 찾아 쓰세요.

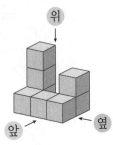

( ) ( ) ( )

2 쌓기나무 10개로 쌓은 모양입니다. 위, 앞, 옆에서 본 모양을 각각 그려 보세요.

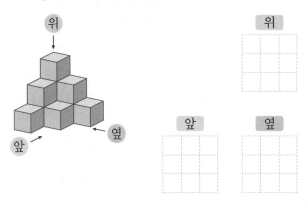

위

앞 옆

3 쌓기나무 10개로 쌓은 모양을 위, 앞에서 본 모양입니다. 옆에서 본 모양을 그려 보세요.

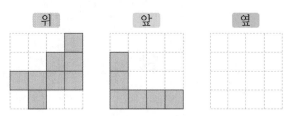

위 앞 옆

🔄 개념 확인: **BOOK①** 64쪽

4 **쌓은 모양과 쌓기나무의 개수**(3)
→ 위, 앞, 옆에서 본 모양 보고 전체 쌓기나무의 개수 구하기

4 쌓기나무 5개로 위, 앞, 옆에서 본 모양이 다음과 같이 되도록 쌓으려고 합니다. 어느 곳에 쌓기나무를 1개 더 쌓아야 하나요? ·············( )

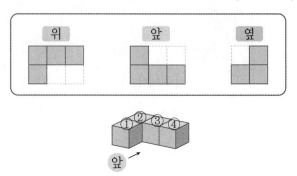

5 쌓기나무로 쌓은 모양을 위, 앞, 옆에서 본 모양입니다. 위에서 본 모양에 1층으로 쌓아야 할 자리는 ○표, 3층으로 쌓아야 할 자리는 ×표 하세요.

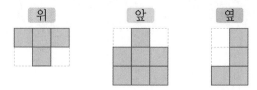

6 쌓기나무로 쌓은 모양을 위, 앞, 옆에서 본 모양입니다. 쌓은 모양으로 가능한 것을 찾아 기호를 쓰세요.

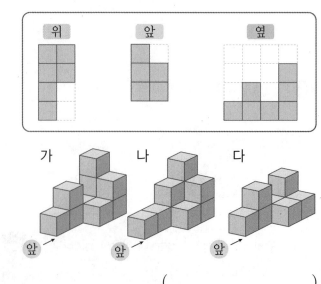

( )

[7~8] 쌓기나무로 쌓은 모양을 위, 앞, 옆에서 본 모양입니다. 물음에 답하세요.

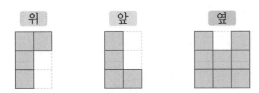

7 쌓은 모양으로 가능한 것의 기호를 쓰세요.

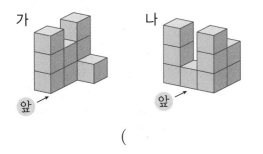

( )

8 똑같은 모양으로 쌓는 데 필요한 쌓기나무는 몇 개인가요?

( )

9 쌓기나무 9개로 쌓은 모양을 위, 앞, 옆에서 본 모양입니다. 가능한 모양을 모두 찾아 기호를 쓰세요. (단, 위에서 본 모양은 모두 같습니다.)

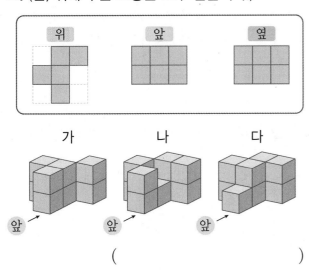

( )

10 쌓기나무로 쌓은 모양을 위, 앞, 옆에서 본 모양입니다. 똑같은 모양으로 쌓는 데 필요한 쌓기나무는 몇 개인가요?

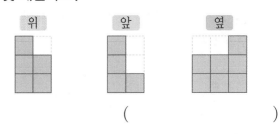

( )

서술형 **中수** 문제 해결의 전략 을 보면서 풀어 보자.

11 쌓기나무로 쌓은 모양을 위, 앞, 옆에서 보고 그렸는데 표시를 하지 않았습니다. 위, 앞, 옆에서 본 모양을 찾아 사용한 쌓기나무는 몇 개인지 구하세요.

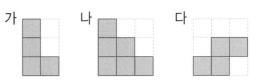

전략 쌓기나무는 2층에 떠 있을 수 없으므로 아랫줄이 비어 있는 모양을 찾자.

❶ 위에서 본 모양: ☐

전략 위 ❶에서 찾은 모양에서 앞과 옆에서 각각 보았을 때 줄의 수를 생각하자.

❷ 앞에서 본 모양: ☐

옆에서 본 모양: ☐

❸ (사용한 쌓기나무의 개수)= ☐ 개

답

↪ 개념 확인: **BOOK❶** 68쪽

5 **쌓은 모양과 쌓기나무의 개수**(4)
→ 위에서 본 모양에 수를 쓰기

[1~2] 쌓기나무로 쌓은 모양을 보고 위에서 본 모양에 수를 쓰세요.

1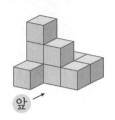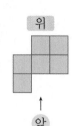

2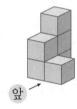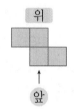

3 쌓기나무로 쌓은 모양을 위에서 본 모양에 수를 쓰는 방법으로 나타낸 것입니다. 관계있는 것끼리 이어 보세요.

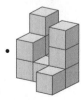

4 쌓기나무로 쌓은 모양을 위, 앞, 옆에서 본 모양입니다. 위에서 본 모양에 수를 쓰는 방법으로 나타내고, 똑같은 모양으로 쌓는 데 필요한 쌓기나무는 몇 개인지 구하세요.

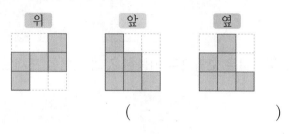

(   )

5 쌓기나무 9개로 쌓은 모양을 위, 앞, 옆에서 본 모양입니다. 위에서 본 모양에 수를 쓰는 방법으로 나타내 보세요.

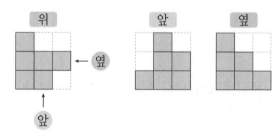

🏅 서술형 **中수** 문제 해결의 전략 을 보면서 풀어 보자.

6 오른쪽은 쌓기나무로 쌓은 모양을 보고 위에서 본 모양에 수를 쓴 것입니다. 앞과 옆에서 본 모양을 각각 그려 보세요.

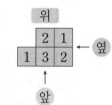

❶ 각 방향에서 각 줄의 가장 큰 수를 왼쪽에서부터 차례로 쓰기

앞: _____, 옆: _____

전략 앞과 옆에서 본 모양은 각 방향에서 줄별로 가장 큰 수의 층만큼 그리자.

❷ 앞과 옆에서 본 모양 각각 그리기

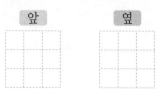

3
공간과 입체

↻ 개념 확인: BOOK❶ 70쪽

❻ 쌓은 모양과 쌓기나무의 개수 (5)
→ 층별로 나타낸 모양

7 쌓기나무로 쌓은 모양을 위, 앞, 옆에서 본 모양입니다. 1층에 쌓인 쌓기나무는 몇 개인가요?

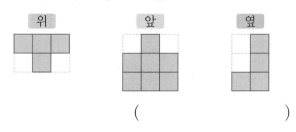

( )

8 쌓기나무로 쌓은 모양과 1층 모양을 보고 2층과 3층 모양을 각각 그려 보세요.

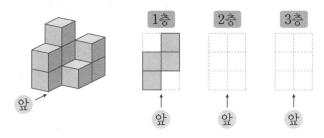

9 쌓기나무로 쌓은 모양을 층별로 나타낸 모양입니다. 쌓은 모양으로 가능한 것을 찾아 기호를 쓰세요.

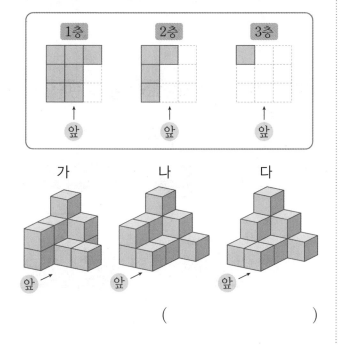

( )

[10~11] 쌓기나무로 쌓은 3층짜리 모양을 층별로 나타낸 모양입니다. 물음에 답하세요.

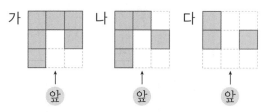

10 각 층의 모양으로 알맞은 것을 찾아 기호를 쓰세요.

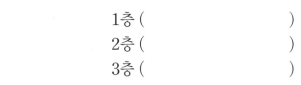

1층 ( )
2층 ( )
3층 ( )

11 똑같은 모양으로 쌓는 데 필요한 쌓기나무는 몇 개인가요?

( )

12 쌓기나무로 쌓은 모양을 층별로 나타낸 모양입니다. 위에서 본 모양을 그려 수를 쓰는 방법으로 나타내고, 똑같은 모양으로 쌓는 데 필요한 쌓기나무의 개수를 구하세요.

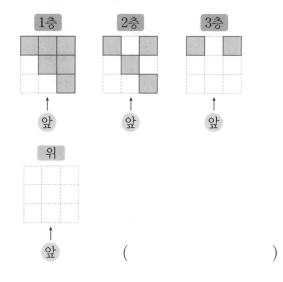

( )

↪ 개념 확인: BOOK❶ 72쪽

13 쌓기나무 10개로 쌓은 모양을 층별로 나타낸 모양입니다. 잘못 색칠된 자리를 찾아 ×표 하세요.

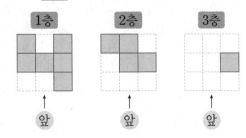

7 여러 가지 모양 만들기

15 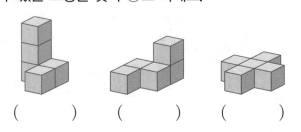 모양에 쌓기나무 1개를 붙여서 만들 수 있는 모양을 찾아 ○표 하세요.

(   )   (   )   (   )

🏅 서술형 **中수**   문제 해결의 **전략**을 보면서 풀어 보자.

14 지안이와 유찬이가 각자 쌓기나무로 쌓은 모양을 서로 다른 방법으로 나타내었습니다. 두 사람이 쌓은 쌓기나무의 개수의 차를 구하세요.

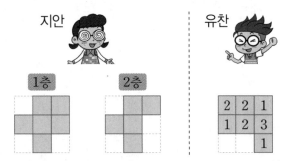

전략 각 층에 쌓인 쌓기나무의 개수의 합을 구하자.

❶ (지안이가 쌓은 쌓기나무의 개수)

$= \boxed{}^{(1층)} + \boxed{}^{(2층)} = \boxed{}$(개)

전략 각 자리에 쌓인 쌓기나무의 개수의 합을 구하자.

❷ (유찬이가 쌓은 쌓기나무의 개수)

$= \boxed{}$개

❸ 차: $\boxed{} - \boxed{} = \boxed{}$(개)

답 _____

16 쌓기나무를 붙여서 만든 모양입니다. 뒤집거나 돌렸을 때 서로 같은 모양끼리 이어 보세요.

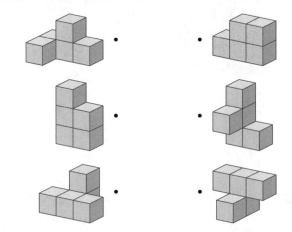

17 두 가지 모양을 사용하여 만들 수 있는 모양의 기호를 쓰세요.

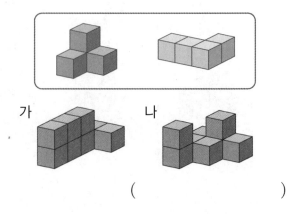

가   나

(   )

[18~19] 두 가지 모양을 사용하여 새로운 모양을 만들었습니다. 어떻게 만들었는지 각 색깔에 맞게 구분하여 색칠해 보세요.

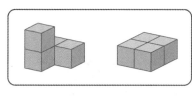

18 　**19**

20 두 가지 모양을 사용하여 만들 수 있는 모양이 <u>아닌</u> 것을 찾아 기호를 쓰세요.

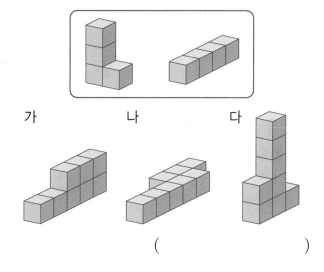

( )

21 두 가지 모양을 사용하여 새로운 모양을 만든 것입니다. ⬜ 안에 알맞은 모양을 찾아 기호를 쓰세요.

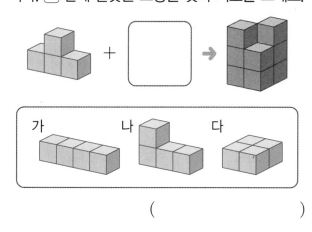

( )

22 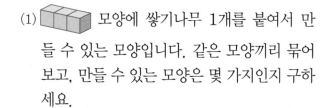 모양에 쌓기나무 1개를 붙여서 만들 수 있는 모양은 모두 몇 가지인가요? (단, 뒤집거나 돌려서 같은 모양이 되는 것은 한 가지로 생각합니다.)

( )

23 쌓기나무 4개로 만들 수 있는 모양은 모두 몇 가지인지 구하세요. (단, 뒤집거나 돌려서 같은 모양이 되는 것은 한 가지로 생각합니다.)

(1) 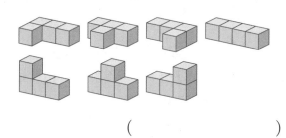 모양에 쌓기나무 1개를 붙여서 만들 수 있는 모양입니다. 같은 모양끼리 묶어 보고, 만들 수 있는 모양은 몇 가지인지 구하세요.

( )

(2) 모양에 쌓기나무 1개를 붙여서 서로 다른 모양을 만들었습니다. (1)에서 만든 모양과 다른 모양은 몇 가지인가요?

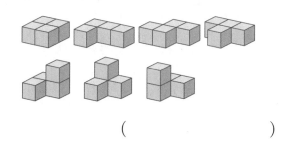

( )

(3) 쌓기나무 4개로 만들 수 있는 모양은 모두

_____ 가지입니다.

나를 따라 해

연습 1 오른쪽과 같이 쌓기나무로 쌓은 모양을 보고 규칙을 찾아 사용된 쌓기나무의 개수는 몇 개인지 풀이 과정을 쓰고 답을 구하세요.

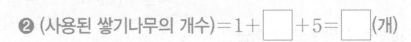

풀이

❶ 3층에 1개, 2층에 ☐개, 1층에 5개이므로 아래층으로 내려갈수록 쌓기나무의 개수가 ☐씩 커집니다.

❷ (사용된 쌓기나무의 개수)＝1＋☐＋5＝☐(개)

답 _____

내가 써 볼게

👉 **가이드** | 문제에서 핵심이 되는 말에 표시하고, 위의 풀이를 따라 풀어 보자.

실전 1-1 쌓기나무로 쌓은 모양을 보고 규칙을 찾아 사용된 쌓기나무의 개수는 몇 개인지 풀이 과정을 쓰고 답을 구하세요.

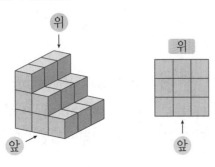

풀이

❶

❷

답 _____

실전 1-2 쌓기나무로 쌓은 모양을 보고 규칙을 찾아 사용된 쌓기나무의 개수는 몇 개인지 풀이 과정을 쓰고 답을 구하세요.

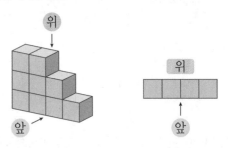

풀이

❶

❷

답 _____

▶ 정답과 해설 **45**쪽

나를 따라 해

연습 **2** 오른쪽은 쌓기나무로 쌓은 모양을 보고 위에서 본 모양에 수를 쓴 것입니다. 2층과 3층에 쌓은 쌓기나무는 모두 몇 개인지 풀이 과정을 쓰고 답을 구하세요.

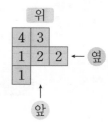

풀이 ❶ • 2층에 쌓은 쌓기나무의 개수: ☐ 개

• 3층에 쌓은 쌓기나무의 개수: ☐ 개

❷ (2층과 3층에 쌓은 쌓기나무의 개수)=4+☐=☐(개)

답 _____

3

공간과 입체

내가 써 볼게

🌳 **가이드** ┃ 문제에서 핵심이 되는 말에 표시하고, 위의 풀이를 따라 풀어 보자.

실전 **2-1** 오른쪽은 쌓기나무로 쌓은 모양을 보고 위에서 본 모양에 수를 쓴 것입니다. 2층과 4층에 쌓은 쌓기나무는 모두 몇 개인지 풀이 과정을 쓰고 답을 구하세요.

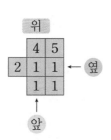

풀이

❶

❷

답 _____

실전 **2-2** 오른쪽은 쌓기나무로 쌓은 모양을 보고 위에서 본 모양에 수를 쓴 것입니다. 1층과 5층에 쌓은 쌓기나무는 모두 몇 개인지 풀이 과정을 쓰고 답을 구하세요.

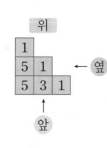

풀이

❶

❷

답 _____

31

나를 따라 해

연습 **3** 오른쪽은 쌓기나무 9개로 쌓은 모양을 보고 위에서 본 모양에 수를 쓴 것입니다. 옆에서 본 모양을 그리기 위한 풀이 과정을 쓰고 가능한 모양을 모두 그려 보세요.

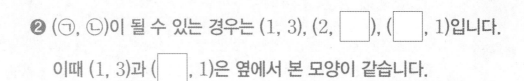

풀이 ❶ ㉠＋㉡＝□－(2＋3)＝□

❷ (㉠, ㉡)이 될 수 있는 경우는 (1, 3), (2, □), (□, 1)입니다.

이때 (1, 3)과 (□, 1)은 옆에서 본 모양이 같습니다.

답 옆 옆

내가 써 볼게

가이드 | 문제에서 핵심이 되는 말에 표시하고, 위의 풀이를 따라 풀어 보자.

실전 **3-1** 오른쪽은 쌓기나무 9개로 쌓은 모양을 보고 위에서 본 모양에 수를 쓴 것입니다. 앞에서 본 모양을 그리기 위한 풀이 과정을 쓰고 가능한 모양을 모두 그려 보세요.

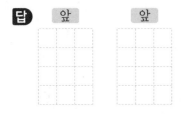

풀이

❶

❷

답 앞 앞

실전 **3-2** 오른쪽은 쌓기나무 10개로 쌓은 모양을 보고 위에서 본 모양에 수를 쓴 것입니다. 앞에서 본 모양을 그리기 위한 풀이 과정을 쓰고 가능한 모양을 그려 보세요.

풀이

❶

❷

답 앞

나를 따라 해

연습 **4** 오른쪽은 쌓기나무 6개를 3층으로 쌓아 위에서 본 모양입니다. 쌓은 모양은 모두 몇 가지로 나올 수 있는지 풀이 과정을 쓰고 답을 구하세요.

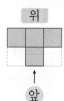

풀이 ❶ 1층에 쌓기나무 4개가 있고, 남은 쌓기나무 6−4=☐(개)를 한 자리에 모두 쌓아야 3층으로 쌓을 수 있습니다.

❷ 위에서 본 모양에 수를 쓰는 방법으로 나타내면 다음과 같습니다.

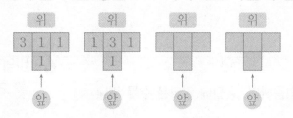

❸ 쌓은 모양은 모두 ☐ 가지로 나올 수 있습니다.

답 _____

3

공간과 입체

내가 써 볼게 🔍 **가이드** | 문제에서 핵심이 되는 말에 표시하고, 위의 풀이를 따라 풀어 보자.

33

실전 **4-1** 오른쪽은 쌓기나무 7개를 3층으로 쌓아 위에서 본 모양입니다. 쌓은 모양은 모두 몇 가지로 나올 수 있는지 풀이 과정을 쓰고 답을 구하세요.

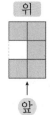

풀이
❶

❷

❸

답 _____

실전 **4-2** 오른쪽은 쌓기나무 9개를 2층으로 쌓아 위에서 본 모양입니다. 쌓은 모양은 모두 몇 가지로 나올 수 있는지 풀이 과정을 쓰고 답을 구하세요.

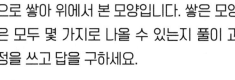

풀이
❶

❷

❸

답 _____

↪ 개념 확인: BOOK❶ 84쪽

① 비의 성질

1 □ 안에 알맞은 수를 써넣으세요.

3 : 8 ┬ 전항 □
        └ 후항 □

[2~3] 비의 성질을 이용하여 □ 안에 알맞은 수를 써넣으세요.

2
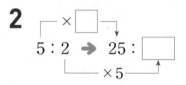

5 : 2 ➡ 25 : □

3

18 : 10 ➡ □ : 5

4 비의 성질을 이용하여 4 : 11과 비율이 같은 비를 만들려고 합니다. □ 안에 들어갈 수 <u>없는</u> 수를 쓰세요.

(4 × □) : (11 × □)

( )

5 비의 성질을 이용하여 비율이 같은 비를 찾아 이어 보세요.

7 : 9 ·   · 1 : 5

6 : 30 ·   · 140 : 180

6 비의 성질을 이용하여 12 : 18과 비율이 같은 비를 모두 찾아 쓰세요.

2 : 3   6 : 4   24 : 39   48 : 72

( )

7 가로와 세로의 비가 2 : 1인 사각형을 찾아 기호를 쓰세요.

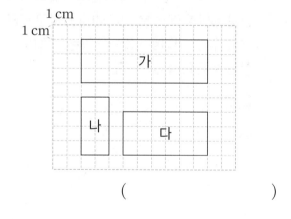

( )

8 두 비의 비율이 $\frac{2}{5}$로 같을 때 □ 안에 알맞은 수를 써넣으세요.

2 : □   6 : □

↪개념 확인: BOOK❶ 86쪽

② **간단한 자연수의 비로 나타내기**

[9~10] 간단한 자연수의 비로 나타내려고 합니다. □ 안에 알맞은 수를 써넣으세요.

9
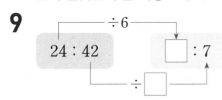

10
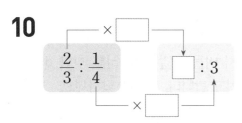

11 간단한 자연수의 비로 바르게 나타낸 사람의 이름을 쓰세요.

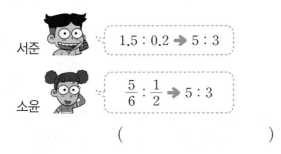

서준   1.5 : 0.2 ➡ 5 : 3

소윤 $\frac{5}{6} : \frac{1}{2}$ ➡ 5 : 3

( )

12 은정이와 민기가 같은 책을 각자 1시간 동안 읽었는데 은정이는 전체의 $\frac{1}{3}$, 민기는 전체의 $\frac{2}{5}$ 를 읽었습니다. 은정이와 민기가 각각 1시간 동안 읽은 책의 양을 간단한 자연수의 비로 나타내 보세요.

(은정) : (민기) ➡ ( )

13 간단한 자연수의 비로 나타낼 때 비의 전항이 8이 될 수 있는 것의 기호를 쓰세요.

㉠ 1.1 : 0.8   ㉡ $\frac{4}{5}$: 0.5

( )

14 다음 비를 후항이 2인 간단한 자연수의 비로 나타낼 때 전항과 후항의 합을 구하세요.

$\frac{9}{10} : \frac{1}{5}$

( )

🏅 서술형 **中수**   문제 해결의 **전략** 을 보면서 풀어 보자.

15 은우와 민재는 매실 원액과 물을 섞어 매실차를 만들었습니다. 매실 원액과 물의 양의 비를 간단한 자연수의 비로 각각 나타내 보세요.

은우   나는 매실 원액 0.3 L에 물 0.8 L를 넣어서 매실차를 만들었어.

나는 매실 원액 200 mL에 물 900 mL를 넣어서 매실차를 만들었어.   민재

전략 전항과 후항에 0이 아닌 같은 수를 곱하여도 비율은 같다.

❶ 은우가 만든 매실차의 매실 원액과 물의 양의 비가 0.3 : ☐ 이므로 전항과 후항에 ☐ 을 곱하면 ☐ : 8입니다.

전략 전항과 후항을 0이 아닌 같은 수로 나누어도 비율은 같다.

❷ 민재가 만든 매실차의 매실 원액과 물의 양의 비가 ☐ : 900이므로 전항과 후항을 ☐ 으로 나누면 2 : ☐ 입니다.

답 은우: _____ , 민재: _____

↩ 개념 확인: BOOK❶ 90쪽

③ 비례식

1 비례식에서 외항과 내항을 각각 찾아 쓰세요.

6 : 8 = 3 : 4	
외항	내항

[2~3] 비의 성질을 이용하여 비례식을 만들고, 물음에 답하세요.

2 전항과 후항에 3을 곱하여 비례식을 만들고, 외항과 내항을 찾아 쓰세요.

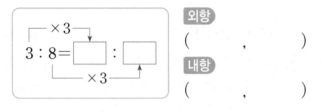

외항
(,)

내항
(,)

3 전항과 후항을 9로 나누어 비례식을 만들고, 외항과 내항을 찾아 쓰세요.

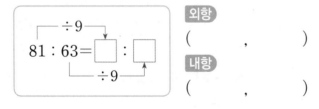

외항
(,)

내항
(,)

4 비례식 5 : 9 = 20 : 36에 대한 설명으로 <u>틀린</u> 것을 찾아 기호를 쓰세요.

㉠ 전항은 5, 20입니다.
㉡ 내항은 5, 9입니다.
㉢ 외항은 5, 36입니다.

( )

5 내항이 4와 9인 비례식을 찾아 기호를 쓰세요.

㉠ 2 : 9 = 4 : 18   ㉡ 4 : 3 = 12 : 9

( )

6 다음 중 비례식은 어느 것인가요?······ ( )

① 11 : 5 = 6   ② 3 : 7 = 7 : 3
③ 6 + 4 = 10   ④ 8 : 24 = 1 : 3
⑤ 30 ÷ 5 = 6

7 주어진 비에서 비율이 같은 두 비를 찾아 비례식으로 나타내려고 합니다. 물음에 답하세요.

| 비 | 2 : 9 | 4 : 15 | 6 : 27 |
| 비율 | | | |

(1) 표를 완성해 보세요.

(2) 비율이 같은 두 비를 찾아 비례식으로 나타내 보세요.

☐ : ☐ = ☐ : ☐

8 비례식 2 : 5 = 6 : 15에 대해 <u>잘못</u> 설명한 사람의 이름을 쓰고 바르게 고쳐 보세요.

현서

두 비 2 : 5와 6 : 15의 비율이 달라서 비례식이 아니야.

비례식 2 : 5 = 6 : 15에서 외항은 2와 15이고, 내항은 5와 6이야.

서아

( )

바르게 고치기 _____

_____

▶ 정답과 해설 **46**쪽

↻ 개념 확인: BOOK❶ 92쪽

4 비례식의 성질

9 비례식에서 외항의 곱과 내항의 곱을 구하세요.

$$4 : 5 = 12 : 15$$

외항의 곱 ➡ ☐ × ☐ = ☐

내항의 곱 ➡ ☐ × ☐ = ☐

10 비례식의 성질을 이용하여 ●의 값을 구하려고 합니다. ☐ 안에 알맞은 수를 써넣으세요.

6 × ☐

6 : 11 = ● : 22

11 × ●

6 × ☐ = 11 × ●

11 × ● = ☐

● = ☐

11 비례식의 성질을 이용하여 ㉠에 알맞은 수를 구하세요.

$$㉠ : 14 = 8 : 7$$

(   )

12 비례식의 성질을 이용하여 ☐ 안에 알맞은 수를 써넣으세요.

$$\frac{2}{5} : \frac{3}{8} = ☐ : 15$$

13 비례식에 ◯표 하세요.

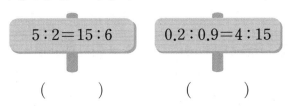

| 5 : 2 = 15 : 6 | 0.2 : 0.9 = 4 : 15 |

(   )   (   )

14 비례식에서 ☐ 안에 알맞은 수를 찾아 이어 보세요.

• 27

12 : ☐ = 3 : 2 •

• 8

9 : 4 = ☐ : 12 •

• 6

15 어떤 비례식의 외항의 곱이 18입니다. 한 내항이 3이라면 다른 내항은 얼마인가요?

(   )

🏅 서술형 中수   문제 해결의 전략 을 보면서 풀어 보자.

16 비례식에서 내항의 곱이 12일 때, ㉠과 ㉡에 알맞은 수를 각각 구하세요.

$$㉠ : 6 = ㉡ : 4$$

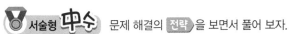

전략 ▷ 비례식에서 안쪽에 있는 항의 곱이 12이다.

❶ 내항의 곱이 12이므로

☐ × ㉡ = 12, ㉡ = ☐ 입니다.

전략 ▷ 비례식에서 외항의 곱과 내항의 곱은 같다.

❷ 외항의 곱이 ㉠ × 4 = ☐ 이므로

㉠ = ☐ 입니다.

답 ㉠: _____ , ㉡: _____

↻ 개념 확인: BOOK❶ 94쪽

5 비례식 활용하기

1 초등학생과 어른의 미술관 입장료의 비는 3 : 5입니다. 초등학생의 입장료가 1200원일 때 어른의 입장료를 ■원이라 하여 비례식을 세우고, 비례식의 성질을 이용하여 어른의 입장료를 구하세요.

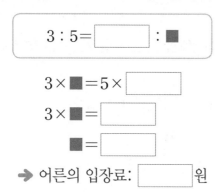

3 : 5= [　　　] : ■

3 × ■ = 5 × [　　　]

3 × ■ = [　　　]

■ = [　　　]

➜ 어른의 입장료: [　　　] 원

2 어느 자전거 공장에서 4분 동안 자전거 10대를 조립할 수 있습니다. 이 공장에서 쉬지 않고 자전거 180대를 조립하는 데 몇 분이 걸리는지 물음에 답하세요.

(1) 자전거 180대를 조립하는 데 걸리는 시간을 ▲분이라 하고 비례식을 세워 보세요.

4 : [　　　] = ▲ : [　　　]

(2) 자전거 180대를 조립하는 데 몇 분이 걸리나요?

(　　　　　　　　)

3 주스 2병의 가격이 2800원입니다. 주스 10병을 사려면 얼마가 필요한가요?

(　　　　　　　　)

4 도토리묵을 만드는 데 필요한 도토리 가루와 물의 양의 비는 4 : 15입니다. 도토리 가루 8컵을 모두 도토리묵으로 만들려면 물은 몇 컵이 필요한가요?

(　　　　　　　　)

5 3분 동안 12 L의 물이 나오는 수도로 들이가 60 L인 수조에 물을 가득 채우려고 합니다. 수도에서 물이 일정하게 나올 때 수조에 물을 가득 채우는 데 걸리는 시간은 몇 분인가요?

(　　　　　　　　)

6 칼국수 2인분을 만드는 데 밀가루가 180 g 필요합니다. 칼국수 5인분을 만들기 위해 준비해야 하는 밀가루는 몇 g인가요?

(　　　　　　　　)

7 어느 정육점에서 고기 600 g을 9000원에 팔고 있습니다. 이 정육점에서 12000원으로 살 수 있는 고기는 몇 g인가요?

(　　　　　　　　)

4 비례식과 비례배분

↩ 개념 확인 : BOOK❶ **100**쪽

6 비례배분

8 20을 2 : 3으로 나눈 것입니다. ㉠과 ㉡에 알맞은 수를 각각 구하세요.

$$\cdot \ 20 \times \frac{㉠}{2+3} = 8 \qquad \cdot \ 20 \times \frac{3}{2+3} = ㉡$$

㉠ (   )

㉡ (   )

9 귤 49개를 빨간색 바구니와 파란색 바구니에 3 : 4로 나누어 담으려고 합니다. 빨간색 바구니와 파란색 바구니에 귤을 몇 개씩 담아야 하나요?

빨간색 바구니 (   )

파란색 바구니 (   )

10 길이가 350 cm인 털실을 경민이와 희주가 7 : 3으로 나누어 가지려고 합니다. 경민이가 가질 수 있는 털실의 길이는 몇 cm인지 두 가지 방법으로 구하세요.

> **방법 1** 비례배분 이용하기

> **방법 2** 비례식 이용하기

11 가로와 세로의 비가 4 : 5이고 둘레가 72 cm인 직사각형이 있습니다. 이 직사각형의 가로는 몇 cm인지 구하세요.

⑴ 직사각형의 가로와 세로의 합은 몇 cm인가요?

(   )

⑵ 직사각형의 가로는 몇 cm인가요?

(   )

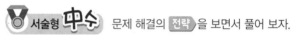

12 시영이와 예희가 가지고 있는 구슬 수의 합은 64개입니다. 시영이가 가지고 있는 구슬 수는 예희가 가지고 있는 구슬 수의 3배일 때 시영이와 예희가 가지고 있는 구슬은 각각 몇 개인가요?

전략 시영이와 예희가 가지고 있는 구슬 수의 비를 구하자.

❶ 시영이가 가지고 있는 구슬 수는 예희가 가지고 있는 구슬 수의 3배이므로
(시영이의 구슬 수) : (예희의 구슬 수)
= ☐ : 1입니다.

전략 구슬 수의 합을 위 ❶에서 구한 비로 비례배분하자.

❷ (시영이가 가지고 있는 구슬 수)

$$= ☐ \times \frac{☐}{☐ + 1} = ☐ \text{(개)}$$

(예희가 가지고 있는 구슬 수)

$$= ☐ \times \frac{1}{☐ + 1} = ☐ \text{(개)}$$

답 시영 : _____

예희 : _____

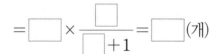

4

비례식과 비례배분

39

나를 따라 해

연습 **1** 가로와 세로의 비가 5 : 4인 직사각형을 찾으려고 합니다. 풀이 과정을 쓰고 답을 구하세요.

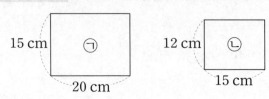

풀이 ❶ ㉠의 가로와 세로의 비 20 : 15의 전항과 후항을 □로 나눕니다.

➡ 4 : □

❷ ㉡의 가로와 세로의 비 15 : □의 전항과 후항을 3으로 나눕니다.

➡ 5 : □

❸ 가로와 세로의 비가 5 : 4인 직사각형은 □입니다.

답 _____

내가 써 볼게 🌀 **가이드** | 문제에서 핵심이 되는 말에 표시하고, 위의 풀이를 따라 풀어 보자.

실전 **1-1** 밑변의 길이와 높이의 비가 7 : 5인 평행사변형을 찾으려고 합니다. 풀이 과정을 쓰고 답을 구하세요.

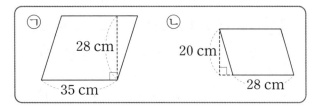

풀이

❶

❷

❸

답 _____

실전 **1-2** 밑변의 길이와 높이의 비가 3 : 2인 삼각형을 찾으려고 합니다. 풀이 과정을 쓰고 답을 구하세요.

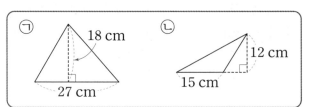

풀이

❶

❷

❸

답 _____

나를 따라 해

 2 수 카드 5장 중 4장을 골라 한 번씩만 사용하여 비례식을 만들려고 합니다. 풀이 과정을 쓰고 답을 구하세요.

| 2 | 4 | 8 | 9 | 16 |

풀이 ❶ 두 수의 곱이 같은 수 카드를 찾으면

$2 \times \boxed{} = 32,\ \boxed{} \times 8 = 32$입니다.

❷ 외항의 곱과 내항의 곱이 같도록 외항과 내항에 각각 놓아 비례식으로

나타내면 $2 : \boxed{} = 8 : \boxed{}$ 입니다.

답 _____

4

비례식과 비례배분

내가 써 볼게 🔵 **가이드** | 문제에서 핵심이 되는 말에 표시하고, 위의 풀이를 따라 풀어 보자.

실전 2-1 수 카드 5장 중 4장을 골라 한 번씩만 사용하여 비례식을 만들려고 합니다. 풀이 과정을 쓰고 답을 구하세요.

| 3 | 5 | 9 | 10 | 15 |

풀이
❶

❷

답 _____

실전 2-2 수 카드 5장 중 4장을 골라 한 번씩만 사용하여 비례식을 만들려고 합니다. 풀이 과정을 쓰고 답을 구하세요.

| 6 | 7 | 12 | 14 | 18 |

풀이
❶

❷

답 _____

나를 따라 해

연습 **3** 게임 점수가 소희는 2.5점, 민준이는 3.2점입니다. 사탕 114개를 게임 점수의 비로 나누어 주려고 할 때 민준이에게 줄 사탕은 몇 개인지 풀이 과정을 쓰고 답을 구하세요.

풀이 ❶ 소희의 게임 점수와 민준이의 게임 점수의 비는 $2.5 : \boxed{}$ 이고,

전항과 후항에 10을 곱하여 간단한 자연수의 비로 나타내면

$\boxed{} : 32$ 입니다.

❷ (민준이에게 줄 사탕 수) $= 114 \times \dfrac{32}{25+32}$

$= 114 \times \dfrac{32}{\boxed{}} = \boxed{}$ (개)

답 _____

내가 써 볼게

💬 **가이드** | 문제에서 핵심이 되는 말에 표시하고, 위의 풀이를 따라 풀어 보자.

실전 **3-1** 물을 시호는 $\dfrac{1}{2}$ L, 찬미는 $\dfrac{1}{3}$ L 마셨습니다. 초콜릿 35개를 물을 마신 양의 비로 나누어 주려고 할 때 찬미에게 줄 초콜릿은 몇 개인지 풀이 과정을 쓰고 답을 구하세요.

풀이

❶

❷

답 _____

실전 **3-2** 모은 헌 종이의 무게가 가 반은 5.7 kg, 나 반은 4.3 kg입니다. 공책 300권을 모은 헌 종이의 무게의 비로 나누어 주려고 할 때 나 반에 줄 공책은 몇 권인지 풀이 과정을 쓰고 답을 구하세요.

풀이

❶

❷

답 _____

비례식과 비례배분

나를 따라 해

4 규현이와 해인이가 받은 용돈의 비는 4 : 5입니다. 해인이가 규현이보다 600원 더 많이 받았다면 해인이가 받은 용돈은 얼마인지 풀이 과정을 쓰고 답을 구하세요.

풀이 ❶ 비의 전항과 후항에 0이 아닌 같은 수 ■를 곱하여도 비율은 같으므로

규현이가 받은 용돈을 (4 × ■)원이라 하면

해인이가 받은 용돈은 (☐ × ■)원입니다.

❷ 해인이가 규현이보다 600원 더 많이 받았으므로

$5 × ■ - 4 × ■ = $ ☐ , $■ = $ ☐ 입니다.

❸ (해인이가 받은 용돈) $= 5 × $ ☐ $ = $ ☐ (원)

답 _____

내가 써 볼게 🌱**가이드** | 문제에서 핵심이 되는 말에 표시하고, 위의 풀이를 따라 풀어 보자.

실전 4-1 진주와 미소가 받은 용돈의 비는 3 : 4 입니다. 미소가 진주보다 700원 더 많이 받았다면 미소가 받은 용돈은 얼마인지 풀이 과정을 쓰고 답을 구하세요.

풀이

❶

❷

❸

답 _____

실전 4-2 주희와 인수가 받은 용돈의 비는 6 : 7 입니다. 인수가 주희보다 800원 더 많이 받았다면 인수가 받은 용돈은 얼마인지 풀이 과정을 쓰고 답을 구하세요.

풀이

❶

❷

❸

답 _____

4

비례식과 비례배분

↪ 개념 확인: BOOK① 110쪽

1 원주와 지름의 관계

1 □ 안에 알맞은 말을 써넣으세요.

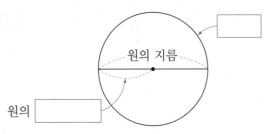

2 원주에 대해 잘못 설명한 사람의 이름을 쓰세요.

현서: 원주는 원의 둘레야.

서아: 원주는 원의 반지름의 3배보다 길고 4배보다 짧아.

( )

3 알맞은 말에 ○표 하세요.

(1) 원의 지름이 길어지면 원주는
(길어집니다 , 짧아집니다).

(2) 원의 크기가 커지면 원주는
(길어집니다 , 짧아집니다).

4 원주가 더 긴 원의 기호를 쓰세요.

> ㉠ 지름이 12 cm인 원
> ㉡ 반지름이 8 cm인 원

( )

[5~7] 한 변의 길이가 1 cm인 정육각형, 지름이 2 cm인 원, 한 변의 길이가 2 cm인 정사각형을 보고 물음에 답하세요.

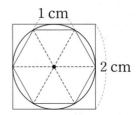

5 정육각형의 둘레는 원의 지름의 몇 배인가요?

( )

6 정사각형의 둘레는 원의 지름의 몇 배인가요?

( )

7 원주와 원의 지름을 바르게 비교한 사람의 이름을 쓰세요.

유진	(원의 지름) × 3 > (원주)
재덕	(원주) < (원의 지름) × 4

( )

8 오른쪽과 같이 반지름이 1.5 cm인 원의 원주와 가장 비슷한 길이를 찾아 기호를 쓰세요.

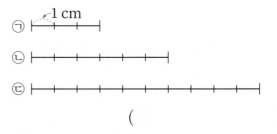

( )

5 원의 넓이

개념 확인: **BOOK❶** 112쪽

② 원주율

9 원주율을 반올림하여 일의 자리까지 나타내 보세요.

3.1415926535897932…

(   )

10 ㉠과 ㉡에 알맞은 말이 바르게 짝 지어진 것은 어느 것인가요?………………… (   )

(원주율)＝(㉠)÷(㉡)

	㉠	㉡		㉠	㉡
①	지름	원주	②	반지름	원주
③	원주	반지름	④	원주	지름
⑤	지름	반지름			

11 원주율에 대한 설명으로 **틀린** 것을 찾아 기호를 쓰세요.

㉠ 원의 지름에 대한 원주의 비율입니다.
㉡ 지름이 길어지면 원주율도 커집니다.
㉢ 3, 3.1, 3.14 등과 같이 필요에 따라 어림하여 사용하기도 합니다.

(   )

12 원 모양의 시계입니다. (원주)÷(지름)을 반올림하여 소수 첫째 자리까지 나타내 보세요.

지름: 36 cm
원주: 113.1 cm

(   )

13 지름이 15 mm인 원 모양 단추의 둘레를 재어 보았습니다. 단추의 둘레는 지름의 몇 배인지 반올림하여 소수 둘째 자리까지 나타내 보세요.

단추의 둘레: 47.14 mm

(   )

14 크기가 다른 원 모양의 캔 뚜껑이 있습니다. 두 캔 뚜껑의 (원주)÷(지름)을 비교하여 ◯ 안에 ＞, ＝, ＜를 알맞게 써넣으세요.

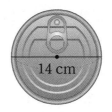

원주: 43.96 cm   원주: 25.12 cm

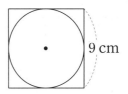 문제 해결의 전략 을 보면서 풀어 보자.

15 한 변의 길이가 9 cm인 정사각형 안에 들어갈 수 있는 가장 큰 원의 원주가 28.27 cm일 때 원주율을 반올림하여 일의 자리까지 나타내 보세요.

9 cm

전략 (정사각형의 한 변의 길이)＝(가장 큰 원의 지름)

❶ (가장 큰 원의 지름)＝☐ cm

전략 반올림하여 일의 자리까지 나타내려면 소수 첫째 자리까지 구해야 한다.

┌─ 소수 첫째 자리까지 구하기

❷ (원주율)＝28.27÷☐＝☐…
이므로 반올림하여 일의 자리까지 나타내면 ☐입니다.

답

5

원의 넓이

45

↩ 개념 확인: **BOOK①** 116쪽

3 원주와 지름 구하기(1) ── 원주 구하기

1 원주는 몇 cm인가요? (원주율: 3.14)

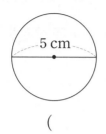

(   )

2 오른쪽은 원 모양의 와플입니다. 와플의 원주를 바르게 구한 사람의 이름을 쓰세요. (원주율: 3.1)

지안 $18 \times 3.1 = 55.8 \, (cm)$

$18 \div 2 \times 3.1 = 27.9 \, (cm)$ 유찬

(   )

3 관계있는 것끼리 이어 보세요. (원주율: 3)

| 지름: 6 cm | · | · | 원주: 36 cm |
| 지름: 12 cm | · | · | 원주: 18 cm |

4 오른쪽 원의 원주는 몇 cm인가요? (원주율: 3.1)

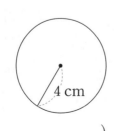

(   )

5 소정이는 길이가 10 cm인 실을 이용하여 원을 그렸습니다. 소정이가 그린 원의 둘레는 몇 cm인가요? (원주율: 3)

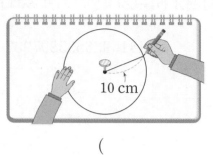

(   )

6 오른쪽 작은 원의 지름이 8 cm일 때 큰 원의 원주는 몇 cm인가요? (원주율: 3.14)

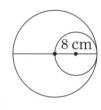

(   )

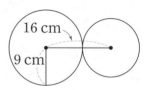 서술형 中수 문제 해결의 전략 을 보면서 풀어 보자.

7 크기가 다른 두 원의 원주의 차는 몇 cm인지 구하세요. (원주율: 3.1)

16 cm
9 cm

❶ 큰 원의 반지름: ☐ cm

(원주) = ☐ × 2 × 3.1 = ☐ (cm)

전략 (작은 원의 반지름) = 16 − (큰 원의 반지름)

❷ (작은 원의 반지름) = 16 − ☐ = ☐ (cm)

(원주) = ☐ × 2 × 3.1 = ☐ (cm)

❸ (큰 원의 원주) − (작은 원의 원주)

= ☐ − ☐ = ☐ (cm)

답 _____

↺ 개념 확인: **BOOK①** 118쪽

④ 원주와 지름 구하기(2) ─→ 지름 구하기

8 원주가 63 cm인 원입니다. □ 안에 알맞은 수를 써넣으세요. (원주율: 3)

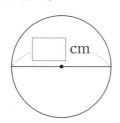

9 원의 반지름은 몇 cm인가요? (원주율: 3.14)

원주: 50.24 cm

(   )

10 수빈이네 집에 있는 양초의 단면은 원 모양입니다. 이 원의 원주가 34.1 cm일 때 지름은 몇 cm인가요? (원주율: 3.1)

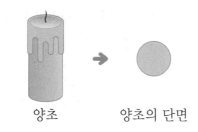

양초   양초의 단면

식 _____

답 _____

11 오른쪽은 원주가 18.84 cm인 원 모양의 쿠키입니다. 이 쿠키의 반지름은 몇 cm인가요?
(원주율: 3.14)

(   )

12 원 모양의 자전거 바퀴를 1바퀴 굴렸더니 102 cm 만큼 굴러갔습니다. 자전거 바퀴의 지름은 몇 cm 인지 구하세요. (원주율: 3)

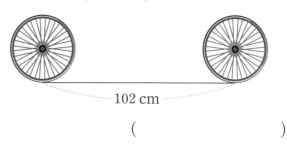

102 cm

(   )

13 더 큰 원의 기호를 쓰세요. (원주율: 3.1)

ㄱ 지름이 12 cm인 원
ㄴ 원주가 43.4 cm인 원

(   )

14 원 가와 나의 지름의 차는 몇 cm인가요?
(원주율: 3.1)

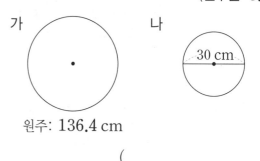

가   나   30 cm

원주: 136.4 cm

(   )

↪ 개념 확인: **BOOK1** 122쪽

5 원의 넓이 어림하기

1 반지름이 8 cm인 원의 넓이를 어림하려고 합니다. 물음에 답하세요.

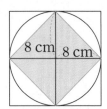 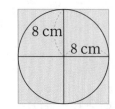

(1) 원 안에 있는 마름모의 넓이는 몇 cm²인가요?
( )

(2) 원 밖에 있는 정사각형의 넓이는 몇 cm²인가요?
( )

(3) □ 안에 알맞은 수를 써넣으세요.

원의 넓이는 [ ] cm²보다 크고,

[ ] cm²보다 작습니다.

2 모눈의 수로 반지름이 9 cm인 원의 넓이를 어림하려고 합니다. □ 안에 알맞은 수를 써넣으세요.

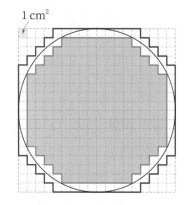

원의 넓이는 분홍색 모눈의 넓이인 [ ] cm²
보다 크고, 빨간색 선 안쪽 모눈의 넓이인
[ ] cm²보다 작습니다.

[3~5] 정육각형의 넓이를 이용하여 원의 넓이를 어림하려고 합니다. 물음에 답하세요.

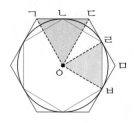

3 삼각형 ㄹㅇㅂ의 넓이가 9 cm²라면 원 안에 있는 초록색 정육각형의 넓이는 몇 cm²인가요?
( )

4 삼각형 ㄱㅇㄷ의 넓이가 12 cm²라면 원 밖에 있는 빨간색 정육각형의 넓이는 몇 cm²인가요?
( )

5 원의 넓이가 될 수 <u>없는</u> 것에 ×표 하세요.

| 45 cm² | 58 cm² | 63 cm² |

( ) ( ) ( )

6 정사각형의 넓이를 이용하여 지름이 20 cm인 원의 넓이를 바르게 어림한 사람은 누구인가요?

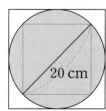

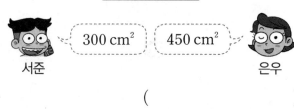

서준 300 cm² 450 cm² 은우

( )

🔄 개념 확인: **BOOK❶** 124쪽

❻ 원의 넓이 구하는 방법

[7~9] 원을 한없이 잘라서 이어 붙여 직사각형 모양을 만들었습니다. 물음에 답하세요.

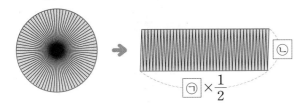

7 ㉠과 ㉡에 알맞은 말을 각각 쓰세요.

㉠ (   )

㉡ (   )

8 보기를 보고 □ 안에 알맞은 말을 써넣으세요.

보기

| 반지름 | 지름 | 원주율 | 원주 |

(원의 넓이)

$= (원주) \times \dfrac{1}{2} \times (\boxed{})$

$= (원주율) \times (\boxed{}) \times \dfrac{1}{2} \times (\boxed{})$

$= (\boxed{}) \times (\boxed{}) \times (원주율)$

9 위 원의 반지름이 7 cm라면 넓이는 몇 cm²인지 구하세요. (원주율: 3.1)

(   )

10 원의 넓이는 몇 cm²인지 구하세요. (원주율: 3.14)

(1)

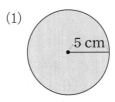

5 cm

(   )

(2)

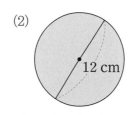

12 cm

(   )

11 반지름이 13 cm인 원 모양의 쟁반이 있습니다. 이 쟁반의 넓이는 몇 cm²인가요? (원주율: 3)

식 _____

답 _____

🏅 서술형 **中**슈 문제 해결의 전략을 보면서 풀어 보자.

12 원주가 69.08 cm인 원의 넓이는 몇 cm²인지 구하세요. (원주율: 3.14)

전략 (원주)÷(원주율)÷2

❶ (원의 반지름) = 69.08 ÷ $\boxed{}$ ÷ 2

= $\boxed{}$ (cm)

전략 (반지름)×(반지름)×(원주율)

❷ (원의 넓이) = $\boxed{}$ × $\boxed{}$ × 3.14

= $\boxed{}$ (cm²)

답 _____

↻ 개념 확인: BOOK❶ 128쪽

13 원의 넓이를 비교하여 ○ 안에 >, =, <를 알맞게 써넣으세요. (원주율: 3.1)

| 반지름이
9 cm인 원 | ○ | 지름이
16 cm인 원 |

14 정사각형 안에 그릴 수 있는 가장 큰 원을 그린 것입니다. 원의 넓이는 몇 cm²인가요?

(원주율: 3.14)

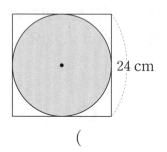

24 cm

( )

15 귤의 단면은 원 모양입니다. 이 단면의 넓이가 12 cm²일 때, □ 안에 알맞은 수를 써넣으세요.

(원주율: 3)

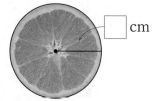

□ cm

7 다양한 모양의 넓이 구하기

16 색칠한 부분의 넓이를 구하려고 합니다. 물음에 답하세요. (원주율: 3.1)

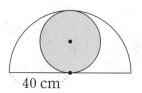

40 cm

(1) 색칠한 원의 반지름은 몇 cm인가요?

( )

(2) 색칠한 부분의 넓이는 몇 cm²인가요?

( )

17 색칠한 부분의 넓이를 바르게 구한 것을 찾아 기호를 쓰세요. (원주율: 3)

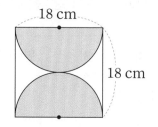

18 cm

18 cm

⊙ 18×18−9×9×3=81 (cm²)
ⓒ 9×9×3=243 (cm²)

( )

18 색칠한 부분의 넓이는 몇 cm²인가요?

(원주율: 3.14)

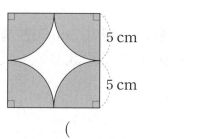

5 cm

5 cm

( )

▶ 정답과 해설 50쪽

19 색칠한 부분의 넓이는 몇 cm²인가요? (원주율: 3)

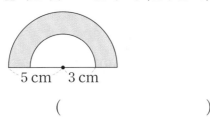

5 cm   3 cm

(   )

[20~22] 승윤이는 두꺼운 종이 두 장을 오려서 다음과 같이 만들었습니다. 물음에 답하세요. (원주율: 3)

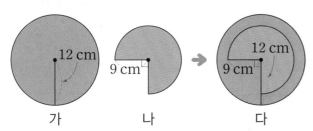

12 cm   9 cm   9 cm   12 cm

가   나   다

20 가 종이의 넓이는 몇 cm²인가요?

(   )

21 나 종이의 넓이는 몇 cm²인가요?

(   )

22 다 종이에서 보이는 주황색 부분의 넓이는 몇 cm²인가요?

(   )

[23~24] 지수는 원 모양의 색 도화지를 오려서 과녁을 만들었습니다. 물음에 답하세요. (원주율: 3.14)

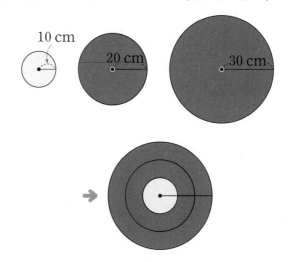

10 cm   20 cm   30 cm

23 오린 색 도화지의 반지름과 넓이를 각각 구하세요.

색 도화지	노란색	빨간색	파란색
반지름 (cm)	10	20	
넓이 (cm²)			

24 위 **23**의 표를 보고 □ 안에 알맞은 수를 써넣으세요.

원의 반지름이 2배, 3배가 되면 원의 넓이는 □ 배, □ 배가 됩니다.

25 색칠한 부분의 넓이를 구하고, 두 넓이를 비교하여 ○ 안에 >, =, <를 알맞게 써넣으세요.

(원주율: 3.1)

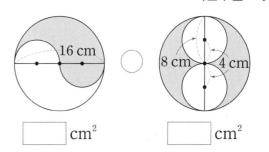

16 cm   ○   8 cm   4 cm

□ cm²   □ cm²

서술형 바로 쓰기

나를 따라 해

연습 1 주어진 실을 사용하여 만들 수 있는 가장 큰 원의 지름은 몇 cm인지 풀이 과정을 쓰고 답을 구하세요. (원주율: 3.14)

78.5 cm

풀이 ❶ 만들 수 있는 가장 큰 원의 원주는 ☐ cm입니다.

❷ (가장 큰 원의 지름)=☐÷3.14=☐(cm)

답 ________

내가 써 볼게

가이드 | 문제에서 핵심이 되는 말에 표시하고, 위의 풀이를 따라 풀어 보자.

실전 1-1 주어진 철사를 사용하여 만들 수 있는 가장 큰 원의 지름은 몇 cm인지 풀이 과정을 쓰고 답을 구하세요. (원주율: 3)

96 cm

풀이

❶

❷

답 ________

실전 1-2 주어진 색 테이프를 사용하여 만들 수 있는 가장 큰 원의 지름은 몇 cm인지 풀이 과정을 쓰고 답을 구하세요. (원주율: 3.1)

65.1 cm

풀이

❶

❷

답 ________

나를 따라 해

연습 **2** 정사각형 모양의 상자 안에 똑같은 크기의 원 모양 단팥빵 9개를 꼭 맞게 넣었습니다. 단팥빵 한 개의 원주가 34.1 cm일 때 상자 밑면의 한 변의 길이는 몇 cm인지 풀이 과정을 쓰고 답을 구하세요. (원주율: 3.1)

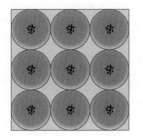

풀이 ❶ (단팥빵 한 개의 지름)$= 34.1 \div$ ☐ $=$ ☐ (cm)

❷ 상자에 단팥빵이 한 줄에 3개씩 3줄 들어 있으므로

상자 밑면의 한 변의 길이는 ☐ $\times 3 =$ ☐ (cm)입니다.

답 _____

내가 써 볼게

🐢 가이드 | 문제에서 핵심이 되는 말에 표시하고, 위의 풀이를 따라 풀어 보자.

실전 **2-1** 정사각형 모양의 상자 안에 똑같은 크기의 원 모양 시계 4개를 꼭 맞게 넣었습니다. 시계 한 개의 원주가 47.1 cm일 때 상자 밑면의 한 변의 길이는 몇 cm인지 풀이 과정을 쓰고 답을 구하세요.

(원주율:3.14)

풀이

❶

❷

답 _____

실전 **2-2** 정사각형 모양의 상자 안에 밑면이 원 모양인 똑같은 크기의 통조림 통 25개를 꼭 맞게 넣었습니다. 통조림 통 한 개의 밑면의 원주가 30 cm일 때 상자 밑면의 한 변의 길이는 몇 cm인지 풀이 과정을 쓰고 답을 구하세요. (원주율: 3)

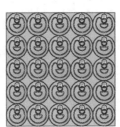

풀이

❶

❷

답 _____

나를 따라 해

연습 **3** 오른쪽 도형은 왼쪽 원의 일부분을 잘라 만든 도형입니다. 오른쪽 도형의 넓이는 몇 cm²인지 풀이 과정을 쓰고 답을 구하세요. (원주율: 3.14)

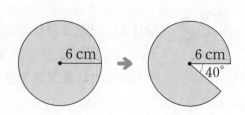

풀이 ❶ 잘라낸 부분은 왼쪽 원의 넓이의 $\dfrac{40°}{360°} = \dfrac{\square}{9}$ 이므로

오른쪽 도형의 넓이는 왼쪽 원의 넓이의 $\dfrac{\square}{9}$ 입니다.

❷ (왼쪽 원의 넓이) $= 6 \times 6 \times 3.14 = \boxed{}$ (cm²)

❸ (오른쪽 도형의 넓이) $= \boxed{} \times \dfrac{\square}{9} = \boxed{}$ (cm²)

답 _____

내가 써 볼게 🦉 **가이드** | 문제에서 핵심이 되는 말에 표시하고, 위의 풀이를 따라 풀어 보자.

실전 **3-1** 오른쪽 도형은 왼쪽 원의 일부를 잘라 만든 도형입니다. 오른쪽 도형의 넓이는 몇 cm²인지 풀이 과정을 쓰고 답을 구하세요. (원주율: 3)

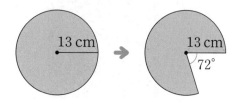

풀이

❶

❷

❸

답 _____

실전 **3-2** 오른쪽 도형은 왼쪽 원의 일부를 잘라 만든 도형입니다. 오른쪽 도형의 넓이는 몇 cm²인지 풀이 과정을 쓰고 답을 구하세요. (원주율: 3.1)

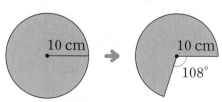

풀이

❶

❷

❸

답 _____

5 원의 넓이

나를 따라 해

연습 **4** 오른쪽 도형의 넓이는 몇 cm²인지 풀이 과정을 쓰고 답을 구하세요.

(원주율: 3.14)

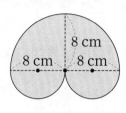

풀이 ❶ (반지름이 8 cm인 반원의 넓이)

$$=8 \times 8 \times 3.14 \times \frac{1}{2}= \boxed{} \text{(cm}^2)$$

❷ (지름이 8 cm인 반원 2개의 넓이의 합)

$$=4 \times 4 \times 3.14 \times \frac{1}{2} \times \boxed{} = \boxed{} \text{(cm}^2)$$

❸ (도형의 넓이)$=100.48+ \boxed{} = \boxed{} \text{(cm}^2)$

답 _____

5

원의 넓이

내가 써 볼게 **가이드** | 문제에서 핵심이 되는 말에 표시하고, 위의 풀이를 따라 풀어 보자.

실전 **4-1** 도형의 넓이는 몇 cm²인지 풀이 과정을 쓰고 답을 구하세요. (원주율: 3)

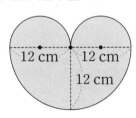

풀이

❶

❷

❸

답 _____

실전 **4-2** 오른쪽 도형의 넓이는 몇 m²인지 풀이 과정을 쓰고 답을 구하세요. (원주율: 3.1)

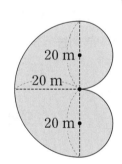

풀이

❶

❷

❸

답 _____

55

↻ 개념 확인: BOOK❶ 138쪽

① 원기둥 알아보기

1 원기둥을 찾아 기호를 쓰세요.

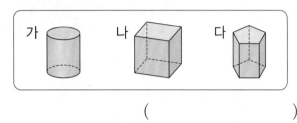

(   )

2 원기둥의 각 부분의 이름 중 <u>잘못된</u> 것은 어느 것 인가요? ·········· (   )

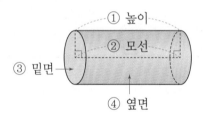

3 오른쪽 원기둥의 밑면의 지름과 높이는 각각 몇 cm인지 쓰세요.

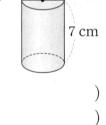

밑면의 지름 (   )

높이 (   )

4 한 변을 기준으로 직사각형 모양의 종이를 돌려 만든 입체도형을 보고 밑면의 지름과 높이는 각각 몇 cm인지 구하세요.

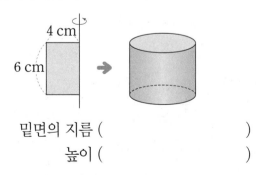

밑면의 지름 (   )

높이 (   )

5 원기둥과 각기둥에 대한 설명으로 <u>잘못된</u> 것을 찾 아 기호를 쓰세요.

> ㉠ 각기둥의 밑면의 모양은 다각형입니다.
> ㉡ 원기둥과 각기둥은 모두 모서리가 있습니다.
> ㉢ 원기둥은 꼭짓점이 없습니다.

(   )

6 각기둥과 원기둥을 살펴보고, 표를 완성해 보세요.

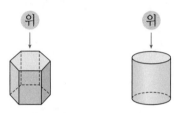

도형	밑면의 모양	밑면의 수(개)	위에서 본 모양
각기둥	육각형		
원기둥	원		

🖉 **서술형**

7 주어진 입체도형이 원기둥인지 아닌지 쓰고, 그 까닭을 쓰세요.

🔳 답 _____

까닭 _____

_____

↩ 개념 확인: **BOOK①** 140쪽

② 원기둥의 전개도

8 원기둥을 만들 수 있는 전개도를 찾아 기호를 쓰세요.

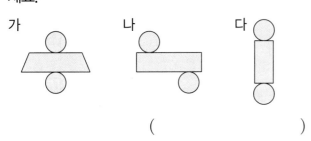

(   )

9 원기둥의 전개도에서 원기둥의 밑면의 둘레와 길이가 같은 선분은 빨간색으로, 원기둥의 높이와 길이가 같은 선분은 초록색으로 모두 표시해 보세요.

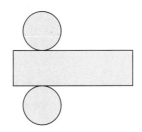

10 원기둥의 전개도에서 옆면의 가로가 42 cm, 세로가 9 cm일 때, 밑면의 지름은 몇 cm인지 구하세요. (원주율: 3)

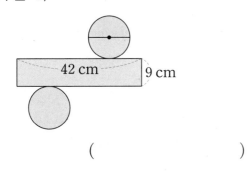

(   )

🎖 **서술형**

11 오른쪽 전개도는 원기둥의 전개도가 될 수 없습니다. 이 전개도가 원기둥의 전개도가 되도록 고치는 방법을 쓰세요.

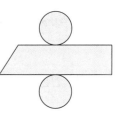

방법 _____

_____

12 원기둥과 원기둥의 전개도를 보고 ☐ 안에 알맞은 수를 써넣으세요. (원주율: 3.14)

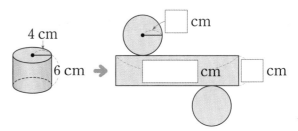

🏅 **서술형** **中수** 문제 해결의 **전략**을 보면서 풀어 보자.

13 원기둥의 전개도에서 옆면의 넓이가 186 cm²일 때 원기둥의 높이는 몇 cm인지 구하세요. (원주율: 3.1)

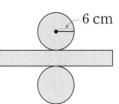

전략 (옆면의 가로)=(밑면의 둘레)=(밑면의 반지름)×2×(원주율)

❶ (옆면의 가로)

= ☐ ×2× ☐ = ☐ (cm)

전략 (원기둥의 높이)=(옆면의 세로)=(옆면의 넓이)÷(옆면의 가로)

❷ (원기둥의 높이)

= ☐ ÷ ☐ = ☐ (cm)

답  _____

↪ 개념 확인: BOOK❶ 146쪽

❸ 원뿔 알아보기

[1~3] 원뿔을 보고 물음에 답하세요.

1 원뿔의 꼭짓점을 찾아 쓰세요.

( )

2 높이를 나타내는 선분을 찾아 쓰세요.

( )

3 모선을 나타내는 선분이 <u>아닌</u> 것을 찾아 기호를 쓰세요.

㉠ 선분 ㄱㄴ	㉡ 선분 ㄱㄷ
㉢ 선분 ㄱㄹ	㉣ 선분 ㄱㅁ

( )

4 오른쪽 원뿔을 보고 설명이 옳으면 ○표, 틀리면 ×표 하세요.

(1) 원뿔을 위에서 본 모양은 원입니다. ········ ( )

(2) 원뿔을 앞에서 본 모양은 삼각형입니다.

········ ( )

(3) 원뿔의 밑면은 굽은 면입니다.

········ ( )

5 막대에 평면도형을 붙여 막대를 중심으로 돌렸을 때, 그림과 같은 입체도형이 되기 위해 막대에 붙여야 할 평면도형을 그려 보세요.

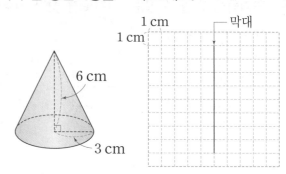

서술형 中수 문제 해결의 전략 을 보면서 풀어 보자.

6 한 변을 기준으로 직각삼각형 모양의 종이를 돌렸을 때 만들어지는 입체도형의 밑면의 지름의 차를 구하세요.

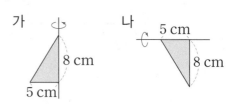

전략 만들어지는 입체도형의 밑면의 반지름이 되는 부분을 찾아 밑면의 지름을 구하자.

❶ (입체도형 가의 밑면의 지름)

= ☐ × 2 = ☐ (cm)

(입체도형 나의 밑면의 지름)

= ☐ × 2 = ☐ (cm)

전략 위 ❶에서 구한 밑면의 지름의 차를 구하자.

❷ (입체도형 가와 나의 밑면의 지름의 차)

= ☐ − ☐ = ☐ (cm)

답 _____

🔁 개념 확인: BOOK❶ 148쪽

④ 구 알아보기

7 구를 모두 찾아 기호를 쓰세요.

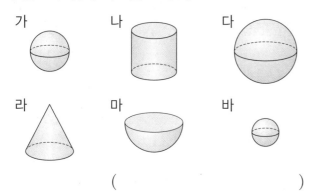

가   나   다

라   마   바

( )

8 오른쪽 구의 반지름은
몇 cm인가요?

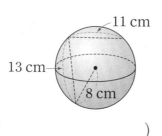

11 cm

13 cm

8 cm

( )

9 원기둥, 원뿔, 구 중에서 오른쪽
모양을 만드는 데 사용하지 <u>않은</u>
입체도형을 쓰세요.

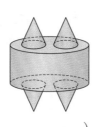

( )

10 구에 대해 옳게 말한 사람의 이름을 쓰세요.

구의 중심은
1개야.

구에는 꼭짓점이
셀 수 없이 많이 있어.

건우   서아

( )

11 지름을 기준으로 반원 모양의 종이를 돌려 만든 입
체도형의 반지름은 몇 cm인가요?

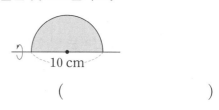

10 cm

( )

12 입체도형을 보고 물음에 답하세요.

가   나   다

⑴ 밑면의 모양이 원인 입체도형을 모두 찾아
기호를 쓰세요.

( )

⑵ 굽은 면이 있는 입체도형을 모두 찾아 기호를
쓰세요.

( )

✏️ 서술형

13 원기둥, 원뿔, 구의 공통점과 차이점에 대해 <u>잘못</u>
설명한 사람은 누구인지 이름을 쓰고, 바르게 고
쳐 보세요.

> 진아: 원기둥과 원뿔은 어느 방향에서 보아도
>   모두 원 모양이야.
> 재훈: 원뿔은 뾰족한 부분이 있지만 구와 원
>   기둥은 뾰족한 부분이 없어.

( )

바르게 고치기

6

원기둥, 원뿔, 구

59

나를 따라 해

연습 1 오른쪽은 한 변을 기준으로 어떤 평면도형을 돌려 만든 원기둥입니다. 돌리기 전 평면도형의 넓이는 몇 cm²인지 풀이 과정을 쓰고 답을 구하세요.

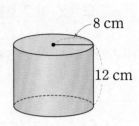

풀이 ❶ 돌리기 전 평면도형은 가로가 ☐ cm, 세로가 12 cm인 직사각형입니다.

❷ (돌리기 전 평면도형의 넓이)=☐ ×12=☐ (cm²)

답 _____

내가 써 볼게
🔎 **가이드** | 문제에서 핵심이 되는 말에 표시하고, 위의 풀이를 따라 풀어 보자.

실전 1-1 한 변을 기준으로 어떤 평면도형을 돌려 만든 원기둥입니다. 돌리기 전 평면도형의 넓이는 몇 cm²인지 풀이 과정을 쓰고 답을 구하세요.

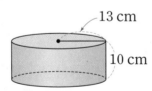

풀이

❶

❷

답 _____

실전 1-2 한 변을 기준으로 어떤 평면도형을 돌려 만든 원뿔입니다. 돌리기 전 평면도형의 넓이는 몇 cm²인지 풀이 과정을 쓰고 답을 구하세요.

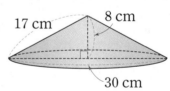

풀이

❶

❷

답 _____

2 한 모서리의 길이가 18 cm인 정육면체 모양의 상자에 구를 넣었더니 크기가 딱 맞았습니다. 구의 반지름은 몇 cm인지 풀이 과정을 쓰고 답을 구하세요.

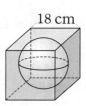

풀이 ❶ 구의 지름은 정육면체의 한 모서리의 길이와 같으므로 ☐ cm입니다.

❷ 구의 반지름은 18 ÷ ☐ = ☐ (cm)입니다.

답 _____

6

원기둥, 원뿔, 구

내가 써 볼게 👆**가이드** | 문제에서 핵심이 되는 말에 표시하고, 위의 풀이를 따라 풀어 보자.

실전 2-1 한 모서리의 길이가 34 cm인 정육면체 모양의 상자에 구를 넣었더니 크기가 딱 맞았습니다. 구의 반지름은 몇 cm인지 풀이 과정을 쓰고 답을 구하세요.

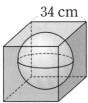

34 cm

풀이

❶

❷

답 _____

실전 2-2 한 모서리의 길이가 100 cm인 정육면체 모양의 상자에 구를 넣었더니 크기가 딱 맞았습니다. 구의 반지름은 몇 cm인지 풀이 과정을 쓰고 답을 구하세요.

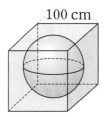

100 cm

풀이

❶

❷

답 _____

61

나를 따라 해

연습 3 다음 원기둥 모양 나무토막의 옆면에 페인트를 묻혀 종이 위에 3바퀴 굴렸습니다. 종이에 페인트가 묻은 부분의 넓이는 몇 cm²인지 풀이 과정을 쓰고 답을 구하세요. (원주율: 3)

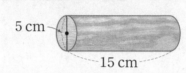

5 cm
15 cm

풀이 ❶ (옆면의 가로)=5×☐=☐ (cm)

❷ (옆면의 넓이)=☐×15=☐ (cm²)

❸ (종이에 페인트가 묻은 부분의 넓이)=☐×3=☐ (cm²)

답 _____

내가 써 볼게

 **가이드** | 문제에서 핵심이 되는 말에 표시하고, 위의 풀이를 따라 풀어 보자.

실전 3-1 다음 원기둥 모양 나무토막의 옆면에 물감을 묻혀 종이 위에 4바퀴 굴렸습니다. 종이에 물감이 묻은 부분의 넓이는 몇 cm²인지 풀이 과정을 쓰고 답을 구하세요. (원주율: 3)

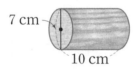

7 cm
10 cm

풀이

❶

❷

❸

답 _____

실전 3-2 다음 원기둥 모양 나무토막의 옆면에 페인트를 묻혀 종이 위에 5바퀴 굴렸습니다. 종이에 페인트가 묻은 부분의 넓이는 몇 cm²인지 풀이 과정을 쓰고 답을 구하세요. (원주율: 3.1)

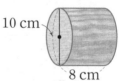

10 cm
8 cm

풀이

❶

❷

❸

답 _____

나를 따라 해

연습 **4** 한 변을 기준으로 직사각형 모양의 종이를 그림과 같이 돌려서 입체도형 가와 나를 만들었습니다.
만든 두 입체도형의 한 밑면의 둘레의 차는 몇 cm인지 풀이 과정을 쓰고 답을 구하세요. (원주율: 3)

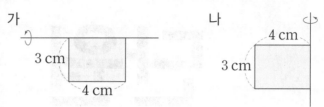

풀이 ❶ 한 변을 기준으로 직사각형 모양의 종이를 돌리면 밑면의 모양이 [ ] 입니다.

❷ (입체도형 가의 한 밑면의 둘레)= [ ] ×2×3= [ ] (cm)

(입체도형 나의 한 밑면의 둘레)= [ ] ×2×3= [ ] (cm)

❸ (두 입체도형의 한 밑면의 둘레의 차)= [ ] ─ [ ] = [ ] (cm)

답 ＿＿＿＿＿＿＿＿＿

6

원기둥, 원뿔, 구

내가 써 볼게 🔆 **가이드** | 문제에서 핵심이 되는 말에 표시하고, 위의 풀이를 따라 풀어 보자.

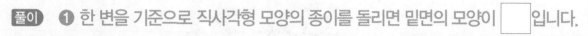

63

실전 **4-1** 한 변을 기준으로 직사각형 모양의 종이를 그림과 같이 돌려서 입체도형 가와 나를 만들었습니다. 만든 두 입체도형의 한 밑면의 둘레의 차는 몇 cm인지 풀이 과정을 쓰고 답을 구하세요. (원주율: 3)

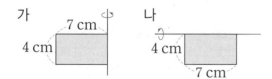

풀이

❶

❷

❸

답 ＿＿＿＿＿＿

실전 **4-2** 한 변을 기준으로 직각삼각형 모양의 종이를 그림과 같이 돌려서 입체도형 가와 나를 만들었습니다. 만든 두 입체도형의 밑면의 둘레의 차는 몇 cm인지 풀이 과정을 쓰고 답을 구하세요. (원주율: 3)

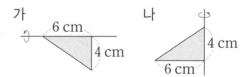

풀이

❶

❷

❸

답 ＿＿＿＿＿＿

단원 평가

점선대로 잘라서 파이널 테스트지로 활용하세요.

1 그림을 보고 □ 안에 알맞은 수를 써넣으세요.

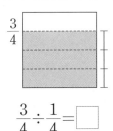

$$\frac{3}{4} \div \frac{1}{4} = \boxed{}$$

2 $4 \div \frac{2}{3}$를 곱셈으로 바르게 고친 것에 ○표 하세요.

$$4 \times \frac{2}{3}$$

$$4 \times \frac{3}{2}$$

(   )   (   )

[3~4] $\frac{3}{4} \div \frac{2}{5}$를 두 가지 방법으로 계산해 보세요.

3 두 분수를 통분하여 계산해 보세요.

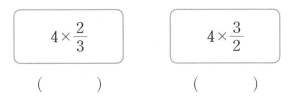

$$\frac{3}{4} \div \frac{2}{5} = \frac{15}{20} \div \frac{\boxed{}}{20}$$

$$= 15 \div \boxed{} = \frac{15}{\boxed{}} = \boxed{}$$

4 분수의 나눗셈을 분수의 곱셈으로 바꾸어 계산해 보세요.

$$\frac{3}{4} \div \frac{2}{5} = \frac{3}{4} \times \frac{\boxed{}}{2} = \frac{\boxed{}}{8} = \boxed{}$$

[5~6] 계산해 보세요.

5 $\frac{8}{9} \div \frac{1}{9}$

6 $\frac{9}{10} \div \frac{3}{10}$

7 보기와 같이 계산해 보세요.

보기

$$\frac{3}{4} \div \frac{2}{4} = 3 \div 2 = \frac{3}{2} = 1\frac{1}{2}$$

$$\frac{7}{9} \div \frac{5}{9}$$

8 빈칸에 알맞은 수를 써넣으세요.

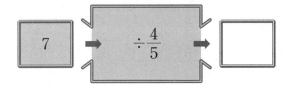

9 ㉠과 ㉡에 알맞은 수를 각각 구해 보세요.

$$\frac{5}{7} \div \frac{1}{7} = \boxed{㉠} \div 1 = \boxed{㉡}$$

㉠ (   )

㉡ (   )

10 바르게 계산한 것을 찾아 기호를 써 보세요.

$$㉠\ \frac{9}{16} \div \frac{1}{16} = 9 \qquad ㉡\ \frac{3}{8} \div \frac{1}{8} = 8$$

(   )

11 ㉠÷㉡의 몫을 구해 보세요.

$$㉠\ 3\frac{1}{2} \qquad ㉡\ 1\frac{3}{5}$$

(   )

12 자연수를 분수로 나눈 몫을 구해 보세요.

$\frac{4}{7}$	16

( )

13 계산이 처음으로 <u>잘못된</u> 곳을 찾아 기호를 써 보세요.

$$2\frac{2}{3} \div 1\frac{1}{5} = \frac{8}{3} \div \frac{6}{5} = \frac{8}{3} \times \frac{6}{5} = \frac{16}{5} = 3\frac{1}{5}$$
㉠ ㉡ ㉢ ㉣

( )

14 계산 결과를 비교하여 ○ 안에 >, =, <를 알맞게 써넣으세요.

$$1\frac{4}{5} \div 1\frac{1}{7} \bigcirc 2$$

15 집에서 학교까지의 거리는 집에서 병원까지의 거리의 몇 배인가요?

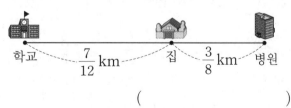

학교 $\frac{7}{12}$ km 집 $\frac{3}{8}$ km 병원

( )

16 계산 결과가 자연수인 것을 찾아 기호를 써 보세요.

㉠ $2 \div \frac{8}{5}$ ㉡ $14 \div \frac{7}{8}$ ㉢ $6 \div \frac{4}{9}$

( )

17 $\frac{12}{13}$ kg의 빵이 있습니다. 빵을 하루에 $\frac{2}{13}$ kg씩 먹는다면 며칠 동안 먹을 수 있는지 구해 보세요.

( )

18 □ 안에 알맞은 대분수를 구해 보세요.

$$\square \times 1\frac{4}{5} = 7\frac{7}{8}$$

( )

19 2 L짜리 주스 3병을 한 컵에 $\frac{1}{5}$ L씩 모두 나누어 담으려고 합니다. 필요한 컵은 모두 몇 개인가요?

( )

20 넓이가 $5\frac{1}{4}$ cm²이고 높이가 $\frac{7}{8}$ cm인 삼각형이 있습니다. 이 삼각형의 밑변의 길이는 몇 cm인가요?

( )

1

1 □ 안에 알맞은 수를 써넣으세요.

$$4 \div \frac{1}{2} = 4 \times \boxed{} = \boxed{}$$

2 빈칸에 알맞은 수를 써넣으세요.

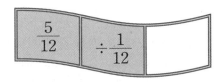

3 ㉠과 ㉡에 알맞은 수를 각각 구해 보세요.

$\frac{4}{7}$는 $\frac{1}{7}$이 ㉠개, $\frac{2}{7}$는 $\frac{1}{7}$이 ㉡개입니다.

따라서 $\frac{4}{7} \div \frac{2}{7} = ㉠ \div ㉡$입니다.

㉠ (   )

㉡ (   )

4 계산 결과를 찾아 선으로 이어 보세요.

$\frac{8}{9} \div \frac{1}{9}$ •

• 5

• 6

$\frac{15}{16} \div \frac{3}{16}$ •

• 8

5 케이크 3개가 있습니다. 한 사람에게 $\frac{1}{4}$조각씩 나누어 준다면 몇 명에게 나누어 줄 수 있는지 구해 보세요.

(   )

6 큰 수를 작은 수로 나눈 몫을 구해 보세요.

| $\frac{5}{8}$ | $\frac{4}{7}$ |

(   )

7 $8 \div \frac{4}{13}$를 바르게 계산한 것을 찾아 기호를 써 보세요.

㉠ $8 \div \frac{4}{13} = (8 \div 4) \times 13 = 2 \times 13 = 26$

㉡ $8 \div \frac{4}{13} = 8 \times \frac{13}{4} = \frac{13}{32}$

(   )

8 정훈이가 키우는 햄스터의 무게는 $\frac{2}{11}$ kg이고 거북의 무게는 $\frac{4}{5}$ kg입니다. 햄스터의 무게는 거북의 무게의 몇 배인가요?

(   )

9 $6 \div \frac{2}{3}$를 두 가지 방법으로 계산해 보세요.

방법 1

$6 \div \frac{2}{3}$

방법 2

$6 \div \frac{2}{3}$

10 계산 결과가 더 작은 것에 ○표 하세요.

$$\frac{11}{14} \div \frac{10}{21}$$

2

(   )   (   )

[11~12] 계산해 보세요.

11 $\frac{7}{8} \div \frac{3}{8}$

12 $8 \div \frac{2}{3}$

13 어떤 수를 $\frac{4}{9}$로 나누어야 할 것을 잘못하여 곱하였더니 $2\frac{2}{3}$가 되었습니다. 바르게 계산한 값은 얼마인가요?

(   )

14 ▲를 ■로 나눈 몫을 구해 보세요.

▲$=1\frac{3}{5}$ ■$=\frac{4}{9}$

(   )

15 계산에서 잘못된 곳을 찾아 바르게 고쳐 계산해 보세요.

$$4\frac{1}{6} \div \frac{2}{3} = 4\frac{1}{\cancel{6}} \times \frac{\cancel{3}}{2} = 4\frac{1}{4}$$

➡ _____

16 빈칸에 알맞은 수를 써넣으세요.

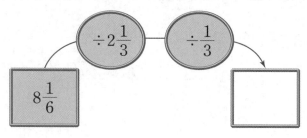

17 계산 결과가 1보다 큰 것을 찾아 기호를 써 보세요.

㉠ $\frac{4}{11} \div \frac{7}{11}$ ㉡ $2\frac{1}{3} \div \frac{7}{8}$ ㉢ $\frac{7}{12} \div \frac{14}{15}$

(   )

18 그릇에 담겨 있는 물 $4\frac{2}{5}$ L를 들이가 $\frac{2}{3}$ L인 컵으로 남김없이 퍼내려면 적어도 몇 번 퍼내야 하나요?

(   )

19 □ 안에 들어갈 수 있는 가장 작은 자연수를 구해 보세요.

$$2\frac{3}{5} \div \frac{7}{10} < \square$$

(   )

20 어느 공장에서 로봇을 1개 만드는 데 $1\frac{7}{10}$시간이 걸립니다. 하루에 $8\frac{1}{2}$시간씩 일주일 동안 로봇을 만든다면 만들 수 있는 로봇은 모두 몇 개인가요?

(   )

1 단원평가 Ⓑ

날짜 · · 점수

6학년 이름:

1 그림을 보고 □ 안에 알맞은 수를 써넣으세요.

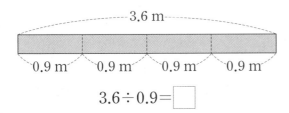

$$3.6 \div 0.9 = \boxed{}$$

2 □ 안에 알맞은 수를 써넣으세요.

$$4.32 \div 2.16 = \boxed{} \div 216 = \boxed{}$$

3 □ 안에 알맞은 수를 써넣으세요.

$$8.1 \div 2.7 = \dfrac{\boxed{}}{10} \div \dfrac{\boxed{}}{10}$$

$$= \boxed{} \div \boxed{} = \boxed{}$$

[4~5] 페인트 30.5 L를 한 통에 8 L씩 담으려고 합니다. 물음에 답하세요.

4 □ 안에 알맞은 수를 써넣으세요.

$$30.5 - 8 - 8 - 8 = \boxed{}$$

5 8 L씩 나누어 담을 수 있는 통은 몇 개이고 남는 페인트는 몇 L인지 구해 보세요.

통의 수 (   )

남는 페인트의 양 (   )

6 계산해 보세요.

$$1.9 \,\overline{)\, 7.9\,8}$$

7 □ 안에 알맞은 수를 써넣으세요.

$$138 \div 6 = \boxed{}$$

$$138 \div 0.6 = \boxed{}$$

$$138 \div 0.06 = \boxed{}$$

8 빈칸에 알맞은 수를 써넣으세요.

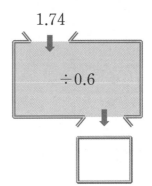

9 나눗셈의 몫이 14인 것에 ○표 하세요.

$35 \div 2.5$	$51 \div 3.4$
( )	( )

10 몫을 반올림하여 소수 둘째 자리까지 나타내어 보세요.

$$34.9 \div 7 = 4.985 \cdots$$

(   )

11 나눗셈의 몫을 찾아 선으로 이어 보세요.

12 큰 수를 작은 수로 나눈 몫을 구해 보세요.

| 20.8 | 2.6 |

( )

13 나눗셈의 몫을 반올림하여 소수 첫째 자리까지 나타내어 보세요.

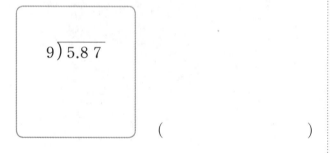

( )

14 계산 결과를 비교하여 ○ 안에 >, =, <를 알맞게 써넣으세요.

| 11÷2.2 | ○ | 4.5 |

15 길이가 13.6 cm인 수수깡이 있습니다. 이 수수깡을 3.4 cm씩 모두 자르면 몇 도막이 되나요?

( )

16 □ 안에 알맞은 수를 써넣으세요.

4.42÷□=1.7

17 터널을 하루에 6.24 m씩 뚫으려고 합니다. 이 터널을 180.96 m 뚫는 데 며칠이 걸리는지 구해 보세요.

( )

18 53.2÷6의 몫을 반올림하여 주어진 자리까지 바르게 나타낸 것을 찾아 기호를 써 보세요.

⊙ 소수 첫째 자리까지 ➡ 8.9
ⓒ 소수 둘째 자리까지 ➡ 8.86

( )

19 상자 하나를 묶는 데 끈 3 m가 필요합니다. 길이가 54.2 m인 끈으로 똑같은 상자를 몇 개까지 묶을 수 있고 남는 끈은 몇 m인가요?

( ), ( )

20 3장의 수 카드 ②, ⑥, ④를 한 번씩만 사용하여 몫이 가장 크게 되도록 나눗셈식을 만들려고 합니다. 나눗셈식을 완성하고 몫을 구해 보세요.

□□÷0.□

( )

2. 소수의 나눗셈

1 보기 와 같이 계산해 보세요.

보기

$$15.2 \div 1.9 = \frac{152}{10} \div \frac{19}{10} = 152 \div 19 = 8$$

$30.6 \div 3.4$ _____

2 □ 안에 알맞은 수를 써넣으세요.

```
      1 □
   ─────────
0.□ ) 5. 2
      4
    ─────
    1 2
    1 2
    ─────
      □
```

3 $6.88 \div 4.3$을 계산하려고 합니다. 소수점을 바르게 옮긴 것에 ○표 하세요.

```
4.3. ) 6.8̖ 8
```
( )

```
4.3. ) 6.8̖ 8̖
```
( )

4 계산해 보세요.

$$0.35) 2.4\,5$$

5 □ 안에 알맞은 수를 써넣으세요.

$\begin{array}{l} 0.36 \div 0.04 = \boxed{} \\ 3.6 \div 0.04 = \boxed{} \\ 36 \div 0.04 = \boxed{} \end{array}$

6 빈칸에 알맞은 수를 써넣으세요.

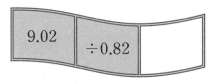

| 9.02 | ÷0.82 | |

7 방울토마토 5.2 kg을 한 봉지에 0.7 kg씩 담으면 몇 봉지가 되고 남는 방울토마토는 몇 kg인지 구하려고 합니다. □ 안에 알맞은 수를 써넣으세요.

```
         7
      ─────────
0.7 ) 5.2
      4 9
    ─────
      □
```

8 물 16.4 L을 3 L씩 덜어내려고 합니다. 나눗셈식을 보고 □ 안에 알맞은 수를 써넣으세요.

$$16.4 - 3 - 3 - 3 - 3 - 3 = 1.4$$

16.4 L에서 3 L씩 □ 번 덜어낼 수 있고, 이때 남는 물의 양은 □ L입니다.

9 나눗셈의 몫을 구해 보세요.

$$33 \div 0.75$$

( )

10 1분에 2.96 L의 물이 일정하게 나오는 수도가 있습니다. 이 수도로 32.56 L의 물을 받으려면 몇 분이 걸리는지 구해 보세요.

( )

11 계산 결과가 더 작은 것을 찾아 기호를 써 보세요.

$$\bigcirc \ 47.04 \div 8.4 \qquad \bigcirc \ 6.08 \div 0.76$$

(   )

12 <u>잘못</u> 계산한 부분을 찾아 바르게 계산해 보세요.

$$90 \div 0.6 = 90 \div \frac{6}{10} = 90 \div 6 = 15$$

$90 \div 0.6$ _____

13 어떤 수를 0.5로 나누어야 할 것을 잘못하여 곱하였더니 7.8이 되었습니다. 바르게 계산한 값을 구해 보세요.

(   )

14 나눗셈의 몫을 반올림하여 소수 첫째 자리까지 나타내어 보세요.

$$87.1 \div 6$$

(   )

15 닭의 무게는 3.64 kg이고 토끼의 무게는 2.8 kg입니다. 닭의 무게는 토끼의 무게의 몇 배인가요?

(   )

16 바르게 계산한 사람은 누구인가요?

혜성: $14.4 \div 0.4 = 3.6$
우영: $45 \div 1.8 = 25$

(   )

17 바르게 설명한 것을 찾아 기호를 써 보세요.

$\bigcirc$ $73.5 \div 2.1$과 $735 \div 21$의 몫은 같습니다.
$\bigcirc$ $2.08 \div 1.3$과 $208 \div 13$의 몫은 같습니다.

(   )

18 몫의 소수 일곱째 자리 숫자를 구해 보세요.

$$10.7 \div 6$$

(   )

19 $7.91 \div 9$의 몫을 반올림하여 주어진 자리까지 나타낸 값의 크기를 비교하여 ○ 안에 >, =, <를 알맞게 써넣으세요.

소수 첫째 자리까지 ○ 소수 둘째 자리까지

20 두께가 일정한 철근 2 m 10 cm의 무게를 재었더니 7.8 kg이었습니다. 이 철근 1 m의 무게는 몇 kg인지 반올림하여 소수 첫째 자리까지 나타내어 보세요.

(   )

[1~2] 오른쪽 그림은 쌓기나무로 만든 모양 입니다. 물음에 답하세요.

1 쌓기나무의 수를 몇 개로 예상할 수 있나요?

( )

2 위에서 본 모양이 오른쪽과 같을 때 똑같은 모양으로 쌓는 데 필요 한 쌓기나무는 몇 개인가요?

( )

위에서 본 모양

[3~5] 쌓기나무로 쌓은 모양과 위에서 본 모양을 보고 물음에 답하세요.

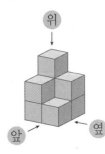

위에서 본 모양

3 옆에서 본 모양에 ◯표 하세요.

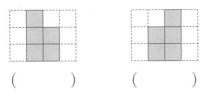

( ) ( )

4 각 자리에 쌓은 쌓기나무는 몇 개인지 써 보세요.

자리	㉠	㉡	㉢	㉣
쌓기나무 수(개)	3			

5 똑같은 모양으로 쌓는 데 필요한 쌓기나무는 몇 개 인가요?

( )

6 층별로 나타낸 모양을 보고 똑같은 모양으로 쌓는 데 필요한 쌓기나무의 개수를 구해 보세요.

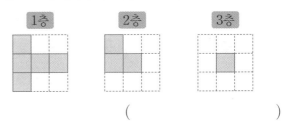

( )

7 보기 와 같은 모양을 찾아 기호를 써 보세요.

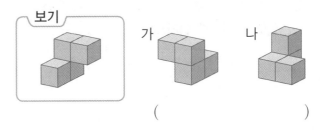

( )

8 오른쪽 모양과 같이 쌓기나무를 쌓 으려고 합니다. 필요한 쌓기나무가 가장 적은 경우의 쌓기나무는 몇 개 인가요?

( )

[9~10] 쌓기나무로 쌓은 모양과 1층 모양을 보고 물음 에 답하세요.

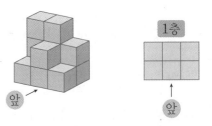

9 2층과 3층 모양을 각각 그려 보세요.

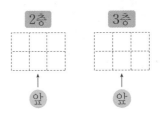

10 똑같은 모양으로 쌓는 데 필요한 쌓기나무는 몇 개 인가요?

( )

[11~12] 오른쪽 그림은 쌓기나무로 쌓은 모양을 위에서 본 모양에 수를 쓴 것입니다. 앞과 옆에서 본 모양을 각각 그려 보세요.

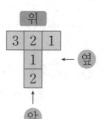

11

12

[13~15] 쌓기나무로 쌓은 모양을 위, 앞, 옆에서 본 모양입니다. 물음에 답하세요.

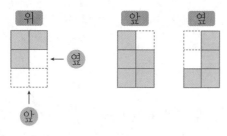

13 각 자리에 쌓은 쌓기나무의 수를 써넣으세요.

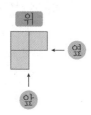

14 어떤 모양을 보고 그린 것인지 기호를 써 보세요.

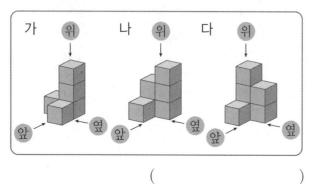

( )

15 똑같은 모양으로 쌓는 데 필요한 쌓기나무는 몇 개인가요?

( )

16 쌓기나무를 4개씩 붙여서 만든 2가지 모양으로 오른쪽 모양을 만들었습니다. 2가지 모양을 찾아 기호를 써 보세요.

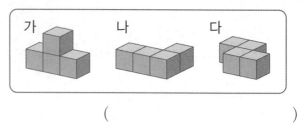

( )

17 오른쪽 그림은 쌓기나무로 쌓은 모양을 위에서 본 모양에 수를 쓴 것입니다. 2층에 쌓은 쌓기나무는 몇 개인가요?

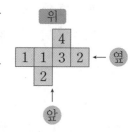

( )

[18~20] 쌓기나무로 쌓은 모양과 위에서 본 모양을 보고 물음에 답하세요.

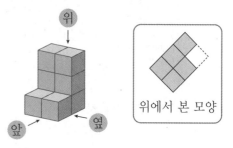

위에서 본 모양

18 옆에서 보았을 때 가능한 모양 2가지를 그려 보세요.

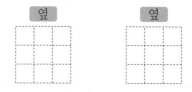

19 쌓은 쌓기나무가 가장 적은 경우는 몇 개인가요?

( )

20 쌓은 쌓기나무가 가장 많은 경우는 몇 개인가요?

( )

1 오른쪽 모양과 같이 쌓기나무를 쌓 으려고 합니다. 필요한 쌓기나무는 적어도 몇 개인가요?

( )

[2~4] 쌓기나무로 쌓은 모양을 층별로 나타냈습니다. 물음에 답하세요.

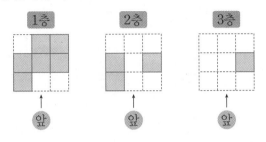

2 쌓은 모양을 찾아 기호를 써 보세요.

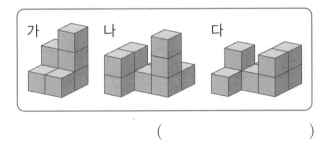

( )

3 똑같은 모양으로 쌓는 데 필요한 쌓기나무는 몇 개인가요?

( )

4 앞에서 본 모양을 그려 보세요.

5 주어진 모양과 똑같이 쌓는 데 필요한 쌓기나무는 몇 개인지 2가지를 써 보세요.

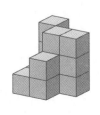 

위에서 본 모양

( ), ( )

6 서로 같은 모양끼리 선으로 이어 보세요.

 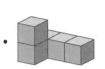

[7~8] 오른쪽의 쌓기나무로 쌓은 모양과 1층에 쌓은 모양을 보고 앞과 옆에서 본 모양을 각각 그려 보세요.

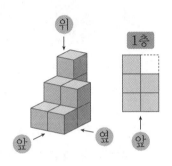

7 앞

8 옆

[9~10] 오른쪽 그림은 쌓기나무로 쌓은 모양을 위에서 본 모양에 수를 쓴 것입니다. 앞에서 본 모양과 옆에서 본 모양을 찾아 기호를 써 보세요.

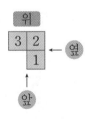

9 앞에서 본 모양

( )

10 옆에서 본 모양

( )

11 오른쪽은 쌓기나무로 쌓은 모양을 위에서 본 모양에 수를 쓴 것입니다. 3층에 쌓은 쌓기나무는 몇 개인가요?

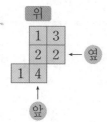

(   )

12 쌓기나무를 붙여서 만든 모양을 구멍이 있는 오른쪽 상자에 넣으려고 합니다. 넣을 수 있는 모양을 찾아 기호를 써 보세요.

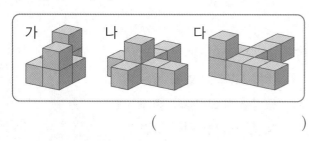

(   )

[13~14] 쌓기나무로 쌓은 모양을 위, 앞, 옆에서 본 모양입니다. 물음에 답하세요.

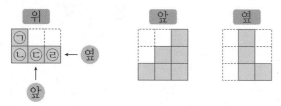

13 각 자리에 쌓은 쌓기나무는 몇 개인지 써 보세요.

자리	㉠	㉡	㉢	㉣
쌓기나무 수(개)	1			

14 똑같은 모양으로 쌓는 데 필요한 쌓기나무는 몇 개인가요? (   )

15 쌓기나무로 쌓은 모양을 위, 앞, 옆에서 본 모양입니다. 똑같은 모양으로 쌓는 데 필요한 쌓기나무는 몇 개인가요?

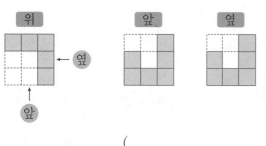

(   )

16 오른쪽은 쌓기나무 7개로 만든 모양입니다. 앞에서 본 모양이 바뀌지 않도록 ㉠ 위에 쌓기나무를 쌓으려면 최대 몇 개까지 더 쌓을 수 있을지 구해 보세요.

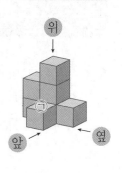

(   )

[17~18] 쌓기나무로 쌓은 모양을 위, 앞, 옆에서 본 모양입니다. 물음에 답하세요.

17 쌓은 쌓기나무가 가장 많은 경우는 몇 개인가요?

(   )

18 쌓은 쌓기나무가 가장 적은 경우는 몇 개인가요?

(   )

19 왼쪽은 쌓기나무를 4개씩 붙여서 만든 모양입니다. 이 모양을 사용하여 만들 수 있는 새로운 모양을 모두 찾아 기호를 써 보세요.

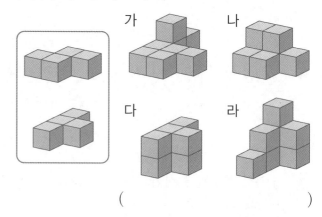

(   )

20 모양에 쌓기나무 1개를 더 붙여서 만들 수 있는 서로 다른 모양은 모두 몇 가지인가요?

(   )

1 비를 보고 □ 안에 알맞은 수를 써넣으세요.

2 : 7 ➡ 전항 □, 후항 □

[**2~3**] $\frac{1}{5} : \frac{1}{9}$을 간단한 자연수의 비로 나타내려고 합니다. 물음에 답하세요.

2 □ 안에 알맞은 수를 써넣으세요.

전항과 후항에 각각 분모의 최소공배수인 □ 를 곱합니다.

3 전항과 후항에 각각 분모의 최소공배수를 곱하여 간단한 자연수의 비로 나타내어 보세요.

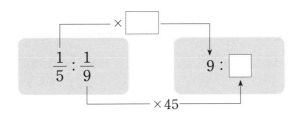

4 비의 성질을 이용하여 3 : 7과 비율이 같은 비를 찾아 기호를 써 보세요.

㉠ 9 : 21   ㉡ 18 : 40

( )

5 비례식에서 외항의 곱과 내항의 곱을 각각 구해 보세요.

8 : 12 = 2 : 3

외항의 곱 ( )

내항의 곱 ( )

6 3 : 4와 비율이 같은 비를 찾아 비례식으로 나타내어 보세요.

8 : 6   9 : 12   18 : 20

( )

7 비례식을 찾아 기호를 써 보세요.

㉠ 5 : 7 = 20 : 35   ㉡ 6 : 8 = 9 : 12

( )

[**8~9**] 유미와 준우가 쿠키 15개를 2 : 3으로 나누어 먹으려고 합니다. 물음에 답하세요.

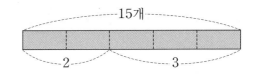

8 유미와 준우가 먹을 수 있는 쿠키는 각각 전체의 몇 분의 몇인가요?

유미: $\frac{\boxed{}}{2+3} = \frac{\boxed{}}{5}$, 준우: $\frac{\boxed{}}{2+3} = \frac{\boxed{}}{5}$

9 유미와 준우는 쿠키를 각각 몇 개씩 먹을 수 있나요?

유미: $15 \times \frac{\boxed{}}{5} = \boxed{}$(개)

준우: $15 \times \frac{\boxed{}}{5} = \boxed{}$(개)

10 □ 안의 수를 주어진 비로 나누어 [,] 안에 써 보세요.

55   4 : 7 ➡ [,]

11 딱지를 서윤이는 15개, 준영이는 18개 가지고 있습니다. 서윤이와 준영이가 가지고 있는 딱지의 수를 간단한 자연수의 비로 나타내어 보세요.

( )

12 비례식 $5 : 6 = 10 : 12$에 대해 바르게 설명한 것을 찾아 기호를 써 보세요.

> ㉠ 전항은 5와 6입니다.
> ㉡ 외항은 5와 10입니다.
> ㉢ 5 : 6과 10 : 12의 비율은 같습니다.

( )

13 간단한 자연수의 비로 나타내어 보세요.

(1) $\dfrac{1}{2} : \dfrac{2}{3}$ ➡ ( )

(2) $0.8 : \dfrac{1}{2}$ ➡ ( )

[14~15] 준호와 수미의 예금액의 비는 4 : 5입니다. 수미의 예금액이 16000원이면 준호의 예금액은 얼마인지 구하려고 합니다. 물음에 답하세요.

14 준호의 예금액을 □원이라 하고 비례식을 세워 보세요.

식 _____

15 준호의 예금액은 얼마인가요?

( )

16 공책 35권을 현주와 동생이 3 : 2로 나누어 가지려고 합니다. 동생은 공책을 몇 권 가지게 되나요?

( )

17 바닷물 5 L를 증발시키면 소금 120 g을 얻을 수 있습니다. 같은 바닷물 40 L를 증발시키면 몇 g의 소금을 얻을 수 있나요?

( )

18 □ 안에 알맞은 수가 더 큰 것의 기호를 써 보세요.

> ㉠ $5 : \dfrac{3}{4} = □ : 3$
> ㉡ $1.2 : 0.5 = 60 : □$

( )

19 민호네 학교 6학년 전체 학생은 300명이고 이 중 남학생은 192명이라고 합니다. 남학생 수와 여학생 수의 비를 간단한 자연수의 비로 나타내어 보세요.

( )

20 은주네 반 학생들은 안경을 안 쓴 학생 수와 안경을 쓴 학생 수의 비가 5 : 3입니다. 안경을 쓴 학생이 9명이라면 은주네 반 전체 학생은 몇 명인가요?

( )

날짜   .   .   점수

6학년   이름:

1 비의 성질을 이용하여 □ 안에 알맞은 수를 써넣으세요.

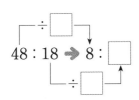

$48 : 18$ ➡ $8 :$ □

2 비의 성질을 이용하여 $4 : 9$와 비율이 같은 비를 2개 써 보세요.

(   )

3 가로와 세로의 비가 $1 : 2$인 직사각형을 찾아 기호를 써 보세요.

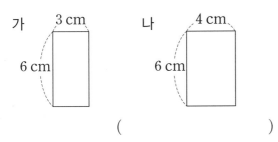

(   )

4 간단한 자연수의 비로 나타내어 보세요.

$$0.7 : 1\frac{1}{2}$$

(   )

5 구슬을 미영이는 30개, 지현이는 12개 가지고 있습니다. 미영이와 지현이가 가지고 있는 구슬 수의 비를 간단한 자연수의 비로 나타내어 보세요.

(   )

6 일정한 빠르기로 같은 책을 읽는 데 소미는 2시간, 수아는 3시간이 걸렸습니다. 소미와 수아가 한 시간에 읽은 책의 양의 비를 간단한 자연수의 비로 나타내어 보세요.

(   )

7 비례식에서 외항과 내항을 모두 찾아 써 보세요.

$2 : 3 = 6 : 9$

외항 (   )

내항 (   )

8 비례식을 만든 사람의 이름을 써 보세요.

지운 $3 : 5 = 15 : 25$ 성희 $5 : 9 = 15 : 18$

(   )

9 조건 에 맞게 비례식을 완성해 보세요.

조건
· 비율은 $\frac{3}{5}$입니다.
· 외항의 곱은 45입니다.

$3 :$ □ $=$ □ $:$ □

10 후항이 6인 비가 있습니다. 이 비의 비율이 $\frac{2}{3}$일 때 전항은 얼마인가요?

(   )

11 비례식의 성질을 이용하여 □ 안에 알맞은 수를 써 넣으세요.

$$1\frac{2}{5} : \frac{7}{8} = \boxed{} : 5$$

12 ㉠과 ㉡에 알맞은 수의 합을 구해 보세요.

> • $4 : 9 = ㉠ : 27$
> • $12 : 20 = 9 : ㉡$

( )

13 ■에 7을 곱한 수와 ●에 11을 곱한 수가 같습니다. ■와 ●의 비를 간단한 자연수의 비로 나타내어 보세요.

( )

14 어느 야구 선수가 20타수마다 안타를 4번씩 친다고 합니다. 이 선수는 100타수 중에서 안타를 몇 번 칠 것으로 예상되나요?

( )

15 태극기의 가로와 세로의 비는 3 : 2입니다. 가로가 120 cm인 태극기를 만들려면 세로는 몇 cm로 해야 하나요?

( )

16 맞물려 돌아가는 두 톱니바퀴가 있습니다. 가의 톱니 수는 12개이고, 나의 톱니 수는 26개입니다. 가가 39번 돌 때, 나는 몇 번 도는지 구해 보세요.

( )

17 ⬤ 안의 수를 주어진 비로 나누어 [,] 안에 써 보세요.

56   3 : 4 ➡ [,   ]

18 연필 360자루를 학생 수의 비로 두 반에 나누어 주려고 합니다. 두 반에 연필을 각각 몇 자루씩 나누어 주어야 하나요?

반	1	2
학생 수(명)	18	22

1반 ( )

2반 ( )

19 밀가루 70 kg을 가 봉지와 나 봉지에 $0.75 : \frac{1}{2}$의 비로 나누어 넣으려고 합니다. 가 봉지에는 밀가루를 몇 kg 넣어야 하나요?

( )

20 길이가 96 cm인 끈을 겹치지 않게 모두 사용하여 가로와 세로의 비가 3 : 5인 직사각형을 만들었습니다. 만든 직사각형의 넓이는 몇 cm²인가요?

( )

5. 원의 넓이

[1~2] 오른쪽 원을 보고 물음에 답하세요.

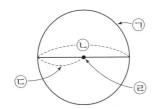

1 원의 반지름을 찾아 기호를 써 보세요.

(   )

2 원주를 찾아 기호를 써 보세요.

(   )

3 ☐ 안에 알맞은 말을 써넣으세요.

> 원의 크기와 상관없이 원의 지름에 대한 원주의 비율은 일정하고, 이 비를 ☐ 이라고 합니다.
>
> ➡ (원주율)＝(원주)÷(☐)

4 오른쪽 원의 원주를 구하려고 합니다. ☐ 안에 알맞은 수를 써넣으세요. (원주율: 3.14)

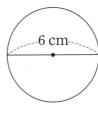

(원주)＝☐ × 3.14

＝☐ (cm)

5 원주가 31.4 cm인 원의 지름을 구하려고 합니다. ☐ 안에 알맞은 수를 써넣으세요. (원주율: 3.14)

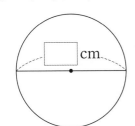

(지름)

＝31.4÷☐

＝☐ (cm)

[6~7] 원을 한없이 잘라서 이어 붙여 직사각형을 만들었습니다. 원의 넓이를 구하는 방법을 알아보세요.

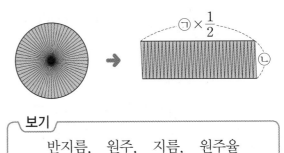

> **보기**
>
> 반지름,   원주,   지름,   원주율

6 보기에서 ㉠과 ㉡에 알맞은 말을 찾아 써 보세요.

㉠ (   ), ㉡ (   )

7 ☐ 안에 알맞은 말을 찾아 써넣으세요.

(원의 넓이)＝(반지름)×(☐)×(원주율)

[8~10] 반지름이 10 cm인 원의 넓이를 어림하려고 합니다. 물음에 답하세요.

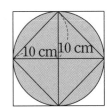

8 반지름이 10 cm인 원의 넓이와 원 안에 있는 마름모의 넓이를 비교해 보세요.

$20 × ☐ ÷ 2 = ☐$ (cm²)＜(원의 넓이)

9 반지름이 10 cm인 원의 넓이와 원 밖에 있는 정사각형의 넓이를 비교해 보세요.

(원의 넓이)＜$20 × ☐ = ☐$ (cm²)

10 원의 넓이를 어림해 보세요.

☐ cm²＜(원의 넓이)

(원의 넓이)＜☐ cm²

11 혜지는 시계의 원주와 지름을 재어 보았습니다. (원주)÷(지름)을 반올림하여 주어진 자리까지 나타내어 보세요.

원주: 150.8 cm
지름: 48 cm

반올림하여 소수 첫째 자리까지	반올림하여 소수 둘째 자리까지

12 오른쪽 원의 원주는 몇 cm인가요?
(원주율: 3.14)

(   )

4 cm

13 오른쪽 원의 넓이는 몇 cm²인가요? (원주율: 3.1)

(   )

12 cm

14 □ 안에 알맞은 수를 써넣으세요. (원주율: 3.14)

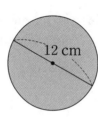

□ cm

원주: 62.8 cm

15 경희는 반지름이 9 cm인 원을 그렸습니다. 경희가 그린 원의 넓이는 몇 cm²인가요? (원주율: 3)

(   )

16 크기가 더 큰 원의 기호를 써 보세요.
(원주율: 3.14)

> ㉠ 지름이 14 cm인 원
> ㉡ 원주가 37.68 cm인 원

(   )

17 학생들이 손을 잡아 원을 만들었습니다. 이 원의 지름이 7 m일 때 학생들이 만든 원의 원주는 몇 m인지 구해 보세요. (원주율: 3.1)

(   )

18 반원의 넓이는 몇 cm²인가요? (원주율: 3.14)

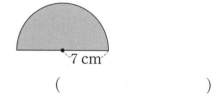

7 cm

(   )

19 지름이 23 cm인 원 모양의 굴렁쇠를 2바퀴 굴렸습니다. 굴렁쇠가 굴러간 거리는 몇 cm인가요?
(원주율: 3)

(   )

20 색칠한 부분의 넓이는 몇 cm²인지 구해 보세요.
(원주율: 3.1)

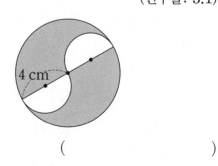

4 cm

(   )

날짜   .   .   점수

6학년 이름:

1 다음 중 바르지 <u>않은</u> 것의 기호를 써 보세요.

> ㉠ 원의 둘레를 원주라고 합니다.
> ㉡ 원의 지름은 원주의 약 3배입니다.

(   )

2 반지름이 2 cm인 원의 원주를 알아보려고 합니다. □ 안에 알맞은 수를 써넣으세요.

> 반지름이 2 cm인 원의 지름은 ☐ cm이고,
> 원의 원주는 지름의 3배인 ☐ cm보다 길
> 고, 지름의 4배인 ☐ cm보다 짧습니다.

3 원주율을 바르게 나타낸 것에 ○표 하세요.

(반지름)÷(원주)   (원주)÷(지름)

(   )   (   )

4 크기가 다른 두 원의 (원주)÷(지름)을 비교하여 ○ 안에 >, =, <를 알맞게 써넣으세요.

  ○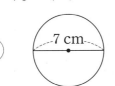

원주: 15.7 cm   원주: 21.98 cm

5 지름이 24 cm인 원의 원주는 75.36 cm입니다. 이 원의 원주는 지름의 몇 배인가요?

(   )

6 오른쪽 원의 원주는 몇 cm인가요? (원주율: 3.1)

7 cm

(   )

7 원 모양 병뚜껑의 지름은 2.5 cm입니다. 이 병뚜껑의 원주는 몇 cm인가요? (원주율: 3)

(   )

8 원주가 18.6 cm인 원의 반지름을 구하려고 합니다. □ 안에 알맞은 수를 써넣으세요. (원주율: 3.1)

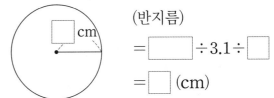

(반지름)

= ☐ ÷ 3.1 ÷ ☐

= ☐ (cm)

9 큰 원의 원주는 96 cm입니다. 작은 원의 반지름은 몇 cm인가요? (원주율: 3)

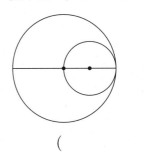

(   )

10 색 테이프 40.82 cm를 사용하여 만들 수 있는 가장 큰 원의 지름은 몇 cm인가요? (원주율: 3.14)

(   )

[11~13] 정육각형의 넓이를 이용하여 원의 넓이를 어림하려고 합니다. 물음에 답하세요.

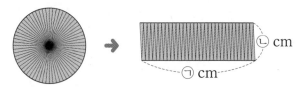

11 삼각형 ㄱㅇㄷ의 넓이가 60 cm²이면 원 밖에 있는 정육각형의 넓이는 몇 cm²인가요?

(   )

12 삼각형 ㄹㅇㅂ의 넓이가 45 cm²이면 원 안에 있는 정육각형의 넓이는 몇 cm²인가요?

(   )

13 원의 넓이는 몇 cm²라고 어림할 수 있나요?

(   )

84

[14~15] 반지름이 9 cm인 원을 한없이 잘라서 이어 붙여 직사각형을 만들었습니다. 물음에 답하세요.

(원주율: 3.14)

14 ㉠과 ㉡에 알맞은 수를 각각 구해 보세요.

㉠ (   ), ㉡ (   )

15 원의 넓이는 몇 cm²인가요?

(   )

16 오른쪽 원의 넓이는 몇 cm²인가요?

(원주율: 3)

4 cm

(   )

17 원에 대한 설명이 <u>틀린</u> 것을 찾아 기호를 써 보세요.

> ㉠ 지름이 2배가 되면 원주율은 2배가 됩니다.
> ㉡ 반지름이 2배가 되면 원의 넓이는 4배가 됩니다.

(   )

18 색칠한 부분의 넓이를 구해 보세요. (원주율: 3.1)

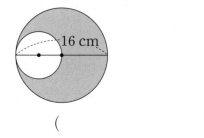
16 cm

(   )

19 부채를 만들기 위해 화선지를 그림과 같이 오렸습니다. 오린 화선지의 넓이는 몇 cm²인가요?

(원주율: 3.1)

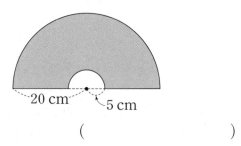
20 cm   5 cm

(   )

20 나이테는 나무의 나이를 알 수 있는 원 모양의 테입니다. 어느 나무의 나이테가 다음과 같을 때 색칠한 부분의 넓이를 구해 보세요. (원주율: 3)

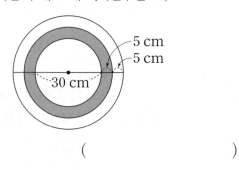
5 cm
5 cm
30 cm

(   )

날짜   ·   ·   점수

6학년   이름:

1 원기둥을 찾아 기호를 써 보세요.

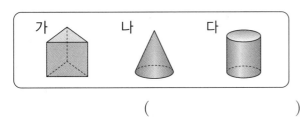

(   )

2 구에서 각 부분의 이름을 ☐ 안에 써넣으세요.

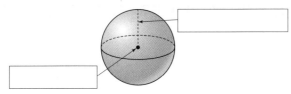

[3~4] 원기둥과 원기둥의 전개도를 보고 물음에 답하세요. (원주율: 3)

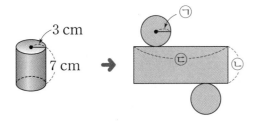

3 ㉠의 길이는 몇 cm인가요?

(   )

4 ㉡의 길이는 몇 cm인가요?

(   )

5 ㉢의 길이는 몇 cm인가요?

(   )

6 오른쪽 원기둥의 높이는 몇 cm 인가요?

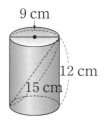

(   )

7 원뿔에 대한 설명으로 옳은 것의 기호를 써 보세요.

> ㉠ 밑면이 원 모양입니다.
> ㉡ 두 밑면이 서로 합동입니다.
> ㉢ 구 모양의 입체도형입니다.

(   )

8 원기둥의 전개도가 <u>아닌</u> 것을 찾아 기호를 써 보세요.

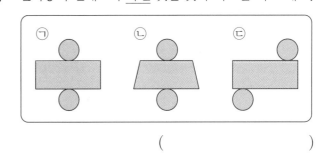

(   )

9 원뿔의 모선의 길이는 몇 cm인가요?

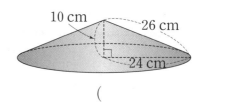

(   )

10 직사각형 모양의 종이를 한 변을 기준으로 돌려 만든 입체도형의 밑면의 지름은 몇 cm인가요?

(   )

11 오른쪽 입체도형을 잘라서 펼쳤을 때 밑면은 어떤 도형이 되나요?

( )

12 어떤 도형에 대한 설명인지 ◯표 하세요.

> 어느 방향에서 보아도 원 모양입니다.

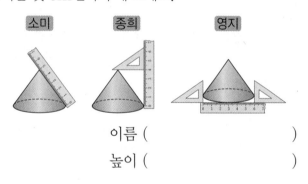

(, ,)

13 원뿔에서 높이를 바르게 잰 사람의 이름을 쓰고 높이는 몇 cm인지 구해 보세요.

소미   종희   영지

이름 ( )

높이 ( )

14 원기둥과 원뿔의 공통점을 바르게 말한 사람의 이름을 써 보세요.

> • 윤아: 밑면이 각각 2개씩 있어.
> • 호준: 밑면은 모두 원 모양이야.

( )

15 지름이 18 cm인 반원 모양의 종이를 지름을 기준으로 한 바퀴 돌려 만든 입체도형의 반지름은 몇 cm인가요?

( )

16 주변에서 구 모양의 물건을 찾아 3가지만 써 보세요.

( )

서술형
17 오른쪽 입체도형은 원뿔이 아닙니다. 그 이유를 써 보세요.

이유

18 입체도형에 대한 설명으로 잘못된 것의 기호를 써 보세요.

> ㉠ 원뿔의 높이는 모선의 길이보다 깁니다.
> ㉡ 원기둥의 두 밑면은 합동이고 서로 평행합니다.
> ㉢ 원기둥의 전개도에서 옆면의 가로는 밑면의 원주와 같습니다.

( )

19 다음과 같은 원기둥의 전개도에서 옆면의 넓이는 몇 cm²인가요? (원주율: 3.14)

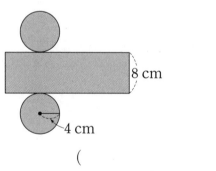

8 cm

4 cm

( )

20 다음 원기둥의 옆면의 넓이가 504 cm²일 때 밑면의 반지름은 몇 cm인가요? (원주율: 3)

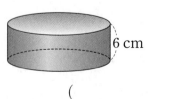

6 cm

( )

1 직사각형 모양의 종이를 한 변을 기준으로 돌려 만든 입체도형의 이름을 써 보세요.

(   )

2 원기둥의 높이를 바르게 나타낸 것을 찾아 기호를 써 보세요.

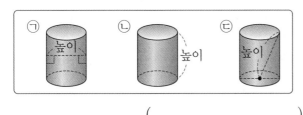

(   )

3 원기둥에 대해 잘못 말한 사람의 이름을 써 보세요.

- 예지: 옆면은 굽은 면이야.
- 하은: 두 밑면은 서로 수직이야.

(   )

서술형

4 오른쪽 입체도형이 원기둥이 <u>아닌</u> 이유를 써 보세요.

이유 _____

_____

5 원기둥의 전개도에서 밑면의 둘레와 길이가 같은 선분을 모두 찾아 써 보세요.

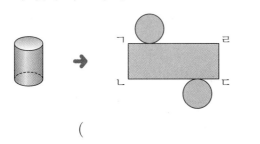

(   )

6 원기둥과 원기둥의 전개도를 보고 ☐ 안에 알맞은 수를 써넣으세요. (원주율: 3)

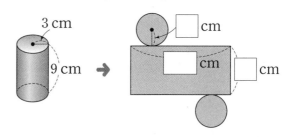

7 오른쪽 그림이 원기둥의 전개도가 <u>아닌</u> 이유를 바르게 설명한 사람의 이름을 써 보세요.

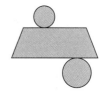

- 보라: 두 밑면이 합동이 아니야.
- 성호: 두 밑면이 원이야.

(   )

8 오른쪽과 같은 원기둥의 전개도에서 밑면의 반지름은 몇 cm인지 구해 보세요.

(원주율: 3.1)

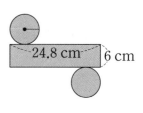

(   )

9 원뿔을 모두 찾아 기호를 써 보세요.

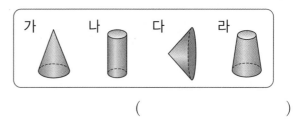

(   )

10 원뿔에 대해 잘못 설명한 것을 찾아 기호를 써 보세요.

ⓐ 평평한 면이 2개입니다.
ⓑ 뾰족한 뿔 모양입니다.

(   )

11 원뿔과 원기둥 중 어느 도형의 높이가 몇 cm 더 높은지 구해 보세요.

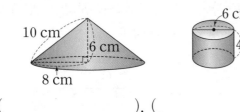

( ), ( )

16 다음 입체도형을 위, 앞에서 본 모양을 그려 보세요.

입체도형	원기둥	원뿔	구
위에서 본 모양			
앞에서 본 모양			

12 오른쪽 삼각형의 변 ㄱㄴ을 기준으로 돌려 입체도형을 만들었습니다. 입체도형의 밑면의 반지름과 높이에 해당하는 변을 찾아 써 보세요.

밑면의 반지름 ( )

높이 ( )

17 원기둥, 원뿔, 구를 사용하여 여러 가지 모양을 만들려고 합니다. 바르게 말한 사람의 이름을 써 보세요.

- 유정: 원기둥으로 기둥을 세워야지.
- 지니: 원뿔은 어느 방향에서 보아도 원 모양이므로 장식을 해야지.
- 동규: 구의 뾰족한 부분으로 탑을 만들거야.

( )

13 오른쪽은 어떤 평면도형을 한 변을 기준으로 돌려 만든 입체도형입니다. 돌리기 전 평면도형의 넓이는 몇 cm²인가요?

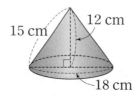

( )

18 밑면의 지름이 10 cm이고 높이가 8 cm인 원기둥을 옆에서 본 모양의 둘레는 몇 cm인가요?

( )

서술형

14 원기둥과 원뿔의 차이점을 1가지 써 보세요.

차이점 _____

19 지호는 반지름이 17 cm인 반원으로, 희수는 지름이 35 cm인 반원으로 각각의 지름을 기준으로 돌려서 입체도형을 만들었습니다. 더 큰 입체도형을 만든 사람은 누구인가요?

( )

15 구를 찾아 기호를 써 보세요.

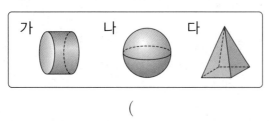

( )

20 원기둥, 원뿔, 구의 공통점은 어느 것인가요?

( )

① 꼭짓점의 수   ② 밑면의 모양
③ 밑면의 수   ④ 옆에서 본 모양
⑤ 위에서 본 모양

수학 성취도 평가

6학년 2학기 과정을 모두 끝내셨나요?
한 학기 성취도를 확인해 볼 수 있도록 25문항으로 구성된 평가지입니다.
2학기 내용을 얼마나 이해했는지 평가해 보세요.

차세대 리더

반 .... 이름 ....

1 □ 안에 알맞은 수를 써넣으세요.

$$\frac{9}{11} \div \frac{3}{11} = \boxed{} \div \boxed{} = \boxed{}$$

2 비례식에서 외항과 내항을 각각 찾아 쓰세요.

$$3:5 = 9:15$$

➡ ┌ 외항: □ , □
　└ 내항: 5, □

3 원뿔의 높이는 몇 cm인가요?

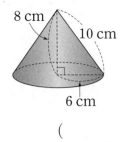

8 cm
10 cm
6 cm

(　　　　　)

[4~5] 계산해 보세요.

4 $2.4\,\overline{)\,9.6}$

5 $0.23\,\overline{)\,7.8\,2}$

6 200을 1 : 3으로 나누어 보세요.

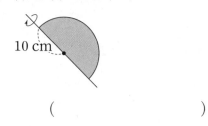

$$\cdot\, 200 \times \frac{1}{1+3} = 200 \times \frac{1}{\boxed{}} = \boxed{}$$

$$\cdot\, 200 \times \frac{\boxed{}}{1+\boxed{}} = 200 \times \frac{\boxed{}}{\boxed{}} = \boxed{}$$

7 반지름이 10 cm인 반원을 그림과 같이 돌렸을 때 만들어지는 구의 지름은 몇 cm인가요?

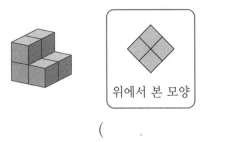

10 cm

(　　　　　)

8 다음 쌓기나무 모양과 똑같은 모양을 만드는 데 필요한 쌓기나무는 몇 개인가요?

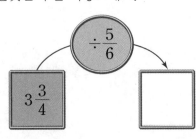

위에서 본 모양

(　　　　　)

9 빈칸에 알맞은 수를 써넣으세요.

$\div \dfrac{5}{6}$

$3\dfrac{3}{4}$

10 자연수를 분수로 나눈 값을 구하세요.

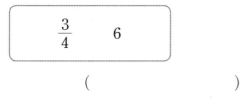

(   )

11 간단한 자연수의 비로 나타내어 보세요.

12 원을 한없이 잘라 이어 붙여서 직사각형을 만들었습니다. 원의 넓이는 몇 cm²인가요? (원주율: 3)

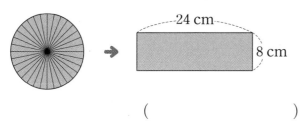

(   )

13 쌓기나무로 쌓은 모양을 보고 위에서 본 모양에 수를 쓴 것입니다. 앞에서 본 모양을 그려 보세요.

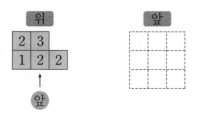

14 우유가 8 L 있습니다. 이 우유를 한 병에 1.6 L씩 모두 담는다면 몇 병이 되나요?

(   )

15 오른쪽 원의 원주와 원의 넓이를 각각 구하세요. (원주율: 3.1)

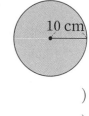

원주 (   )

원의 넓이 (   )

16 나눗셈의 몫을 반올림하여 소수 둘째 자리까지 나타내어 보세요.

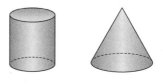

(   )

17 원기둥과 원뿔의 공통점을 모두 찾아 기호를 써 보세요.

㉠ 꼭짓점이 1개입니다.

㉡ 위에서 보면 원 모양입니다.

㉢ 평평한 면과 둥근 부분이 있습니다.

(   )

18 오른쪽 그림은 쌓기나무 모양을 위에서 본 모양에 수를 쓴 것입니다. 2층에 있는 쌓기나무는 몇 개인가요?

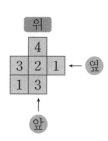

(   )

19 쌓기나무로 쌓은 모양을 위, 앞, 옆에서 본 모양입니다. 똑같은 모양으로 만드는 데 필요한 쌓기나무는 몇 개인가요?

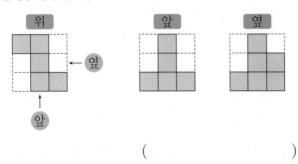

( )

20 반지름이 6 cm인 원의 원주는 37.68 cm입니다. 이 원의 원주는 지름의 몇 배인가요?

( )

21 색칠한 부분의 넓이는 몇 cm²인가요? (원주율: 3)

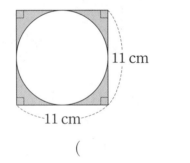

11 cm

11 cm

( )

22 원기둥의 전개도에서 직사각형의 넓이가 198.4 cm²일 때 밑면의 반지름은 몇 cm인가요? (원주율: 3.1)

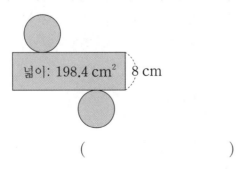

넓이: 198.4 cm² 8 cm

( )

23 시우가 가지고 있는 시계는 2시간에 3분씩 빨라집니다. 시우가 오늘 오전 10시에 시계를 정확하게 맞추었다면 다음 날 오전 10시에 이 시계가 가리키는 시각은 오전 몇 시 몇 분인가요?

( )

서술형

24 어떤 수를 $\frac{7}{8}$로 나누어야 할 것을 잘못하여 곱하였더니 $\frac{21}{32}$이 되었습니다. 어떤 수는 얼마인지 풀이 과정을 쓰고 답을 구하세요.

풀이

답 _____

서술형

25 길이가 200 cm인 끈을 겹치지 않게 모두 사용하여 직사각형 모양을 1개 만들었습니다. 가로와 세로의 비가 2 : 3이라면 이 직사각형의 넓이는 몇 cm²인지 풀이 과정을 쓰고 답을 구하세요.

풀이

답 _____

배움으로 행복한 내일을 꿈꾸는
천재교육 커뮤니티 안내 . . .

교재 안내부터 구매까지 한 번에!
천재교육 홈페이지

자사가 발행하는 참고서, 교과서에 대한 소개는 물론
도서 구매도 할 수 있습니다. 회원에게 지급되는 별을 모아
다양한 상품 응모에도 도전해 보세요!

다양한 교육 꿀팁에 깜짝 이벤트는 덤!
천재교육 인스타그램

천재교육의 새롭고 중요한 소식을 가장 먼저 접하고 싶다면?
천재교육 인스타그램 팔로우가 필수!
깜짝 이벤트도 수시로 진행되니 놓치지 마세요!

수업이 편리해지는
천재교육 ACA 사이트

오직 선생님만을 위한, 천재교육 모든 교재에 대한 정보가 담긴
아카 사이트에서는 다양한 수업자료 및 부가 자료는 물론
시험 출제에 필요한 문제도 다운로드하실 수 있습니다.

https://aca.chunjae.co.kr

천재교육을 사랑하는 샘들의 모임
천사샘

학원 강사, 공부방 선생님이시라면 누구나 가입할 수 있는 천사샘!
교재 개발 및 평가를 통해 교재 검토진으로 참여할 수 있는 기회는 물론
다양한 교사용 교재 증정 이벤트가 선생님을 기다립니다.

아이와 함께 성장하는 학부모들의 모임공간
튠맘 학습연구소

튠맘 학습연구소는 초·중등 학부모를 대상으로 다양한 이벤트와 함께
교재 리뷰 및 학습 정보를 제공하는 네이버 카페입니다.
초등학생, 중학생 자녀를 둔 학부모님이라면 튠맘 학습연구소로 오세요!

book.chunjae.co.kr

교재 내용 문의 ················· 교재 홈페이지 ▶ 초등 ▶ 교재상담
교재 내용 외 문의 ············· 교재 홈페이지 ▶ 고객센터 ▶ 1:1문의
발간 후 발견되는 오류 ·········· 교재 홈페이지 ▶ 초등 ▶ 학습지원 ▶ 학습자료실

수학의 자신감을 키워 주는 **초등 수학 교재**

난이도 한눈에 보기!

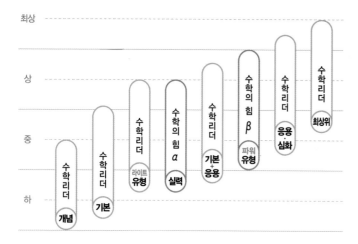

● **수학리더 연산** [계산 연습]
  연산 드릴과 문장 읽고 식 세우기 연습이 필요할 때

● **수학리더 유형** [라이트 유형서]
  응용·심화 단계로 가기 전
  다양한 유형 문제로 실력을 탄탄히 다지고 싶을 때

● **수학리더 기본+응용** [실력서]
  기본 단계를 끝낸 후
  기본부터 응용까지 한 권으로 끝내고 싶을 때

● **수학리더 최상위** [고난도]
  응용·심화 단계를 끝낸 후
  고난도 문제로 최상위권으로 도약하고 싶을 때

차세대 리더

수학리더 기본

해법 챔피언

검정 교과서 완벽 반영

천재교육

BOOK 3

6-2

리더가 되기 위한
공부 비법

BOOK 1
지피지기
교과서 개념
+서술형 학습 시스템

BOOK 2
백전백승
익힘책 유형
+서술형+단원평가

해법전략 포인트 3가지

▶ 혼자서도 이해할 수 있는 친절한 문제 풀이

▶ 참고, 주의 등 자세한 풀이 제시

▶ 다른 풀이를 제시하여 다양한 방법으로 문제 풀이 가능

1 분수의 나눗셈

4~5쪽 **1단계** 교과서 바로 알기

확인 문제

1 6 / 6
2 3, 1 / 1, 3
3 (○) ( )
4 (1) 2 (2) 5
5 11
6 (1) $\frac{1}{17}$, 10

    (2) 10도막

한번 더! 확인

7 4 / 4
8 7, 1 / 7, 7
9 ㉡
10 13
11 4
12 식 $\frac{8}{9} \div \frac{1}{9} = 8$

    답 8도막

5 분모가 같은 분수의 나눗셈은 분자끼리 나누어 계산합니다.

→ $\frac{11}{12} \div \frac{1}{12} = 11 \div 1 = 11$

6 (2) $\frac{10}{17} \div \frac{1}{17} = 10 \div 1 = 10$(도막)

10 $\frac{13}{15} \div \frac{1}{15} = 13 \div 1 = 13$

11 $\frac{4}{7} \div \frac{1}{7} = 4 \div 1 = 4$

12 (초록색 끈의 도막 수)
    =(전체 초록색 끈의 길이)÷(한 도막의 길이)
    $= \frac{8}{9} \div \frac{1}{9} = 8 \div 1 = 8$(도막)

6~7쪽 **1단계** 교과서 바로 알기

확인 문제

1 4 / 4
2 5 / 5, 2
3 9, 3
4 (1) 2 (2) 2
5 2
6 (1) $\frac{5}{21}$, 4

    (2) 4명

한번 더! 확인

7 3 / 3
8 12 / 12, 4, 3
9 15, 3
10 5
11 2
12 식 $\frac{9}{16} \div \frac{3}{16} = 3$

    답 3명

4 (1) $\frac{8}{9} \div \frac{4}{9} = 8 \div 4 = 2$

    (2) $\frac{6}{11} \div \frac{3}{11} = 6 \div 3 = 2$

참고
$\frac{\blacksquare}{\bullet} \div \frac{\blacktriangle}{\bullet} = \blacksquare \div \blacktriangle$

5 $\frac{4}{7} \div \frac{2}{7} = 4 \div 2 = 2$

6 (2) $\frac{20}{21} \div \frac{5}{21} = 20 \div 5 = 4$(명)

9 $\frac{15}{17} \div \frac{5}{17} = 15 \div 5 = 3$

10 $\frac{10}{13} \div \frac{2}{13} = 10 \div 2 = 5$

11 $\frac{12}{25} \div \frac{6}{25} = 12 \div 6 = 2$

12 (나누어 줄 수 있는 사람 수)
    =(전체 철사의 길이)
      ÷(한 명에게 나누어 주는 철사의 길이)
    $= \frac{9}{16} \div \frac{3}{16} = 9 \div 3 = 3$(명)

8~9쪽 **1단계** 교과서 바로 알기

확인 문제

1 (1) 풀이 참고

    (2) $3\frac{1}{2}$
2 3, $\frac{5}{3}$, $1\frac{2}{3}$
3 $\frac{13}{15} \div \frac{4}{15} = 13 \div 4$

    $= \frac{13}{4} = 3\frac{1}{4}$

4 $1\frac{3}{7}$
5 =
6 (1) $\frac{3}{5}$, $1\frac{1}{3}$

    (2) $1\frac{1}{3}$배

한번 더! 확인

7 (1) 풀이 참고

    (2) $1\frac{1}{2}$
8 7, $\frac{9}{7}$, $1\frac{2}{7}$
9 (1) $\frac{7}{9} \div \frac{5}{9} = 7 \div 5$

    $= \frac{7}{5} = 1\frac{2}{5}$

    (2) $\frac{13}{14} \div \frac{9}{14} = 13 \div 9$

    $= \frac{13}{9} = 1\frac{4}{9}$

10 $1\frac{1}{5}$
11 서아
12 식 $\frac{24}{25} \div \frac{7}{25} = 3\frac{3}{7}$

    답 $3\frac{3}{7}$배

1 (1) **예**

0   1

5 $\dfrac{9}{11} \div \dfrac{4}{11} = 9 \div 4 = \dfrac{9}{4} = 2\dfrac{1}{4}$,

$\dfrac{9}{19} \div \dfrac{4}{19} = 9 \div 4 = \dfrac{9}{4} = 2\dfrac{1}{4}$

6 (2) $\dfrac{4}{5} \div \dfrac{3}{5} = 4 \div 3 = \dfrac{4}{3} = 1\dfrac{1}{3}$(배)

7 (1) **예**

0   1

11 건우: $\dfrac{7}{8} \div \dfrac{3}{8} = 7 \div 3 = \dfrac{7}{3} = 2\dfrac{1}{3}$,

서아: $\dfrac{11}{16} \div \dfrac{3}{16} = 11 \div 3 = \dfrac{11}{3} = 3\dfrac{2}{3}$

➡ $2\dfrac{1}{3} < 3\dfrac{2}{3}$

12 (배추김치의 무게) ÷ (깍두기의 무게)

$= \dfrac{24}{25} \div \dfrac{7}{25} = 24 \div 7 = \dfrac{24}{7} = 3\dfrac{3}{7}$(배)

10~11쪽   단계 익힘책 **바로 풀기**

1 2   **2** 3, 1 / 3, 1, 3

3 (1) 2   (2) $1\dfrac{1}{3}$ **4** $\dfrac{7}{8}$

5

6 $2\dfrac{3}{5}$

7 <

8 식 $\dfrac{6}{17} \div \dfrac{1}{17} = 6$ 답 6배

9 2   **10** ㉡

11 $\dfrac{5}{14}$ **12** $\dfrac{14}{27} \div \dfrac{2}{27} = 14 \div 2 = 7$

13 11, 3 / $3\dfrac{2}{3}$ **14** 4개

15 ❶ 9, 3, 9, 3, 3   ❷ 3, 6   답 6 kg

---

1 $\dfrac{4}{9}$에서 $\dfrac{2}{9}$를 2번 덜어 낼 수 있으므로

$\dfrac{4}{9} \div \dfrac{2}{9} = 2$입니다.

2 $\dfrac{3}{14} \div \dfrac{1}{14}$을 3÷1로 계산해도 결과는 같습니다.

3 (1) $\dfrac{8}{11} \div \dfrac{4}{11} = 8 \div 4 = 2$

(2) $\dfrac{4}{7} \div \dfrac{3}{7} = 4 \div 3 = \dfrac{4}{3} = 1\dfrac{1}{3}$

4 $\dfrac{7}{15} \div \dfrac{8}{15} = 7 \div 8 = \dfrac{7}{8}$

5 • $\dfrac{11}{13} \div \dfrac{1}{13} = 11 \div 1 = 11$

• $\dfrac{10}{11} \div \dfrac{1}{11} = 10 \div 1 = 10$

6 $\dfrac{13}{16} \div \dfrac{5}{16} = 13 \div 5 = \dfrac{13}{5} = 2\dfrac{3}{5}$

7 $\dfrac{5}{9} \div \dfrac{1}{9} = 5 \div 1 = 5$, $\dfrac{16}{25} \div \dfrac{3}{25} = 16 \div 3 = \dfrac{16}{3} = 5\dfrac{1}{3}$

➡ $5 < 5\dfrac{1}{3}$

8 (빨간색 테이프의 길이) ÷ (파란색 테이프의 길이)

$= \dfrac{6}{17} \div \dfrac{1}{17} = 6 \div 1 = 6$(배)

9 $\dfrac{8}{9} > \dfrac{5}{9} > \dfrac{4}{9}$ ➡ $\dfrac{8}{9} \div \dfrac{4}{9} = 8 \div 4 = 2$

10 ㉠ $\dfrac{15}{22} \div \dfrac{3}{22} = 15 \div 3 = 5$ ㉡ $\dfrac{7}{12} \div \dfrac{1}{12} = 7 \div 1 = 7$

㉢ $\dfrac{10}{19} \div \dfrac{2}{19} = 10 \div 2 = 5$

➡ 계산 결과가 다른 나눗셈은 ㉡입니다.

11 $\square \times \dfrac{14}{33} = \dfrac{5}{33}$, $\square = \dfrac{5}{33} \div \dfrac{14}{33} = 5 \div 14 = \dfrac{5}{14}$

12 분모가 같은 (분수)÷(분수)는 분자끼리 나누어 계산해야 합니다.

13 몫이 가장 크려면 가장 큰 수를 가장 작은 수로 나누어야 합니다.

11 > 7 > 3이므로 몫이 가장 큰 나눗셈은 $\dfrac{11}{23} \div \dfrac{3}{23}$ 입니다.

➡ $\dfrac{11}{23} \div \dfrac{3}{23} = 11 \div 3 = \dfrac{11}{3} = 3\dfrac{2}{3}$

14 $\dfrac{10}{21} \div \dfrac{2}{21} = 10 \div 2 = 5$

→ $5 > \square$이므로 $\square$ 안에 들어갈 수 있는 자연수는 1, 2, 3, 4로 모두 4개입니다.

12 (필요한 봉지 수)
= (전체 밀가루의 양) ÷ (봉지 한 개에 담는 밀가루의 양)
= $\dfrac{4}{7} \div \dfrac{4}{21} = \dfrac{12}{21} \div \dfrac{4}{21} = 12 \div 4 = 3$(개)

단계1 교과서 바로 알기　12~13쪽

확인 문제

1 2 / 10, 2

2 3, 10 / 3, 10, 10, $\dfrac{3}{10}$

3 $\dfrac{5}{6}$

4 $\dfrac{3}{8} \div \dfrac{1}{6} = \dfrac{9}{24} \div \dfrac{4}{24}$
$= 9 \div 4$
$= \dfrac{9}{4} = 2\dfrac{1}{4}$

5 예 $\dfrac{9}{10} \div \dfrac{9}{40}$
$= \dfrac{36}{40} \div \dfrac{9}{40}$
$= 36 \div 9 = 4$

6 (1) $\dfrac{3}{26}$, 8
(2) 8개

한번 더! 확인

7 4, 4 / 4

8 4, 7 / 4, 7, 7, $\dfrac{4}{7}$

9 2

10 $\dfrac{5}{12} \div \dfrac{7}{9} = \dfrac{15}{36} \div \dfrac{28}{36}$
$= 15 \div 28$
$= \dfrac{15}{28}$

11 예 $\dfrac{5}{6} \div \dfrac{2}{9}$
$= \dfrac{15}{18} \div \dfrac{4}{18} = 15 \div 4$
$= \dfrac{15}{4} = 3\dfrac{3}{4}$

12 식 $\dfrac{4}{7} \div \dfrac{4}{21} = 3$
답 3개

---

1 $\dfrac{5}{6}$는 $\dfrac{10}{12}$과 같고 $\dfrac{10}{12}$은 $\dfrac{5}{6}$의 2배이므로 $\dfrac{5}{6}$는 $\dfrac{5}{12}$의 2배입니다.

2 두 분수를 분모가 같게 통분하여 분자끼리 나누어 계산합니다.

3 $\dfrac{5}{9} \div \dfrac{2}{3} = \dfrac{5}{9} \div \dfrac{6}{9} = 5 \div 6 = \dfrac{5}{6}$

4 두 분수를 분모가 같게 통분하여 분자끼리 나누어 계산합니다.

5 두 분수를 분모가 같게 통분하여 분자끼리 나누어야 하는데 통분하지 않고 계산하였습니다.

6 (2) $\dfrac{12}{13} \div \dfrac{3}{26} = \dfrac{24}{26} \div \dfrac{3}{26} = 24 \div 3 = 8$(개)

9 $\dfrac{3}{4} \div \dfrac{3}{8} = \dfrac{6}{8} \div \dfrac{3}{8} = 6 \div 3 = 2$

단계1 교과서 바로 알기　14~15쪽

확인 문제

1 1, 2, 1 / 5, 1, 5

2 5, 5

3 (1) 4　(2) 16

4 유찬, 64

5 (1) $\dfrac{2}{3}$, 12
(2) 12개

한번 더! 확인

6 2, 4, 2 / 18, 2, 18

7 4, 9, 18

8 (1) 12　(2) 33

9 ㉡, 25

10 식 $6 \div \dfrac{3}{8} = 16$
답 16개

---

1 수박 $\dfrac{2}{5}$통의 무게가 2 kg이므로 $\dfrac{1}{5}$통의 무게는
$2 \div 2 = 1$ (kg)입니다.
따라서 수박 1통의 무게는 $1 \times 5 = 5$ (kg)입니다.

3 (1) $3 \div \dfrac{3}{4} = (3 \div 3) \times 4 = 4$
(2) $14 \div \dfrac{7}{8} = (14 \div 7) \times 8 = 16$

4 지안: $5 \div \dfrac{5}{7} = (5 \div 5) \times 7 = 7$
유찬: $24 \div \dfrac{3}{8} = (24 \div 3) \times 8 = 64$

5 (2) $8 \div \dfrac{2}{3} = (8 \div 2) \times 3 = 12$(개)

6 통나무 $\dfrac{4}{9}$ m의 무게가 8 kg이므로 $\dfrac{1}{9}$ m의 무게는
$8 \div 4 = 2$ (kg)입니다.
따라서 통나무 1 m의 무게는 $2 \times 9 = 18$ (kg)입니다.

8 (1) $10 \div \dfrac{5}{6} = (10 \div 5) \times 6 = 12$
(2) $24 \div \dfrac{8}{11} = (24 \div 8) \times 11 = 33$

9 ㉠ $9 \div \dfrac{3}{7} = (9 \div 3) \times 7 = 21$
㉡ $20 \div \dfrac{4}{5} = (20 \div 4) \times 5 = 25$

10 (필요한 바구니의 수) = $6 \div \dfrac{3}{8} = (6 \div 3) \times 8 = 16$(개)

16~17쪽 2단계 **익힘책 바로 풀기**

1 8 / 8

2 9, 7

3 $\frac{3}{7} \div \frac{3}{4} = \frac{12}{28} \div \frac{21}{28} = 12 \div 21 = \frac{\overset{4}{\cancel{12}}}{\underset{7}{\cancel{21}}} = \frac{4}{7}$

4 28

5 22

6 $1\frac{1}{4}$

7 ㉠

8 $1\frac{2}{3}$배

9 (1) $<$ (2) $>$

10 27, 72

11 ㉡

12 식 $2 \div \frac{2}{5} = 5$ 답 5시간

13 21

14 $1\frac{5}{27}$

15 ❶ 12, 10   ❷ 10, 15   답 15개

6 $㉠ \div ㉡ = \frac{2}{3} \div \frac{8}{15} = \frac{10}{15} \div \frac{8}{15} = 10 \div 8 = \frac{\overset{5}{\cancel{10}}}{\underset{4}{\cancel{8}}} = \frac{5}{4} = 1\frac{1}{4}$

7 ㉠ $12 \div \frac{3}{5} = (12 \div 3) \times 5 = 20$

㉡ $30 \div \frac{5}{6} = (30 \div 5) \times 6 = 36$

8 $\frac{5}{9} \div \frac{1}{3} = \frac{5}{9} \div \frac{3}{9} = 5 \div 3 = \frac{5}{3} = 1\frac{2}{3}$(배)

9 (1) $\frac{16}{17} \div \frac{2}{17} = 16 \div 2 = 8$,

$\frac{3}{4} \div \frac{1}{20} = \frac{15}{20} \div \frac{1}{20} = 15 \div 1 = 15 \rightarrow 8 < 15$

(2) $54 \div \frac{6}{7} = (54 \div 6) \times 7 = 63$,

$16 \div \frac{4}{15} = (16 \div 4) \times 15 = 60 \rightarrow 63 > 60$

10 $6 \div \frac{2}{9} = (6 \div 2) \times 9 = 27$, $27 \div \frac{3}{8} = (27 \div 3) \times 8 = 72$

11 ㉠ $8 \div \frac{4}{7} = (8 \div 4) \times 7 = 14$

㉡ $9 \div \frac{3}{7} = (9 \div 3) \times 7 = 21$

㉢ $\frac{6}{7} \div \frac{3}{49} = \frac{42}{49} \div \frac{3}{49} = 42 \div 3 = 14$

12 $2 \div \frac{2}{5} = (2 \div 2) \times 5 = 5$(시간)

13 $14 \div \frac{7}{10} = (14 \div 7) \times 10 = 20$

$\rightarrow 20 < \square$이므로 $\square$ 안에 들어갈 수 있는 가장 작은 자연수는 21입니다.

14 어떤 수를 $\square$라 하면 $\frac{8}{9} \div \square = \frac{3}{4}$입니다.

$\rightarrow \square = \frac{8}{9} \div \frac{3}{4} = \frac{32}{36} \div \frac{27}{36} = 32 \div 27 = \frac{32}{27} = 1\frac{5}{27}$

15 ❶ $\frac{5}{\cancel{6}} \times \overset{2}{\cancel{12}} = 10$ (L)

❷ $10 \div \frac{2}{3} = (10 \div 2) \times 3 = 15$(개)

18~19쪽 1단계 **교과서 바로 알기**

확인 문제	한번 더! 확인
1 $\frac{3}{16}$, $\frac{15}{16}$	**6** $\frac{8}{27}$, $2\frac{2}{27}$
2 2, 5, $\frac{5}{2}$, $\frac{15}{16}$	**7** 3, 7, $\frac{7}{3}$, $\frac{56}{27}$, $2\frac{2}{27}$
3 예 $\frac{1}{2} \div \frac{2}{3} = \frac{1}{2} \times \frac{3}{2}$ $= \frac{3}{4}$	**8** 예 $\frac{3}{10} \div \frac{2}{9} = \frac{3}{10} \times \frac{9}{2}$ $= \frac{27}{20} = 1\frac{7}{20}$
4 $\frac{5}{9}$ m	**9** $\frac{6}{7}$ m
5 (1) $\frac{5}{13}$, $2\frac{11}{40}$	**10** 식 $\frac{9}{10} \div \frac{3}{4} = 1\frac{1}{5}$
(2) $2\frac{11}{40}$배	답 $1\frac{1}{5}$ km

1 $\left(\frac{1}{5}$시간 동안 걸은 거리$\right) = \frac{3}{8} \div 2 = \frac{3}{8} \times \frac{1}{2} = \frac{3}{16}$ (km)

(1시간 동안 걸은 거리) $= \frac{3}{16} \times 5 = \frac{15}{16}$ (km)

4 (가로) $= \frac{5}{21} \div \frac{3}{7} = \frac{5}{\underset{3}{\cancel{21}}} \times \frac{\overset{1}{\cancel{7}}}{3} = \frac{5}{9}$ (m)

5 (2) $\frac{7}{8} \div \frac{5}{13} = \frac{7}{8} \times \frac{13}{5} = \frac{91}{40} = 2\frac{11}{40}$ (배)

6 (나무 막대 $\frac{1}{7}$ m의 무게) $= \frac{8}{9} \div 3$ $= \frac{8}{9} \times \frac{1}{3} = \frac{8}{27}$ (kg)

(나무 막대 1 m의 무게) $= \frac{8}{27} \times 7 = \frac{56}{27} = 2\frac{2}{27}$ (kg)

9 (높이) $= \frac{4}{5} \div \frac{14}{15} = \frac{\overset{2}{\cancel{4}}}{\underset{1}{\cancel{5}}} \times \frac{\overset{3}{\cancel{15}}}{\underset{7}{\cancel{14}}} = \frac{6}{7}$ (m)

10 $\frac{9}{10} \div \frac{3}{4} = \frac{\overset{3}{\cancel{9}}}{\underset{5}{\cancel{10}}} \times \frac{\overset{2}{\cancel{4}}}{\underset{1}{\cancel{3}}} = \frac{6}{5} = 1\frac{1}{5}$ (km)

20~21쪽 1단계 교과서 바로 알기

확인 문제

1 방법1 30, 30, 30, $2\frac{17}{30}$

　방법2 5, 30, $2\frac{17}{30}$

2 7, 5

3 (1) $1\frac{13}{35}$　(2) $4\frac{9}{10}$

4 $5\frac{2}{5}$

5 <

6 (1) $\frac{3}{8}$, 5

　(2) 5일

한번 더! 확인

7 방법1 3, 9, 9, $\frac{7}{9}$

　방법2 3, 3, $\frac{7}{9}$

8 $\frac{8}{17}$, $\frac{40}{51}$

9 (1) $3\frac{1}{13}$　(2) $16\frac{7}{8}$

10 $5\frac{1}{3}$

11 ( )(○)

12 식 $3\frac{1}{4} \div 1\frac{1}{12} = 3$

　답 3일

3 (1) $\dfrac{6}{5} \div \dfrac{7}{8} = \dfrac{6}{5} \times \dfrac{8}{7} = \dfrac{48}{35} = 1\dfrac{13}{35}$

(2) $2\dfrac{1}{10} \div \dfrac{3}{7} = \dfrac{21}{10} \div \dfrac{3}{7} = \dfrac{\overset{7}{\cancel{21}}}{10} \times \dfrac{7}{\underset{1}{\cancel{3}}} = \dfrac{49}{10} = 4\dfrac{9}{10}$

4 $\dfrac{12}{5} \div \dfrac{4}{9} = \dfrac{12}{5} \times \dfrac{9}{\underset{1}{\cancel{4}}} = \dfrac{27}{5} = 5\dfrac{2}{5}$

5 $1\dfrac{3}{4} \div \dfrac{7}{10} = \dfrac{7}{4} \div \dfrac{7}{10} = \dfrac{\cancel{7}}{\underset{2}{\cancel{4}}} \times \dfrac{\overset{5}{\cancel{10}}}{\underset{1}{\cancel{7}}} = \dfrac{5}{2} = 2\dfrac{1}{2}$,

$\dfrac{14}{3} \div \dfrac{2}{3} = \dfrac{\overset{7}{\cancel{14}}}{\underset{1}{\cancel{3}}} \times \dfrac{\overset{1}{\cancel{3}}}{\underset{1}{\cancel{2}}} = 7$ ➡ $2\dfrac{1}{2} < 7$

6 (2) $\dfrac{15}{8} \div \dfrac{3}{8} = \dfrac{15}{\cancel{8}} \times \dfrac{\overset{1}{\cancel{8}}}{\underset{1}{\cancel{3}}} = 5$(일)

10 $3\dfrac{1}{3} \div \dfrac{5}{8} = \dfrac{10}{3} \div \dfrac{5}{8} = \dfrac{\overset{2}{\cancel{10}}}{3} \times \dfrac{8}{\underset{1}{\cancel{5}}} = \dfrac{16}{3} = 5\dfrac{1}{3}$

11 $\dfrac{13}{6} \div \dfrac{5}{6} = \dfrac{13}{\cancel{6}} \times \dfrac{\overset{1}{\cancel{6}}}{5} = \dfrac{13}{5} = 2\dfrac{3}{5}$,

$7\dfrac{1}{2} \div \dfrac{10}{11} = \dfrac{15}{2} \div \dfrac{10}{11} = \dfrac{\overset{3}{\cancel{15}}}{2} \times \dfrac{11}{\underset{2}{\cancel{10}}} = \dfrac{33}{4} = 8\dfrac{1}{4}$

➡ $2\dfrac{3}{5} < 8\dfrac{1}{4}$

12 (마실 수 있는 날수)

$= 3\dfrac{1}{4} \div 1\dfrac{1}{12} = \dfrac{13}{4} \div \dfrac{13}{12} = \dfrac{\overset{1}{\cancel{13}}}{\underset{1}{\cancel{4}}} \times \dfrac{\overset{3}{\cancel{12}}}{\underset{1}{\cancel{13}}} = 3$(일)

22~23쪽 2단계 익힘책 바로 풀기

1 ㄹ

2 7, 56, $11\frac{1}{5}$

3

4 $1\frac{2}{7}$

5 ㄴ

6 $2\frac{1}{7}$

7 예 $\dfrac{5}{6} \div \dfrac{3}{4} = \dfrac{5}{\underset{3}{\cancel{6}}} \times \dfrac{\overset{2}{\cancel{4}}}{3} = \dfrac{10}{9} = 1\dfrac{1}{9}$

8 방법1 예 $\dfrac{11}{5} \div \dfrac{7}{8} = \dfrac{88}{40} \div \dfrac{35}{40} = 88 \div 35$

$= \dfrac{88}{35} = 2\dfrac{18}{35}$

　방법2 예 $\dfrac{11}{5} \div \dfrac{7}{8} = \dfrac{11}{5} \times \dfrac{8}{7} = \dfrac{88}{35} = 2\dfrac{18}{35}$

9 식 $2\dfrac{1}{3} \div 1\dfrac{3}{4} = 1\dfrac{1}{3}$　답 $1\dfrac{1}{3}$ 배

10 ㄱ

11 식 $\dfrac{15}{16} \div \dfrac{5}{32} = 6$　답 6개

12 $7\frac{1}{5}$

13 $5\frac{1}{4}$

14 ❶ $\frac{3}{4}$, $\frac{9}{20}$　❷ $\frac{9}{20}$, $\frac{9}{20}$, 25, 45, $1\frac{13}{32}$

　답 $1\dfrac{13}{32}$시간

5 ㄱ $12 \div \dfrac{2}{9} = \overset{6}{\cancel{12}} \times \dfrac{9}{\underset{1}{\cancel{2}}} = 54$

ㄴ $1\dfrac{7}{11} \div \dfrac{3}{11} = \dfrac{18}{11} \div \dfrac{3}{11} = 18 \div 3 = 6$

6 $2\dfrac{4}{7} \div 1\dfrac{1}{5} = \dfrac{18}{7} \div \dfrac{6}{5} = \dfrac{\overset{3}{\cancel{18}}}{7} \times \dfrac{5}{\underset{1}{\cancel{6}}} = \dfrac{15}{7} = 2\dfrac{1}{7}$

9 (세로)÷(가로)$= 2\dfrac{1}{3} \div 1\dfrac{3}{4} = \dfrac{7}{3} \div \dfrac{7}{4}$

$= \dfrac{\overset{1}{\cancel{7}}}{3} \times \dfrac{4}{\underset{1}{\cancel{7}}} = \dfrac{4}{3} = 1\dfrac{1}{3}$(배)

10 ㄱ $\dfrac{2}{5} \div \dfrac{2}{7} = \dfrac{\cancel{2}}{5} \times \dfrac{7}{\underset{1}{\cancel{2}}} = \dfrac{7}{5} = 1\dfrac{2}{5} > 1$

ㄴ $\dfrac{3}{8} \div \dfrac{5}{6} = \dfrac{3}{\underset{4}{\cancel{8}}} \times \dfrac{\overset{3}{\cancel{6}}}{5} = \dfrac{9}{20} < 1$

ㄷ $\dfrac{4}{9} \div \dfrac{3}{5} = \dfrac{4}{9} \times \dfrac{5}{3} = \dfrac{20}{27} < 1$

다른 풀이

$\dfrac{\blacksquare}{\bullet} \div \dfrac{\blacksquare}{\blacktriangle}$ 에서 $\dfrac{\blacksquare}{\bullet} > \dfrac{\blacksquare}{\blacktriangle}$ 이면 몫은 1보다 큽니다.

㉠ $\dfrac{2}{5} > \dfrac{2}{7}$ 이므로 $\dfrac{2}{5} \div \dfrac{2}{7} > 1$

㉡ $\dfrac{3}{8} < \dfrac{5}{6}$ 이므로 $\dfrac{3}{8} \div \dfrac{5}{6} < 1$

㉢ $\dfrac{4}{9} < \dfrac{3}{5}$ 이므로 $\dfrac{4}{9} \div \dfrac{3}{5} < 1$

11 (준비한 에나멜선의 길이)
÷(못 한 개를 감는 데 필요한 에나멜선의 길이)

$= \dfrac{15}{16} \div \dfrac{5}{32} = \dfrac{\overset{3}{\cancel{15}}}{\underset{1}{\cancel{16}}} \times \dfrac{\overset{2}{\cancel{32}}}{\underset{1}{\cancel{5}}} = 6$(개)

12 $\dfrac{9}{5} \div \dfrac{3}{8} = \dfrac{\overset{3}{\cancel{9}}}{5} \times \dfrac{8}{\underset{1}{\cancel{3}}} = \dfrac{24}{5} = 4\dfrac{4}{5}$

➡ ㉠ $\times \dfrac{2}{3} = 4\dfrac{4}{5}$,

㉠ $= 4\dfrac{4}{5} \div \dfrac{2}{3} = \dfrac{24}{5} \div \dfrac{2}{3} = \dfrac{\overset{12}{\cancel{24}}}{5} \times \dfrac{3}{\underset{1}{\cancel{2}}} = \dfrac{36}{5} = 7\dfrac{1}{5}$

13 계산 결과가 가장 크려면 나누어지는 수가 가장 커야 합니다. 만들 수 있는 가장 큰 대분수는 $9\dfrac{5}{8}$이므로 계산 결과가 가장 큰 나눗셈은 $9\dfrac{5}{8} \div 1\dfrac{5}{6}$입니다.

➡ $9\dfrac{5}{8} \div 1\dfrac{5}{6} = \dfrac{77}{8} \div \dfrac{11}{6} = \dfrac{\overset{7}{\cancel{77}}}{\underset{4}{\cancel{8}}} \times \dfrac{\overset{3}{\cancel{6}}}{\underset{1}{\cancel{11}}} = \dfrac{21}{4} = 5\dfrac{1}{4}$

24~25쪽 🔋단계 실력 바로 쌓기

1-1 ❶ 2, 1 ❷ 1, 2, 2, 5, $2\dfrac{1}{2}$ / $2\dfrac{1}{2}$ 답 $2\dfrac{1}{2}$ m

1-2 답 $4\dfrac{2}{3}$ m

2-1 ❶ 17, 7, 17, 7, $2\dfrac{3}{7}$ ❷ 3 답 3개

2-2 답 4개

3-1 ❶ 5 ❷ 5, 5, $\dfrac{12}{5}$, 2 답 2번

3-2 답 6번

4-1 ❶ 3, 15, 3, 1 ❷ 3, 1, 13, $\dfrac{4}{25}$ 답 $\dfrac{4}{25}$ L

4-2 답 3 L

1-2 ❶ 마름모의 넓이를 구하는 식을 쓰면
$\dfrac{6}{7} \times ㉡ \div 2 = 2$입니다.

❷ $㉡ = 2 \times 2 \div \dfrac{6}{7} = 4 \div \dfrac{6}{7} = \overset{2}{\cancel{4}} \times \dfrac{7}{\underset{3}{\cancel{6}}} = \dfrac{14}{3} = 4\dfrac{2}{3}$

➡ ㉡의 길이: $4\dfrac{2}{3}$ m

2-2 ❶ (전체 사이다의 양)
÷(컵 한 개에 담을 수 있는 사이다의 양)

$= 2\dfrac{2}{3} \div \dfrac{6}{7} = \dfrac{8}{3} \div \dfrac{6}{7} = \dfrac{\overset{4}{\cancel{8}}}{3} \times \dfrac{7}{\underset{3}{\cancel{6}}} = \dfrac{28}{9} = 3\dfrac{1}{9}$

❷ 사이다를 모두 나누어 담으려면 컵은 적어도 4개 필요합니다.

3-1 ❷ $\dfrac{5}{6} \div \dfrac{5}{12} = \dfrac{\overset{1}{\cancel{5}}}{\underset{1}{\cancel{6}}} \times \dfrac{\overset{2}{\cancel{12}}}{\underset{1}{\cancel{5}}} = 2$(번)

3-2 ❶ (더 채워야 하는 매실청의 양) $= 5 - 1\dfrac{1}{4} = 3\dfrac{3}{4}$ (L)

❷ (부어야 하는 횟수)
$= 3\dfrac{3}{4} \div \dfrac{5}{8} = \dfrac{15}{4} \div \dfrac{5}{8} = \dfrac{\overset{3}{\cancel{15}}}{\underset{1}{\cancel{4}}} \times \dfrac{\overset{2}{\cancel{8}}}{\underset{1}{\cancel{5}}} = 6$(번)

4-1 ❷ $\dfrac{13}{25} \div 3\dfrac{1}{4} = \dfrac{13}{25} \div \dfrac{13}{4} = \dfrac{\overset{1}{\cancel{13}}}{25} \times \dfrac{4}{\underset{1}{\cancel{13}}} = \dfrac{4}{25}$ (L)

4-2 ❶ 17분$= \dfrac{17}{60}$시간

❷ (한 시간 동안 받을 수 있는 약숫물의 양)
=(전체 나온 약숫물의 양)÷(약숫물을 받는 시간)
$= \dfrac{51}{60} \div \dfrac{17}{60} = 51 \div 17 = 3$ (L)

26~28쪽 TEST 단원 마무리 하기

1 5 / 5

2 14, 3, 14, 3, $\dfrac{14}{3}$, $4\dfrac{2}{3}$

3 (1) 3 (2) $17\dfrac{1}{2}$ **4** $\dfrac{2}{9}$

5 $25 \div \dfrac{5}{7} = (25 \div 5) \times 7 = 35$

6 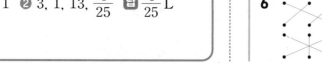 **7** 서아

8 예 $1\frac{2}{3}\div\frac{5}{6}=\frac{5}{3}\div\frac{5}{6}=\frac{\overset{1}{\cancel{5}}}{\cancel{3}}\times\frac{\overset{2}{\cancel{6}}}{\cancel{5}}=2$

9 $4\frac{1}{2}$　　　　　　　**10** >

11 21, 6　　　　　　　**12** $4\frac{4}{5}$배

13 식 $6\div\frac{2}{5}=15$　답 15개

14 8　　　　　　　**15** $1\frac{2}{9}$ m

16 식 $\frac{7}{8}\div\frac{4}{8}$, $\frac{7}{9}\div\frac{4}{9}$

17 2개　　　　　　　**18** 1 m 60 cm

19 예 ❶ (휘발유 1 L로 갈 수 있는 거리)

$=11\frac{2}{3}\div1\frac{3}{7}=\frac{35}{3}\div\frac{10}{7}=\frac{35}{3}\times\frac{7}{\underset{2}{\cancel{10}}}$

$=\frac{49}{6}=8\frac{1}{6}$ (km)

❷ (휘발유 3 L로 갈 수 있는 거리)

$=8\frac{1}{6}\times3=\frac{49}{\underset{2}{\cancel{6}}}\times\overset{1}{\cancel{3}}=\frac{49}{2}=24\frac{1}{2}$ (km)

답 $24\frac{1}{2}$ km

20 예 ❶ 1시간 36분 $=1\frac{36}{60}$시간 $=1\frac{3}{5}$시간

❷ (바구니를 만든 전체 시간) $=8\times20=160$(시간)

❸ (만든 바구니의 수)

$=160\div1\frac{3}{5}=160\div\frac{8}{5}=\overset{20}{\cancel{160}}\times\frac{5}{\cancel{8}}=100$(개)

답 100개

6 • $\frac{4}{5}\div\frac{3}{5}=4\div3=\frac{4}{3}=1\frac{1}{3}$

• $\frac{9}{16}\div\frac{3}{8}=\frac{9}{16}\div\frac{6}{16}=9\div6=\frac{\overset{3}{\cancel{9}}}{\underset{2}{\cancel{6}}}=\frac{3}{2}=1\frac{1}{2}$

• $\frac{6}{7}\div\frac{4}{9}=\frac{\overset{3}{\cancel{6}}}{7}\times\frac{9}{\underset{2}{\cancel{4}}}=\frac{27}{14}=1\frac{13}{14}$

7 건우: $10\div\frac{6}{7}=\overset{5}{\cancel{10}}\times\frac{7}{\underset{3}{\cancel{6}}}=\frac{35}{3}=11\frac{2}{3}$

서아: $\frac{7}{8}\div\frac{1}{8}=7\div1=7$

8 주의

대분수는 반드시 가분수로 바꾼 후 계산해야 합니다.

9 $\frac{9}{23}>\frac{5}{23}>\frac{2}{23}$ ➡ $\frac{9}{23}\div\frac{2}{23}=9\div2=\frac{9}{2}=4\frac{1}{2}$

10 $\frac{1}{2}\div\frac{5}{8}=\frac{1}{\underset{1}{\cancel{2}}}\times\frac{\overset{4}{\cancel{8}}}{5}=\frac{4}{5}$, $\frac{2}{9}\div\frac{10}{27}=\frac{\overset{1}{\cancel{2}}}{\underset{1}{\cancel{9}}}\times\frac{\overset{3}{\cancel{27}}}{\underset{5}{\cancel{10}}}=\frac{3}{5}$

➡ $\frac{4}{5}>\frac{3}{5}$

12 (멜론의 무게)÷(참외의 무게)

$=\frac{16}{5}\div\frac{2}{3}=\frac{\overset{8}{\cancel{16}}}{5}\times\frac{3}{\underset{1}{\cancel{2}}}=\frac{24}{5}=4\frac{4}{5}$(배)

13 (전체 설탕의 양)÷(그릇 한 개에 담는 설탕의 양)

$=6\div\frac{2}{5}=\overset{3}{\cancel{6}}\times\frac{5}{\underset{1}{\cancel{2}}}=15$(개)

14 ㉠$=\frac{1}{9}$, ㉡$=\frac{8}{9}$ ➡ ㉡÷㉠$=\frac{8}{9}\div\frac{1}{9}=8\div1=8$

15 (높이)$=\frac{8}{9}\div\frac{8}{11}=\frac{\overset{1}{\cancel{8}}}{9}\times\frac{11}{\underset{1}{\cancel{8}}}=\frac{11}{9}=1\frac{2}{9}$ (m)

16 분모가 같은 분수의 나눗셈은 분자끼리 나누어 계산해야 하므로 $\frac{7}{\blacksquare}\div\frac{4}{\blacksquare}$이고 분모가 10보다 작은 진분수의 나눗셈이므로 $7<\blacksquare<10$입니다.

➡ $\blacksquare=8, 9$

17 $2\frac{2}{9}\div\frac{5}{6}=\frac{20}{9}\div\frac{5}{6}=\frac{\overset{4}{\cancel{20}}}{\underset{3}{\cancel{9}}}\times\frac{\overset{2}{\cancel{6}}}{\underset{1}{\cancel{5}}}=\frac{8}{3}=2\frac{2}{3}$

➡ $2\frac{2}{3}>\square$이므로 $\square$ 안에 들어갈 수 있는 자연수는 1, 2로 모두 2개입니다.

18 남은 끈의 길이는 전체의 $1-\frac{3}{4}=\frac{1}{4}$입니다.

(전체 끈의 길이)$\times\frac{1}{4}=\frac{2}{5}$,

(전체 끈의 길이)$=\frac{2}{5}\div\frac{1}{4}=\frac{2}{5}\times4=\frac{8}{5}=1\frac{3}{5}$ (m)

➡ $1\frac{3}{5}$ m $=1\frac{60}{100}$ m $=1$ m 60 cm

19 채점 기준

❶ 휘발유 1 L로 갈 수 있는 거리를 구함.	3점	5점
❷ 휘발유 3 L로 갈 수 있는 거리를 구함.	2점	

20 채점 기준

❶ 1시간 36분은 몇 시간인지 분수로 나타냄.	1점	5점
❷ 바구니를 만든 전체 시간을 구함.	2점	
❸ 만든 바구니의 수를 구함.	2점	

2 소수의 나눗셈

단계 1 교과서 바로 알기 (30~31쪽)

확인 문제

1 풀이 참고 / 4
2 34, 34
3 (위에서부터) 10, 10, 96, 8, 12 / 12
4 11 / 같은에 ○표
5 407, 407
6 (1) 식 $8.1 \div 0.9 = 9$
   (2) 나누어지는 수와 나누는 수를 똑같이 10배 하여 계산하면 $81 \div 9 = 9$이므로 $8.1 \div 0.9 = 9$입니다.

한번 더! 확인

7 6
8 24, 24
9 (위에서부터) 100, 100, 464, 16, 29 / 29
10 몫, 21
11 12, 12
12 식 $1449 \div 7 = 207$ /
   예 100배 하여 계산하면 $1449 \div 7 = 207$이므로 $14.49 \div 0.07 = 207$입니다.

1
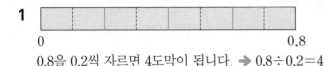
0   0.8
0.8을 0.2씩 자르면 4도막이 됩니다. ➡ $0.8 \div 0.2 = 4$

2 13.6 cm = 136 mm, 0.4 cm = 4 mm
➡ $13.6 \div 0.4 = 136 \div 4 = 34$(개)

7 0.72 m인 색 테이프를 0.12 m씩 자르면 6도막이 됩니다. ➡ $0.72 \div 0.12 = 6$

8 1.92 m = 192 cm, 0.08 m = 8 cm
➡ $1.92 \div 0.08 = 192 \div 8 = 24$(개)

단계 1 교과서 바로 알기 (32~33쪽)

확인 문제

1 9, 9, 5
2 (위에서부터) 10, 12, 10 / 12
3 (1) 7 (2) 9
4 6
5 8
6 (1) 2.8, 6
   (2) 6개

한번 더! 확인

7 56, 8, 56, 8, 7
8 (위에서부터) 10, 186, 62, 10 / 62
9 (1) 6 (2) 13
10 14
11 9
12 식 $25.2 \div 8.4 = 3$
   답 3통

---

1 소수 한 자리 수를 분모가 10인 분수로 고쳐 계산합니다.

2 7.2와 0.6을 똑같이 10배 하여 계산합니다.

4
$$1.7\overline{)10.2}$$
몫 6, $\underline{10\ 2}$, 0

5 $25.6 > 3.2$ ➡ $25.6 \div 3.2 = 8$

6
$$2.8\overline{)16.8}$$
몫 6, $\underline{16\ 8}$, 0

8 18.6과 0.3을 똑같이 10배 하여 계산합니다.

9 (1)
$$0.7\overline{)4.2}$$
몫 6, $\underline{4\ 2}$, 0

(2)
$$1.5\overline{)19.5}$$
몫 13, $\underline{15}$, 4 5, $\underline{4\ 5}$, 0

10
$$2.1\overline{)29.4}$$
몫 14, $\underline{2\ 1}$, 8 4, $\underline{8\ 4}$, 0

11 $38.7 > 4.3$ ➡ $38.7 \div 4.3 = 9$

12
$$8.4\overline{)25.2}$$
몫 3, $\underline{25\ 2}$, 0

단계 1 교과서 바로 알기 (34~35쪽)

확인 문제

1 (○) ( )
2 (1) 6 (2) 18
3 (1) 254, 3 (2) 248, 4
4 $3.75 \div 0.25$
   $= \dfrac{375}{100} \div \dfrac{25}{100}$
   $= 375 \div 25 = 15$
5 ㉠
6 (1) 1.34, 8
   (2) 8개

한번 더! 확인

7 (○) ( )
8 (1) 9 (2) 13
9 385, 7
10 $1.92 \div 0.16$
    $= \dfrac{192}{100} \div \dfrac{16}{100}$
    $= 192 \div 16 = 12$
11 ㉡
12 식 $7.92 \div 0.66 = 12$
    답 12개

1 나누어지는 수와 나누는 수가 모두 소수 두 자리 수일 때는 소수점을 각각 오른쪽으로 두 자리씩 옮겨서 계산합니다.

$$0.72\overline{)6.48}$$

2 (1)
$$1.21\overline{)7.26}$$ = 6
$$\quad 7\,2\,6$$
$$\quad\quad 0$$

(2)
$$2.14\overline{)38.52}$$ = 18
$$\quad\ 2\,1\,4$$
$$\quad 1\,7\,1\,2$$
$$\quad 1\,7\,1\,2$$
$$\quad\quad\quad 0$$

3 나누어지는 수와 나누는 수를 똑같이 100배 하여 (자연수)÷(자연수)로 계산합니다.

5 ㉠
$$0.42\overline{)2.94}$$ = 7
$$\quad 2\,9\,4$$
$$\quad\quad 0$$

㉡
$$1.27\overline{)7.62}$$ = 6
$$\quad 7\,6\,2$$
$$\quad\quad 0$$

➡ ㉠ 7 > ㉡ 6

6 (필요한 봉지 수)
= (전체 감자의 무게)
  ÷ (한 봉지에 나누어 담는 감자의 무게)
= 10.72÷1.34=8(개)

7 1.44÷0.18=144÷18

8 (1)
$$0.37\overline{)3.33}$$ = 9
$$\quad 3\,3\,3$$
$$\quad\quad 0$$

(2)
$$2.05\overline{)26.65}$$ = 13
$$\quad\ 2\,0\,5$$
$$\quad\ 6\,1\,5$$
$$\quad\ 6\,1\,5$$
$$\quad\quad\ 0$$

9 나누는 수를 100배 하였으므로 나누어지는 수도 100배 하여 계산합니다.

11 ㉠
$$0.21\overline{)1.89}$$ = 9
$$\quad 1\,8\,9$$
$$\quad\quad 0$$

㉡
$$2.56\overline{)15.36}$$ = 6
$$\quad 1\,5\,3\,6$$
$$\quad\quad\ 0$$

➡ ㉠ 9 > ㉡ 6

12 (필요한 병 수)
= (전체 딸기잼의 무게)
  ÷ (한 병에 나누어 담는 딸기잼의 무게)
= 7.92÷0.66=12(개)

2단계 익힘책 바로 풀기 36~37쪽

1 4 / 4, 9 **2** 28, 168, 28, 6
3 198, 33 / 198, 6
4 (위에서부터) 100, 19, 437, 19, 100
5 (1) 8 (2) 15 **6** 7
7 25 **8**
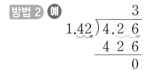

9
$$0.47\overline{)7.05}$$ = 15
$$\quad 4\,7$$
$$\quad 2\,3\,5$$
$$\quad 2\,3\,5$$
$$\quad\quad 0$$

10 방법1 예 $4.26÷1.42 = \dfrac{426}{100} ÷ \dfrac{142}{100}$
$$= 426÷142 = 3$$

방법2 예
$$1.42\overline{)4.26}$$ = 3
$$\quad 4\,2\,6$$
$$\quad\quad 0$$

11 =
12 식 32.4÷2.7=12 답 12개
13 13
14 (위에서부터) 1, 8, 8, 8
15 ❶ 0.54, 1.61 ❷ 1.61, 7 답 7개

1 1 cm=10 mm임을 이용하여 cm를 mm 단위로 바꾸어 계산합니다.

2 소수 두 자리 수를 분모가 100인 분수로 고쳐 계산합니다.
$$1.68÷0.28 = \dfrac{168}{100} ÷ \dfrac{28}{100}$$
$$= 168÷28 = 6$$

3 1 m=100 cm임을 이용하여 m를 cm 단위로 바꾸어 계산합니다.

4 나누어지는 수와 나누는 수를 똑같이 100배 하여 (자연수)÷(자연수)로 계산합니다.

5 (1)
$$2.7\overline{)21.6}$$ = 8
$$\quad 2\,1\,6$$
$$\quad\quad 0$$

(2)
$$1.15\overline{)17.25}$$ = 15
$$\quad\ 1\,1\,5$$
$$\quad\ 5\,7\,5$$
$$\quad\ 5\,7\,5$$
$$\quad\quad\ 0$$

6
$$1.37 \overline{)9.59}$$
$$959$$
$$0$$
나눗셈: 몫 7

7 7.5>0.3이므로 7.5÷0.3의 몫을 구해야 합니다.
$$0.3 \overline{)7.5}$$
몫 25, 중간 계산 6 / 15 / 15 / 0

8
$$2.56 \overline{)15.36}$$
몫 6, 1536 / 0

$$1.85 \overline{)31.45}$$
몫 17, 185 / 1295 / 1295 / 0

9 몫의 소수점은 옮긴 소수점의 위치에 맞추어 찍어야 합니다.

참고

나누는 수와 나누어지는 수가 모두 소수 두 자리 수일 때에는 소수점을 각각 오른쪽으로 두 자리씩 옮겨 계산합니다.

11 1.56÷0.26=6, 15.6÷2.6=6

참고

나누어지는 수와 나누는 수를 똑같이 10배 또는 100배 하여 계산하면 몫은 같습니다.

12 (필요한 통의 수)
=(전체 생수의 양)
　÷(통 한 개에 나누어 담는 생수의 양)
=32.4÷2.7=12(개)

13 □×1.84=23.92, □=23.92÷1.84
$$\to 1.84 \overline{)23.92}$$
몫 13, 184 / 552 / 552 / 0

14
$$2.6 \overline{)33.\square}$$
몫 ㉠3, 26 / 7□ / 7㉡ / 0
・26×㉠=26 ➔ ㉠=1
・26×3=7㉡ ➔ ㉡=8

38~39쪽 **1단계 교과서 바로 알기**

확인 문제	한번 더! 확인
1 4.3)14.62 에 색칠	**7** 7.3)23.36 에 색칠
2 100, 170, 2.6 / 2.6	**8** 10, 37, 2.2 / 2.2
3 8.3 2.6)21.58 208 78 78 0	**9** (1) 3.1 (2) 1.8
4 5.3	**10** 2.3
5 >	**11** (○) ( )
6 (1) (○) ( ) (2) 1.3배	**12** 식 20.16÷3.6=5.6 답 5.6배

1 나누는 수 4.3이 자연수가 되도록 나누어지는 수와 나누는 수의 소수점을 각각 오른쪽으로 한 자리씩 옮깁니다.

4
$$7.2 \overline{)38.16}$$
몫 5.3, 360 / 216 / 216 / 0

5 8.5÷0.25=34, 47.2÷1.6=29.5
➔ 34>29.5

6 (밀가루의 무게)÷(찹쌀가루의 무게)
=91.26÷70.2=1.3(배)

9 (1)
$$1.5 \overline{)4.65}$$
몫 3.1, 45 / 15 / 15 / 0

(2)
$$2.4 \overline{)4.32}$$
몫 1.8, 24 / 192 / 192 / 0

10
$$2.6 \overline{)5.98}$$
몫 2.3, 52 / 78 / 78 / 0

11 3.32÷0.8=4.15, 9.52÷2.8=3.4
➔ 4.15>3.4

12 (빨간색 끈의 길이)÷(파란색 끈의 길이)
=20.16÷3.6=5.6(배)

1단계 교과서 바로 알기 40~41쪽

확인 문제

1 25

2 8, 8, 5

3 $45 \div 1.8$
$= \dfrac{450}{10} \div \dfrac{18}{10}$
$= 450 \div 18 = 25$

4 160

5 (선 연결)

6 (1) 0.38, 50
(2) 50개

한번 더! 확인

7 1800

8 4800, 192, 4800, 192, 25

9 $3 \div 0.12$
$= \dfrac{300}{100} \div \dfrac{12}{100}$
$= 300 \div 12 = 25$

10 32

11 (위에서부터) 30, 36

12 식 $28 \div 3.5 = 8$
답 8상자

---

2 분모가 10인 분수로 고쳐 계산합니다.

4
```
        1 6 0
0.35) 5 6.0 0
      3 5
      2 1 0
      2 1 0
            0
```

5
```
      2 5            2 0
0.6) 1 5.0     0.8) 1 6.0
    1 2             1 6
      3 0               0
      3 0
        0
```

6 (포장할 수 있는 선물 상자의 수)
$= 19 \div 0.38 = 50$(개)

10
```
          3 2
1.25) 4 0.0 0
      3 7 5
        2 5 0
        2 5 0
            0
```

11
```
        3 6           3 0
0.75) 2 7.0 0    3.4) 1 0 2.0
      2 2 5           1 0 2
        4 5 0               0
        4 5 0
            0
```

12 (전체 방울토마토의 무게)
$\div$ (한 상자에 담는 방울토마토의 무게)
$= 28 \div 3.5 = 8$(상자)

2단계 익힘책 바로 풀기 42~43쪽

1 ( ) (◯)
2 1.8 / 340, 1.8
3 400, 25, 400, 16
4 (1) 4.3 (2) 35
5 예 $9.46 \div 4.3 = \dfrac{94.6}{10} \div \dfrac{43}{10} = 94.6 \div 43 = 2.2$
6 38
7 은우
8 2.1, 1.4
9 >
10 5배
11 15개
12
```
          5
6.6) 3 3.0
     3 3 0
         0
```
/ 예 소수점을 옮겨서 계산한 경우, 몫의 소수점은 옮긴 소수점의 위치에 맞춰 찍어야 합니다.

13 ㉡
14 8 cm
15 ❶ 1.5 ❷ 1.5, 88 ❸ 88, 55 답 55

---

2 6.12와 3.4를 똑같이 100배 하여 계산합니다.

```
          1.8
3.40) 6.1 2 0
      3 4 0
      2 7 2 0
      2 7 2 0
            0
```

3 나누는 수가 소수 두 자리 수이므로 분모가 100인 분수로 고쳐 계산합니다.

4 (1)
```
        4.3
2.3) 9.8 9
     9 2
       6 9
       6 9
         0
```
(2)
```
        3 5
0.6) 2 1.0
     1 8
       3 0
       3 0
         0
```

6
```
        3 8
1.5) 5 7.0
     4 5
     1 2 0
     1 2 0
         0
```

7
```
          9.6
0.25) 2.4 0 0
      2 2 5
        1 5 0
        1 5 0
            0
```

8 $3.78 \div 1.8 = 2.1$, $4.06 \div 2.9 = 1.4$

9 $3.84 \div 2.4 = 1.6$, $5.18 \div 3.7 = 1.4$
→ $1.6 > 1.4$

10 (긴 나무 막대의 길이)÷(짧은 나무 막대의 길이)
　　=13÷2.6=5(배)

11 (전체 밀가루의 양)
　　÷(식빵 한 개를 만드는 데 필요한 밀가루의 양)
　　=6.3÷0.42=15(개)

12 **평가 기준**
몫의 소수점을 옮긴 소수점의 위치에 맞춰 찍어야 한다고 썼으면 정답으로 합니다.

13 ㉠ 56÷3.5=16　　㉡ 56÷0.35=160
　　㉢ 5.6÷0.35=16　　㉣ 5.6÷3.5=1.6
　　➡ ㉡>㉠=㉢>㉣

14 (밑변의 길이)=(삼각형의 넓이)×2÷(높이)
　　　　　　　=18×2÷4.5
　　　　　　　=36÷4.5=8 (cm)

단계 1 교과서 바로 알기　44~45쪽

확인 문제

1 둘째에 ○표
2 (　)
　　(○)
3 0.55
4 7
5 (1) 6, 9, 2
　　(2) 3.69배

한번 더! 확인

6 셋째
7 (○)
　　(　)
8 4.87
9 12.4
10 식 예 25.1÷6
　　　　　=4.1833…
　　답 4.183배

2 • 2.2÷6=0.36…➡0.4
　　• 5.5÷3=1.83…➡1.8

3　　　0.5 4 5　➡0.55
　　11)6.0 0 0
　　　　5 5
　　　　　5 0
　　　　　4 4
　　　　　　6 0
　　　　　　5 5
　　　　　　　5

4　　　　7.3　➡7
　　0.8)5.9 0
　　　　5 6
　　　　　3 0
　　　　　2 4
　　　　　　6

5 4.8÷1.3=3.692…➡3.69배

7 • 2.6÷0.9=2.88…➡2.9
　　• 5÷7=0.71…➡0.7

8　　　4.8 6 6　➡4.87
　　1.5)7.3 0 0 0
　　　　6 0
　　　　1 3 0
　　　　1 2 0
　　　　　1 0 0
　　　　　　9 0
　　　　　1 0 0
　　　　　　9 0
　　　　　　1 0

9　　　1 2.3 8　➡12.4
　　6.7)8 3.0 0 0
　　　　6 7
　　　1 6 0
　　　1 3 4
　　　　2 6 0
　　　　2 0 1
　　　　　5 9 0
　　　　　5 3 6
　　　　　　5 4

10 25.1÷6=4.1833…➡4.183배

단계 1 교과서 바로 알기　46~47쪽

확인 문제

1 2개, 1.4 L
2 2, 1.4 / 2, 1.4
3 나누어 줄 수 있는 사람 수, 나누어 준 양
4 24명, 1.1 m
5 (1)　　　8
　　　7)5 9.2
　　　　5 6
　　　　3.2
　　(2) 8명, 3.2 L

한번 더! 확인

6 3상자, 0.9 kg
7 3, 0.9 / 3, 0.9
8 (왼쪽부터) ㉣, ㉢, ㉡, ㉠
9 32개, 2.6 L
10 5, 0.5, 5, 0.5
　　답 5상자, 0.5 kg

4　　　2 4　←나누어 줄 수 있는 사람 수
　　2)4 9.1
　　　4
　　　9
　　　8
　　　1.1←남는 끈의 길이

9

```
      3 2   ← 나누어 담을 수 있는 어항의 수
  3 )9 8.6
      9
      8
      6
      2.6 ← 남는 물의 양
```

10

```
       5   ← 팔 수 있는 상자 수
  4 )2 0.5
    2 0
      0.5 ← 남는 포도의 양
```

단계② 익힘책 바로 풀기 48~49쪽

1 1

2 1.5

3 3.8 / 6명, 3.8 m

4
```
        6      / 6명, 3.8 m
  8 )5 1.8
    4 8
      3.8
```

5 0.9

6 7.47

7 8명, 0.8 L

8 (위에서부터) 8, 1.6 / 9, 2

9
```
        4      / 4, 2.8
  4 )1 8.8
    1 6
      2.8
```

10 예 봉지 수는 소수가 아닌 자연수이므로 몫을 자연수까지만 구해야 합니다.

11 식 예 1.5÷7=0.21… 답 0.2 L

12 6명, 1.8 kg

13 <

14 1.3배

15 ❶ 1.3 ❷ 1.3, 71.384 ❸ 71.38 답 71.38 kg

5 7.7÷9=0.85… ➡ 0.9

6 67.2÷9=7.466… ➡ 7.47

7
```
                8 ← 나누어 줄 수 있는 사람 수
  1.8 )1 5.2
       1 4 4
           0.8 ← 남는 음료수의 양
```

8 · 41.6÷5 ➡ 몫: 8, 남는 양: 1.6
· 41.6÷4.4 ➡ 몫: 9, 남는 양: 2

10 평가 기준
몫을 자연수까지만 구해야 한다고 썼으면 정답으로 합니다.

11

```
      0.2 1 ➡ 0.2
  7 )1.5 0
      1 4
        1 0
          7
          3
```

12

```
        6   ← 나누어 줄 수 있는 사람 수
  3 )1 9.8
    1 8
      1.8 ← 남는 쌀의 양
```

13 4.7÷3=1.566…
4.7÷3의 몫을 반올림하여 소수 둘째 자리까지 나타낸 수: 1.566… → 1.57
➡ 1.566…<1.57

14 (집에서 학교까지의 거리)÷(집에서 공원까지의 거리)
=2.4÷1.8=1.33… ➡ 1.3배

15 ❸ 92.8÷1.3=71.384 ➡ 71.38

단계③ 실력 바로 쌓기 50~51쪽

1-1 ❶ 0.56, 12 ❷ 정십이각형 답 정십이각형

1-2 답 정구각형

2-1 ❶ 4.8 ❷ 4.8, 4 답 4

2-2 답 3

3-1 ❶ 6, 6, 6 ❷ 6 ❸ 6 답 6

3-2 답 1

4-1 ❶ 8, 4, 1, 2 ❷ 8, 4, 1, 2 ❸ 70 답 70

4-2 답 64

1-2 ❶ (변의 수)=1.08÷0.12=9(개)
❷ 변이 9개인 정다각형은 정구각형입니다.

2-2 ❶ 11.47÷3.1=3.7
❷ 3.7>□이므로 □ 안에 들어갈 수 있는 가장 큰 수는 3입니다.

3-2 ❶ 나눗셈의 몫을 소수 넷째 자리까지 구하면
42.4÷9=4.7111…입니다.
❷ 나눗셈의 몫은 소수 둘째 자리부터 숫자 1이 반복됩니다.
❸ 몫의 소수 아홉째 자리 숫자는 1입니다.

4-2 ❶ 가장 큰 두 자리 자연수는 96이고, 가장 작은 소수 한 자리 수는 1.5입니다.

❷ 몫이 가장 큰 나눗셈식은 96÷1.5입니다.

❸ 몫을 구하면 96÷1.5=64입니다.

52~54쪽 TEST **단원 마무리 하기**

1 (위에서부터) 100, 100, 130, 2.7 / 2.7

2 45800   **3** (1) 6 (2) 13

4 17에 ○표

5 $2.7÷0.9=\dfrac{27}{10}÷\dfrac{9}{10}=27÷9=3$

6 2.6   **7** 1.8   **8** <

9 식 7.32÷1.22=6 답 6배

10 예 상자의 수는 소수가 아닌 자연수이므로 몫을 자연수까지만 구해야 합니다.

11 17개, 4.8 m   **12** ㉡

13 식 39÷2.6=15 답 15 kg

14 방법 1 예 17.5−4−4−4−4=1.5 / 4, 1.5

방법 2 예
```
        4     / 4, 1.5
  4)1 7.5
    1 6
      1.5
```

15 ㉡   **16** 14 cm

17 4개   **18** 5통

19 예 ❶ 어떤 수를 □라 하여 식을 쓰면 잘못 계산한 식은 □×6.3=79.38입니다.

❷ □=79.38÷6.3, □=12.6
➔ 어떤 수는 12.6입니다.

❸ 바르게 계산한 값은 12.6÷6.3=2입니다.
답 2

20 예 ❶ (기름 1 L로 갈 수 있는 거리)
=15÷1.2=12.5 (km)

❷ (60 km를 가는 데 필요한 기름의 양)
=60÷12.5=4.8 (L)

❸ (60 km를 가는 데 필요한 기름의 가격)
=1600×4.8=7680(원) 답 7680원

6
```
           2.5 6   ➔ 2.6
   3.9)1 0.0 0 0
         7 8
         2 2 0
         1 9 5
           2 5 0
           2 3 4
             1 6
```

---

7 5.22>4.35>2.9이므로 5.22÷2.9=1.8입니다.

8 3.7÷0.6=6.166…

3.7÷0.6의 몫을 반올림하여 소수 둘째 자리까지 나타낸 수: 6.166… → 6.17
➔ 6.166…<6.17

10 평가 기준
몫을 자연수까지만 구해야 한다고 썼으면 정답으로 합니다.

11
```
           1 7   ← 묶을 수 있는 상자 수
   8)1 4 0.8
       8
       6 0
       5 6
         4.8 ← 남는 끈의 길이
```

12 ㉠ 8÷0.5=16, ㉡ 28÷1.4=20 ➔ ㉠<㉡

13 (철근 1 m의 무게)=(철근의 무게)÷(철근의 길이)
=39÷2.6=15 (kg)

15 ㉠ 17.52÷0.24=1752÷24=73
㉡ 175.2÷24=1752÷240=7.3
㉢ 175.2÷2.4=1752÷24=73

16 평행사변형의 밑변의 길이를 □cm라 하면
□×5.5=77입니다. ➔ □=77÷5.5, □=14
따라서 평행사변형의 밑변의 길이는 14 cm입니다.

17 9.66÷2.3=4.2 ➔ 4.2>□이므로 □ 안에 들어갈 수 있는 자연수는 1, 2, 3, 4로 모두 4개입니다.

18 81÷5.4=15(배)이므로
(필요한 페인트의 양)=1.3×15=19.5 (L)입니다.
➔ (필요한 페인트 통의 수)=19.5÷3.9=5(통)

19

채점 기준		
❶ 어떤 수를 □라 하여 잘못 계산한 식 쓰기	1점	
❷ 어떤 수 구하기	2점	5점
❸ 바르게 계산하기	2점	

20

채점 기준		
❶ 기름 1 L로 갈 수 있는 거리 구하기	2점	
❷ 60 km를 가는 데 필요한 기름의 양 구하기	2점	5점
❸ 60 km를 가는 데 필요한 기름의 가격 구하기	1점	

③ 공간과 입체

56~57쪽 **단계 1 교과서 바로 알기**

확인 문제	한번 더! 확인
1 (○) ( )	**5** (○) ( )
2 ①	**6** ㉠
3 옆, 앞	**7**
4 나	**8** 가, 나, 다

1 화살표 방향에서 찍으면 바다가 보입니다.

2 하마의 얼굴이 모두 보이게 찍으려면 ① 방향에서 찍 어야 합니다.

4 나: 음료수 캔이 오른쪽에 있을 때 요구르트병이 보이 는 경우는 없습니다.

5 화살표 방향에서 찍으면 오른쪽에서 바라보는 모습이 됩니다. 따라서 동상의 왼쪽이 보입니다.

6 ㉠ 방향에서 본 모양입니다.

8 각 사진을 찍은 방향:

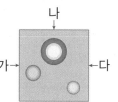

58~59쪽 **단계 1 교과서 바로 알기**

확인 문제	한번 더! 확인
1 (1) 없습니다에 ○표	**5** (1) 없습니다에 ○표
(2) 8개	(2) 8개
2 8개	**6** 7개
3 (○) ( )	**7**
4 (1) 아니요에 ○표	**8** 있습니다에 ○표, 9
(2) 예에 ○표	답 9개
(3) 10개	

1 (2) 1층: 4개, 2층: 3개, 3층: 1개 ➜ 4+3+1=8(개)

2 1층: 5개, 2층: 3개 ➜ 5+3=8(개)

3 ↘ 방향으로 보면 1층이 2개, 1개로 연결되어 있는 모 양입니다.

4 (1) 쌓기나무로 쌓은 모양에서 보이는 위의 면은 3개입 니다.

(2) 위에서 본 모양을 보면 뒤에 보이지 않는 쌓기나무 가 있습니다.

(3) 보이지 않는 곳에 1개가 쌓여 있으면 똑같이 쌓는 데 필요한 쌓기나무는 적어도 9+1=10(개)입니다.

5 (2) 1층: 5개, 2층: 3개 ➜ 5+3=8(개)

6 1층: 5개, 2층: 2개 ➜ 5+2=7(개)

7 : ↘ 방향으로 보면 1층이 3개, 1개로 연결되 어 있는 모양입니다.

: ↘ 방향으로 보면 1층이 1개, 3개로 연결 되어 있는 모양입니다.

8 보이지 않는 곳에 1개가 쌓여 있으면 똑같이 쌓는 데 필요한 쌓기나무는 적어도 8+1=9(개)입니다.

60~61쪽 **단계 2 익힘책 바로 풀기**

1 ○	**2**
3 ①	**4** 7개
5 10개	**6** 다
7 (○) (○) (×)	
8 예 뒤쪽의 보이지 않는 부분에 쌓기나무가 있는지 없는지 알 수 없기 때문입니다.	
9 나	**10** 가
11 ❶ 3, 1 ❷ 3, 14 답 14개	

2 : ↘ 방향으로 보면 1층이 3개, 2개로 연결 되어 있는 모양입니다.

 : ↘ 방향으로 보면 1층이 1개, 3개, 2개로 연결되어 있는 모양입니다.

 : ↘ 방향으로 보면 1층이 3개, 2개, 1개 로 연결되어 있는 모양입니다.

4 1층: 4개, 2층: 3개 ➜ 4+3=7(개)

5 1층: 4개, 2층: 3개, 3층: 3개 ➡ 4＋3＋3＝10(개)

6
나 다

나의 ○ 부분은 보이지 않는 쌓기나무가 있을 수 있고, 다의 × 부분은 쌓기나무가 쌓여 있지 않습니다.

8 **평가기준**
쌓기나무가 있는지 없는지 알 수 없다고 썼으면 정답으로 합니다.

9 나: 초록색 컵의 손잡이의 위치가 가능하지 않은 방향 입니다.

10 가는 10개, 나는 8개 필요합니다.

62~63쪽 **단계 1** 교과서 바로 알기

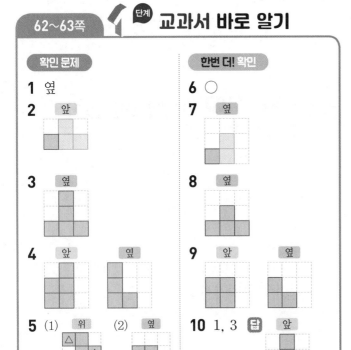

확인 문제	한번 더! 확인
1 옆	**6** ○
2 앞	**7** 옆
3 옆	**8** 옆
4 앞 옆	**9** 앞 옆
5 (1) 위 (2) 옆	**10** 1, 3 답 앞

3 위에서 본 모양을 보면 뒤에 보이지 않는 쌓기나무가 없습니다.

4 쌓기나무가 6개 보이므로 뒤에 보이지 않는 쌓기나무 가 없습니다.

5 (1) 앞에서 본 모양에서 2개씩 쌓여 있는 자리를 모두 찾아 △표 합니다.

(2) 위
위, 앞에서 본 모양을 보면 ○ 부분은 쌓기나무가 1개씩, △ 부분은 쌓기나무가 2개씩 쌓여 있습니다.

8 위에서 본 모양을 보면 뒤에 보이지 않는 쌓기나무가 1개 있습니다.

9 쌓기나무가 4개만 보이므로 뒤에 보이지 않는 쌓기나 무가 1개 있습니다.

64~65쪽 **단계 1** 교과서 바로 알기

확인 문제	한번 더! 확인
1 가에 ○표	**6** 2개
2 9개	**7** 5개
3 가, 나	**8** 가, 나
4 7개	**9** 9개
5 (1) 위 (2) 위	**10** 1, 2, 1, 8 답 8개
(3) 8개	

3 다는 앞에서 본 모양이 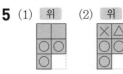 입니다.

4 1층: 5개, 2층: 2개
➡ 5＋2＝7(개)

5 (2) 1층으로 쌓아야 할 곳을 제외하고 앞에서 본 모양 을 보면 2층과 3층으로 쌓아야 할 곳을 알 수 있습 니다.

(3) 1층짜리: 3개, 2층짜리: 1개, 3층짜리: 1개
➡ 1＋1＋1＋2＋3＝8(개)

6 앞과 옆에서 본 모양을 보면 △표 한 자리에 쌓기나무 를 2개 더 쌓아야 합니다.

7 1층에 3개가 쌓여 있고 △표 한 쌓기나무 위에 2개를 더 쌓아야 하므로 3＋2＝5(개) 필요합니다.

8 다는 옆에서 본 모양이 □ 입니다.

9 1층: 6개, 2층: 3개
➡ 6＋3＝9(개)

10 위
1층으로 쌓아야 할 자리: ○ 부분
2층으로 쌓아야 할 자리: △ 부분
3층으로 쌓아야 할 자리: × 부분
➡ 1＋2＋2＋3＝8(개)

1 앞, 위, 옆

2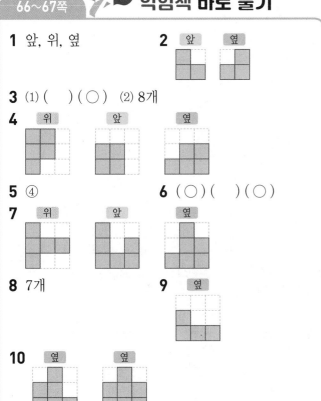

3 (1) ( ) (○) (2) 8개

4 위 / 앞 / 옆

5 ④

6 (○) ( ) (○)

7 위 / 앞 / 옆

8 7개

9 옆

10 옆 / 옆

11 ❶ 3, 1, 1 ❷ 8 ❸ 8, 3 답 3개

7 쌓기나무가 9개 보이므로 뒤에 보이지 않는 쌓기나무가 없습니다.

8 위 / ○ × / △ 위, 앞에서 본 모양을 보면 ○ 부분은 쌓기나무가 2개, 위, 옆에서 본 모양을 보면 × 부분은 쌓기나무가 3개, △ 부분은 쌓기나무가 2개입니다. ➡ 2＋3＋2＝7(개)

9 위 / ○ / ○ / ○ ○ △ 위, 앞에서 본 모양을 보면 ○ 부분은 쌓기나무가 1개씩이고, △ 부분은 쌓기나무가 2개입니다.

10 위에서 본 모양을 보면 뒤에 보이지 않는 부분에 쌓기나무가 1개 또는 2개 쌓여 있습니다.

참고
위에서 본 모양을 보면 뒤에 보이지 않는 쌓기나무가 있는지 알 수 있습니다.

11 ❶ 위 / ○ / ○ △ × / ○ 앞, 옆에서 본 모양을 보면 ○ 부분은 쌓기나무가 1개씩, 위, 앞에서 본 모양을 보면 △ 부분은 쌓기나무가 3개, × 부분은 쌓기나무가 2개입니다.
❷ 1＋1＋1＋3＋2＝8(개)

확인 문제

1 ○

2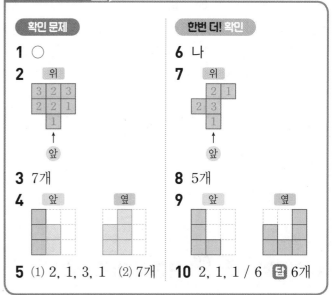
위
3 2 3
2 2 1
1
↑
앞

3 7개

4 앞 / 옆

5 (1) 2, 1, 3, 1 (2) 7개

한번 더! 확인

6 나

7 위
1 2
2 3 1
↑
앞

8 5개

9 앞 / 옆

10 2, 1, 1 / 6 답 6개

5 (2) 2＋1＋3＋1＝7(개)

8 각 자리에서 1층에 쌓은 쌓기나무의 개수를 제외하고 합을 구합니다. ➡ 1＋2＋1＋1＝5(개)

9 앞에서 보면 왼쪽에서부터 3층, 1층으로 보이고, 옆에서 보면 왼쪽에서부터 2층, 1층, 3층으로 보입니다.

10 2＋2＋1＋1＝6(개)

확인 문제

1 1층 / ↑ 앞

2 1층 / 2층 / ↑ 앞 / ↑ 앞

3 가

4 위
2
2
3 1
↑
앞

5 (1) 5, 3, 2 (2) 10개

한번 더! 확인

6 1층 / ↑ 앞

7 1층 / 2층 / ↑ 앞 / ↑ 앞

8 ㉢

9 위
1
3 2
2 1
↑
앞

10 6, 4, 2, 12 답 12개

3 나는 2층 모양이  입니다.

4 위에서 본 모양은 1층의 모양과 같게 그립니다. 2층의 자리에는 2를, 3층의 자리에는 3을 써넣고 나머지 자리에는 1을 써넣습니다.

7 1층에는 쌓기나무 4개가 와 같은 모양으로 있습니다.

8 3층 모양에 색칠된 자리가 2개이므로 ㉢에 쌓기나무를 1개 더 쌓아야 합니다.

72~73쪽 **1단계** **교과서 바로 알기**

확인 문제	한번 더! 확인
1 ○	**6** 가
2 에 ○표	**7** ( ) (×) ( )
3 ○	**8** ×
4 라	**9** <그림>
5 가, 나	**10** 나, 다

3

5 가 나

8 주어진 2가지 모양으로 만들 수 없습니다.

10 나 다

18

74~77쪽 **2단계** **익힘책 바로 풀기**

1 4개, 1개, 1개   **2** 6개
3 (1) ㉡, ㉢ (2) ㉢ **4** ( ) (○)
5 위 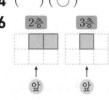 **6** 2층 3층 <그림>

---

7 2층 3층 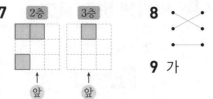   **8** <그림>

9 가

10 앞 옆 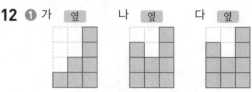   **11** 3, 1, 2, 1 / 7개

12 ❶ 가 옆 나 옆 다 옆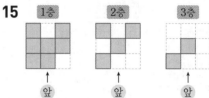

❷ 가에 ○표 **답** 가

13 가, 다   **14** (○)
　　　　　　　　　 ( )

15 1층 2층 3층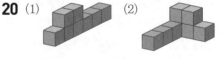

16 위 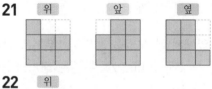   **17** 다
　　　　　　　　　　　　 18 소윤
　　　　　　　　　　　　 19 8, 6, 4, 2, 2

20 (1) <그림> (2) <그림>

21 위 앞 옆 <그림>

22 위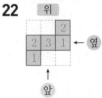

23 ❶ 6, 1, 1, 8 ❷ 8, 4 **답** 4개

---

2 4+1+1=6(개)

3 (1) ㉡ ㉢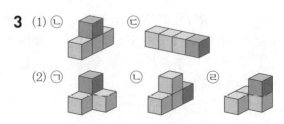

(2) ㉠ ㉡ ㉢ ㉣ <그림>

4

5 각 자리에 쌓인 쌓기나무의 개수를 세어 위에서 본 모양에 수를 씁니다.

9 나 <2층> ➡ × 부분의 1층에 쌓기나무가 없으므로 쌓을 수 있는 2층 모양이 아닙니다.

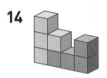

10 앞에서 보면 왼쪽에서부터 2층, 2층, 3층으로 보이고, 옆에서 보면 왼쪽에서부터 3층, 2층으로 보입니다.

11

위	
①	②
③	④

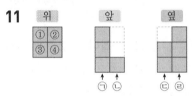

ⓛ에서 ②, ④에 쌓기나무가 각각 1개씩, ⓒ에서 ③에 쌓기나무가 2개, ⓔ에서 ①에 쌓기나무가 3개 있음을 알 수 있습니다.
➡ 3+1+2+1=7(개)

13 뒤집거나 돌렸을 때 같은 모양이 되는 것은 가와 다입니다.

14

15 1이 쓰여 있는 곳은 1층까지, 2가 쓰여 있는 곳은 2층까지, 3이 쓰여 있는 곳은 3층까지 쌓여 있습니다.

16 위에서 본 모양은 1층 모양과 같고, 3층까지 색칠된 부분은 3, 2층까지 색칠된 부분은 2, 1층까지 색칠된 부분은 1이라고 씁니다.

17 뒤집거나 돌렸을 때 모양이 다른 것을 찾으면 다입니다.

18 두 사람 모두 쌓기나무를 8개 사용했으나 유찬이는 위에서 본 모양과 앞에서 본 모양이 다릅니다.

21 위에서 본 모양은 1층 모양과 같고 위에서 본 모양에

수를 쓰는 방법으로 나타내면

위		
1		
1	1	3
2	3	2

입니다.

22

위		
		×
☆	○	
△		

위와 앞에서 본 모양을 보면 ○ 부분은 쌓기나무가 3개 쌓여 있습니다. 위와 옆에서 본 모양을 보면 △ 부분은 쌓기나무가 1개, × 부분은 쌓기나무가 2개 쌓여 있습니다.
다시 위와 앞에서 본 모양을 보면 ☆ 부분은 쌓기나무가 2개 쌓여 있고, 쌓기나무 9개로 쌓은 모양이므로 남은 빈 곳에는 9−(3+1+2+2)=1(개) 쌓여 있게 됩니다.

[단계] 실력 바로 쌓기 78~79쪽

1-1 ❶ 3 ❷ 3 **답** 3개
1-2 **답** 4개
2-1 ❶ 3, 18 ❷ 10 ❸ 18, 10, 8 **답** 8개
2-2 **답** 16개
3-1 ❶ 4 ❷ 예

2	2		2	1
1	1		1	2

, 2

답 2가지
3-2 **답** 2가지
4-1 ❶ 2, 1, 1, 3, 1 ❷ 1, 2 ❸ 10 **답** 10개
4-2 **답** 13개

1-1 ❷ (2층에 쌓인 쌓기나무의 개수)
=(2 이상인 수가 적힌 칸의 수)=3개

1-2 ❶ 2 이상인 수가 적힌 칸의 수: 4개
❷ 2층에 쌓인 쌓기나무의 개수: 4개

2-2 ❶ (가장 작은 직육면체 모양을 만들기 위해 필요한 쌓기나무의 개수)=3×3×3=27(개)
❷ (지금 쌓여 있는 쌓기나무의 개수)=11개
❸ (더 필요한 쌓기나무의 개수)=27−11=16(개)

3-2 ❶ 1층의 쌓기나무 개수: 3개
❷ | 2 | 1 | 1 | , | 1 | 2 | 1 | ➡ 2가지

4-1 ❶ ①, ②, ③ 자리는 위와 옆에서 본 모양을 보고, ④, ⑤ 자리는 위와 앞에서 본 모양을 보고 판단합니다.
❸ 쌓은 쌓기나무의 개수가 가장 많은 경우는 ★ 자리에 2개가 쌓여 있는 경우입니다.

4-2 ❶ ①: 3개, ②: 2개, ③: 3개, ④: 2개
❷ ★ 자리에 쌓을 수 있는 쌓기나무의 개수:
1개 또는 2개 또는 3개
❸ 가장 많은 경우의 쌓기나무의 개수: 13개

정답과 해설

1 가

2 ④

3 나

4 9개

5

6
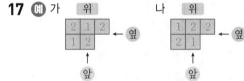

7 (선 긋기)

8 재석

9 (○)( )( )

10 (옆에서 본 모양)

11 다

12 (2층 모양)
↑
앞

13 (옆에서 본 모양)

14 다, 나

15 11개

16 위 / 앞
↑ ↑
앞 앞

17 예 가 위
[2 1 2 / 1 2] ← 옆
↑
앞

나 위
[1 2 2 / 2 1] ← 옆
↑
앞

18 가

19 예 ❶ (가장 작은 정육면체 모양을 만들기 위해 필요한 쌓기나무의 개수)＝3×3×3＝27(개)
❷ (지금 쌓여 있는 쌓기나무의 개수)＝12개
❸ (더 필요한 쌓기나무의 개수)＝27－12＝15(개)
답 15개

20 예 위
[①②/③/④☆⑤]
❶ ①: 1개, ②: 1개, ③: 2개, ④: 1개, ⑤: 3개

❷ ☆ 자리에 쌓을 수 있는 쌓기나무의 개수: 1개 또는 2개

❸ 가장 많은 경우의 쌓기나무의 개수: 10개 답 10개

3 위에서 본 모양에 수를 쓰면 오른쪽과 같으므로 나를 보고 그린 것입니다.
[3 2 / 1 1 / 2]

4 1층: 5개, 2층: 3개, 3층: 1개 ➡ 5＋3＋1＝9(개)

8 초록색 공이 왼쪽, 빨간색 공이 오른쪽에 있으므로 재석이가 찍은 사진입니다.

9 서윤이가 찍은 방향에서는 빨간색 공이 왼쪽, 파란색 공이 오른쪽에 있어야 합니다.

10 옆에서 보면 왼쪽에서부터 3층, 3층, 2층으로 보입니다.

11 다 ➡ 앞에서 보면 ○표 한 쌓기나무가 보입니다.

12 2 이상인 수가 적힌 칸을 찾아 그립니다.

13 초록색 쌓기나무 2개를 빼냈을 때의 모양은 오른쪽과 같습니다.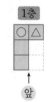

14 2층으로 가능한 모양은 가, 나, 다입니다. 2층에 가와 다를 쌓으면 1층에 쌓을 수 있는 것이 없고, 나를 2층에 쌓으면 다를 1층에 쌓을 수 있습니다.

15 1층: 6개, 2층: 3개, 3층: 2개 ➡ 6＋3＋2＝11(개)

16 위에서 본 모양은 1층 모양과 같습니다. 층별로 나타낸 모양에서 1층의 ○ 부분은 쌓기나무가 3층까지, △ 부분은 쌓기나무가 2층까지 쌓여 있습니다.
1층
[○△/]
↑
앞

17 가와 나를 다음과 같이 나타낼 수도 있습니다.
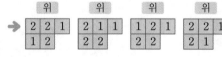
➡ 위 / 위 / 위 / 위
[2 2 1 / 1 2] [2 1 1 / 2 2] [1 2 1 / 2 2] [2 2 1 / 2 1]

18
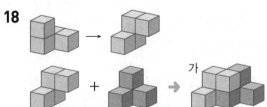

19

채점 기준		
❶ 가장 작은 정육면체 모양을 만들기 위해 필요한 쌓기나무 개수를 구함.	2점	
❷ 지금 쌓여 있는 쌓기나무 개수를 구함.	2점	5점
❸ 더 필요한 쌓기나무 개수를 구함.	1점	

20

채점 기준		
❶ 각 자리에 쌓여 있는 쌓기나무 개수를 구함.	2점	
❷ ☆ 자리에 쌓을 수 있는 쌓기나무 개수를 구함.	2점	5점
❸ 가장 많은 경우의 쌓기나무 개수를 구함.	1점	

④ 비례식과 비례배분

84~85쪽 **단계1 교과서 바로 알기**

확인 문제
1 (1) 1, 2　(2) 5, 4
2 9, 12
3 ╲
4 ⑤
5 (1) 5, 7
　(2) 예 10 : 14

한번 더! 확인
6 (1) 8, 5　(2) 9, 7
7 4, 5
8 ╲
9 0에 ○표
10 45, 12 / 15, 4
　답 15 : 4

1 비에서 기호 ' : ' 앞에 있는 수를 전항, 뒤에 있는 수를 후항이라고 합니다.

2 $3 : 4 \xrightarrow{\times 3} 9 : 12$

3 비 7 : 9는 전항과 후항에 5를 곱한 35 : 45와 비율이 같습니다.
$7 : 9 \rightarrow (7 \times 5) : (9 \times 5) \rightarrow 35 : 45$

4 비의 전항과 후항에 0이 아닌 같은 수를 곱해야 비율이 같은 비를 만들 수 있습니다.
주의
■ : ▲의 전항과 후항에 0을 곱하면 0 : 0이 되므로 0을 곱할 수 없습니다.

5 (2) 비의 전항과 후항에 0이 아닌 같은 수를 곱하여도 비율이 같으므로 비 5 : 7의 전항과 후항에 0이 아닌 같은 수를 곱하여서 나타낸 비는 모두 정답으로 인정합니다.
→ 15 : 21, 20 : 28, ...

6 (1) 8 : 5　(2) 9 : 7
　　전항 후항　　전항 후항

7 $16 : 20 \xrightarrow{\div 4} 4 : 5$

8 비 20 : 14는 전항과 후항을 2로 나눈 10 : 7과 비율이 같습니다.
$20 : 14 \rightarrow (20 \div 2) : (14 \div 2) \rightarrow 10 : 7$

9 비의 전항과 후항을 0이 아닌 같은 수로 나누어야 비율이 같은 비를 만들 수 있습니다.
주의
어떤 수를 ▲로 나누는 것은 $\frac{1}{▲}$을 곱하는 것과 같습니다.
분모가 0인 분수는 없으므로 0으로 나눌 수 없습니다.

86~87쪽 **단계1 교과서 바로 알기**

확인 문제
1 (위에서부터) 5, 8
2 예 15
3 (1) 예 6　(2) 예 3 : 5
4 ㉢
5 (1) 0.8
　(2) 예 8 : 13

한번 더! 확인
6 (위에서부터) 10, 7
7 예 12
8 (1) 예 24　(2) 예 9 : 4
9 서아
10 32 / 10, 32 / 32, 27
　답 32 : 27

1 $24 : 40 \rightarrow (24 \div 8) : (40 \div 8) \rightarrow 3 : 5$

2 3과 5의 공배수 15를 곱하면 됩니다.
참고
3과 5의 공배수는 모두 정답으로 인정합니다.
→ 15, 30, 45, 60, 75, 90, ...

3 전항과 후항을 18과 30의 공약수인 6으로 나눕니다.
$18 : 30 \rightarrow (18 \div 6) : (30 \div 6) \rightarrow 3 : 5$

4 $0.5 : 4.2 \rightarrow (0.5 \times 10) : (4.2 \times 10) \rightarrow 5 : 42$

5 (1) $\frac{4}{5} = \frac{8}{10} = 0.8$
　(2) $0.8 : 1.3 \rightarrow (0.8 \times 10) : (1.3 \times 10) \rightarrow 8 : 13$

6 $0.7 : 2.3 \rightarrow (0.7 \times 10) : (2.3 \times 10) \rightarrow 7 : 23$

7 4와 3의 공배수 12를 곱하면 됩니다.
참고
4와 3의 공배수는 모두 정답으로 인정합니다.
→ 12, 24, 36, 48, 60, 72, ...

8 전항과 후항에 8과 6의 공배수인 24를 곱합니다.
$\frac{3}{8} : \frac{1}{6} \rightarrow \left(\frac{3}{8} \times 24\right) : \left(\frac{1}{6} \times 24\right) \rightarrow 9 : 4$

9 $1.6 : 2.3 \rightarrow (1.6 \times 10) : (2.3 \times 10) \rightarrow 16 : 23$

88~89쪽 2 단계 **익힘책 바로 풀기**

1 ⟨2⟩ : ⟨3⟩   ⟨11⟩ : ⟨5⟩

2 4, 4 / 4

3 (위에서부터) (1) 10, 7, 10   (2) 12, 4, 12

4 ㉢

5 서준   **6** 예 9 : 35

7 ②   **8** ㉢

9 ㉡   **10** 다

11 예 3 : 8   **12** 10 : 15, 6 : 9, 2 : 3

13 방법1 예 1.5를 분수로 바꾸면 $\frac{15}{10}$입니다.

$\frac{15}{10} : \frac{7}{10}$ ➡ $\left(\frac{15}{10} \times 10\right) : \left(\frac{7}{10} \times 10\right)$ ➡ 15 : 7

방법2 예 $\frac{7}{10}$을 소수로 바꾸면 0.7입니다.

1.5 : 0.7 ➡ (1.5 × 10) : (0.7 × 10) ➡ 15 : 7

14 ❶ 240, 450 ❷ 450 ❸ 450 / 450, 30 / 8, 15

답 8 : 15

---

1 비에서 기호 ' : ' 앞에 있는 2와 11을 전항, 뒤에 있는 3과 5를 후항이라고 합니다.

2 비 24 : 28 ➡ 비율 $\frac{24}{28} = \frac{6}{7}$ ⎤ 같습니다.
비 6 : 7 ➡ 비율 $\frac{6}{7}$ ⎦

3 (1) 전항과 후항에 10을 곱하면 5 : 7이 됩니다.
   (2) 전항과 후항에 분모 3과 4의 공배수 12를 곱하면 4 : 3이 됩니다.

4 비의 전항과 후항에 0이 아닌 같은 수를 곱하거나 비의 전항과 후항을 0이 아닌 같은 수로 나누어도 비율은 같습니다.

5 9 : 2 ➡ (9 × 2) : (2 × 2) ➡ 18 : 4
따라서 9 : 2는 18 : 4와 비율이 같습니다.

6 0.9 : 3.5 ➡ (0.9 × 10) : (3.5 × 10) ➡ 9 : 35

7 56 : 24 ➡ (56 ÷ 8) : (24 ÷ 8) ➡ 7 : 3

8 ㉢ 3 : 2의 전항과 후항에 5를 곱하면 15 : 10이 됩니다.

9 ㉠ 전항 $2\frac{1}{5}$을 소수로 바꾸면 2.2입니다.

---

10 가 12 : 24 ➡ (12 ÷ 12) : (24 ÷ 12) ➡ 1 : 2
나 8 : 12 ➡ (8 ÷ 4) : (12 ÷ 4) ➡ 2 : 3
다 16 : 20 ➡ (16 ÷ 4) : (20 ÷ 4) ➡ 4 : 5

11 (주아가 먹은 피자 양) : (동생이 먹은 피자 양)
$= \frac{1}{4} : \frac{2}{3}$

$\frac{1}{4} : \frac{2}{3}$ ➡ $\left(\frac{1}{4} \times 12\right) : \left(\frac{2}{3} \times 12\right)$ ➡ 3 : 8

12 30 : 45의 전항과 후항의 공약수인 3, 5, 15로 나누면 됩니다.
   • 30 : 45 ➡ (30 ÷ 3) : (45 ÷ 3) ➡ 10 : 15
   • 30 : 45 ➡ (30 ÷ 5) : (45 ÷ 5) ➡ 6 : 9
   • 30 : 45 ➡ (30 ÷ 15) : (45 ÷ 15) ➡ 2 : 3

90~91쪽 1 단계 **교과서 바로 알기**

확인 문제	한번 더! 확인
1 15, 5	**6** 외항, 내항
2 4 / 12, 4 / 같습니다에 ○표	**7** 3 / 6, 3 / 같습니다에 ○표
3 ( ) (○)	**8** ㉠
4 15, 27 / (위에서부터) 15, 27, 3	**9** 3, 1 / (위에서부터) 3, 1, 5
5 (1) 8, 4 / 15, 5 (2) 12, 15	**10** 6, 3 / 4 / 18, 3 / 4, 3 답 예 8 : 6 = 4 : 3

2 ● : ■의 비율 ➡ $\frac{●}{■}$

3 6 : 10 = 12 : 20 ➡ 내항이 10, 12인 비례식
   (외항 above 6 ... 20, 내항 below 10 ... 12)

20 : 6 = 10 : 3 ➡ 내항이 6, 10인 비례식
   (외항 above 20 ... 3, 내항 below 6 ... 10)

4 비의 전항과 후항에 0이 아닌 같은 수를 곱하여도 비율은 같다는 비의 성질을 이용하여 비례식을 만들 수 있습니다.

5 4 : 5와 12 : 15의 비율이 같습니다.

8

ⓒ 7 : 3=28 : 12 ➡ 외항이 7, 12인 비례식

외항
내항

ⓒ 14 : 24=7 : 12 ➡ 외항이 14, 12인 비례식

외항
내항

9 비의 전항과 후항을 0이 아닌 같은 수로 나누어도 비율은 같다는 비의 성질을 이용하여 비례식을 만들 수 있습니다.

10 8 : 6의 비율 ➡ $\frac{8}{6}\left(=\frac{4}{3}\right)$, 4 : 3의 비율 ➡ $\frac{4}{3}$,

18 : 24의 비율 ➡ $\frac{18}{24}\left(=\frac{3}{4}\right)$

따라서 8 : 6과 비율이 같은 비는 4 : 3이므로 비례식으로 나타내면 8 : 6=4 : 3 (또는 4 : 3=8 : 6)입니다.

단계 1 교과서 바로 알기

92~93쪽

확인 문제	한번 더! 확인
1 54, 54	**6** 8, 8 / 4, 8
2 (1) 20 / 20	**7** (1) 12 / 12
(2) 같습니다에 ○표	(2) =
3 300, 30	**8** 40 / 40, 360, 5
4 (1) × (2) ○	**9** 현서
5 (1) 12 (2) 9 (3) ⓒ	**10** 18, 72, 8 / 3, 63, 9
	/ ⓒ 답 ⓒ

1 (외항의 곱)=2×27=54, (내항의 곱)=9×6=54

2 (1) 외항은 2와 10이므로 외항의 곱은 2×10=20입니다.
내항은 5와 4이므로 내항의 곱은 5×4=20입니다.
(2) 외항의 곱과 내항의 곱은 모두 20이므로 비례식에서 외항의 곱과 내항의 곱은 같습니다.

3 (외항의 곱)=(내항의 곱)이므로
■×10=50×6, ■×10=300, ■=30입니다.

4 (1) (외항의 곱)=1×9=9, (내항의 곱)=3×2=6
➡ 비례식이 아닙니다.
(2) (외항의 곱)=4×12=48,
(내항의 곱)=3×16=48
➡ 비례식입니다.

---

5 (1) 7×■=6×14, 7×■=84, ■=12
(2) 3×6=2×■, 2×■=18, ■=9
(3) 12>9이므로 ■ 안에 알맞은 수가 더 큰 비례식은 ⓒ입니다.

7 (1) 외항은 12와 1이므로 외항의 곱은 12×1=12입니다.
내항은 6과 2이므로 내항의 곱은 6×2=12입니다.
(2) 외항의 곱과 내항의 곱은 모두 12이므로 비례식에서 외항의 곱과 내항의 곱은 같습니다.

8 (외항의 곱)=(내항의 곱)이므로
9×40=●×72, ●×72=360, ●=5입니다.

9 현서: (외항의 곱)=6×14=84,
(내항의 곱)=4×21=84
➡ 비례식입니다.
은우: (외항의 곱)=3×11=33,
(내항의 곱)=8×5=40
➡ 비례식이 아닙니다.

단계 1 교과서 바로 알기

94~95쪽

확인 문제	한번 더! 확인
1 (위에서부터) 27 / 27, 54, 18, 18	**5** (위에서부터) 4, 48, 4 / 20, 20
2 (1) (○) ( )	**6** (1) ⓒ
(2) 150 g	(2) 48 g
3 (1) 1000	**7** (1) 6000, 9000
(2) 4000원	(2) 3통
4 (1) 예 50 : 4=● : 12	**8** 140, 700, 2100, 15
(2) 150초	답 15시간

2 (2) 7 : 3=350 : ▲
7×▲=3×350, 7×▲=1050, ▲=150
➡ ▲=150이므로 콩은 150 g 넣어야 합니다.

3 (2) (외항의 곱)=(내항의 곱)이므로
5×■=1000×20, 5×■=20000, ■=4000입니다.
따라서 초콜릿 20개의 가격은 4000원입니다.

4 (2) (외항의 곱)=(내항의 곱)이므로
50×12=4×●, 4×●=600, ●=150입니다.
따라서 12 L의 물이 나오는 데 150초가 걸립니다.

6 (2) $3:1=● : 16$

$3 \times 16 = 1 \times ●,\ ● = 48$

➡ $●=48$이므로 간장은 48 g 넣어야 합니다.

7 (2) (외항의 곱)=(내항의 곱)이므로

$2 \times 9000 = 6000 \times ★,\ 6000 \times ★ = 18000,$

$★=3$입니다.

따라서 9000원으로 아이스크림을 3통 살 수 있습니다.

96~99쪽 🔖2단계 **익힘책 바로 풀기**

1 비례식 **2** 7, 12에 ○표

3 10, 18, 10, 18

4 8, 3, 예 $32:12=8:3$

5 ㉠ **6** ㉢

7 ㉡ **8** 예 $6:5=24:20$

9 지안 **10** (1) 36 (2) 40

11 ㉡

12 (1) 예 $4:3=1600:\square$

(2) 1200원

13 예 $4:7=8:14$

14 74

15 ❶ 5, 4, 5, 4 ❷ 10 ❸ 40, 8

🟦답 $5:4=10:8$

16 28

17 예 $1:100=8:\square$ 🟦답 800 mL

18 예 $1:30=8:\square$ 🟦답 240 g

19 5 **20** 150 g

21 9 m **22** 800 km

23 24분 **24** 165명

25 2, 3, 1 **26** 75 km

27 135 cm² **28** 24

29 4, 9, 12

30 ❶ 100, 100 ❷ 100, 600, 24 ❸ 24 🟦답 24명

---

5 ㉠ 내항의 합은 $5+16=21$입니다.

㉡ 내항의 합은 $27+2=29$입니다.

7 ㉠ $5:3$의 비율 ➡ $\dfrac{5}{3}$, $15:9$의 비율 ➡ $\dfrac{15}{9}\left(=\dfrac{5}{3}\right)$

로 두 비의 비율이 같으므로 비례식 $5:3=15:9$로 나타낼 수 있습니다.

㉡ 비례식 $5:3=15:9$에서 안쪽에 있는 3과 15를 내항, 바깥쪽에 있는 5와 9를 외항이라고 합니다.

---

8 외항이 6과 20인 비례식 $6:■=▲:20$ 또는 $20:★=● : 6$에 내항 5와 24를 넣어 만듭니다.

➡ $6:5=24:20$, $6:24=5:20$, $20:5=24:6$, $20:24=5:6$

9 지안: (외항의 곱)=$6 \times 14=84$,

(내항의 곱)=$7 \times 12=84$

➡ 비례식입니다.

유찬: (외항의 곱)=$11 \times 2=22$,

(내항의 곱)=$4 \times 22=88$

➡ 비례식이 아닙니다.

10 (1) $4:9=\square:81$ ➡ $4 \times 81=9 \times \square,\ 9 \times \square=324,$

$\square=36$

(2) $8:5=64:\square$ ➡ $8 \times \square=5 \times 64,\ 8 \times \square=320,$

$\square=40$

11 ㉠ $14:\square=7:5$ ➡ $14 \times 5=\square \times 7,\ \square \times 7=70,$

$\square=10$

㉡ $9:2=\square:4$ ➡ $9 \times 4=2 \times \square,\ 2 \times \square=36,$

$\square=18$

12 $4:3=1600:\square$

$4 \times \square=3 \times 1600$

$4 \times \square=4800$

$\square=1200$

➡ $\square=1200$이므로 과자의 가격은 1200원입니다.

13 각 비의 비율을 알아봅니다.

$2:7$ ➡ $\dfrac{2}{7}$, $4:7$ ➡ $\dfrac{4}{7}$, $8:14$ ➡ $\dfrac{8}{14}=\dfrac{4}{7}$

$4:7$과 $8:14$의 비율이 같으므로 비례식으로 나타내면 $4:7=8:14$ (또는 $8:14=4:7$)입니다.

14 • ㉠$:5=14:35$

➡ ㉠$\times 35=5 \times 14,$ ㉠$\times 35=70,$ ㉠$=2$

• $12:7=$㉡$:42$

➡ $12 \times 42=7 \times$㉡$,\ 7 \times$㉡$=504,$ ㉡$=72$

➡ ㉠$+$㉡$=2+72=74$

16 • $8:3=★:9$

➡ $8 \times 9=3 \times ★,\ 3 \times ★=72,\ ★=24$

• $\square:24=7:6$

➡ $\square \times 6=24 \times 7,\ \square \times 6=168,\ \square=28$

17 필요한 우유 양을 $\square$ mL라 하고 비례식을 세우면 $1:100=8:\square$입니다.

$1 \times \square=100 \times 8,\ \square=800$이므로 바나나우유 8병을 만드는 데 필요한 우유는 800 mL입니다.

18 필요한 바나나 양을 □g이라 하고 비례식을 세우면
1 : 30=8 : □입니다.
1×□=30×8, □=240이므로 바나나우유 8병을 만드는 데 필요한 바나나는 240 g입니다.

19 $2\frac{2}{5}×□=1\frac{1}{3}×9$, $2\frac{2}{5}×□=12$, □=5

20 넣어야 하는 잡곡의 양을 □g이라 하고 비례식을 세우면 4 : 3=200 : □입니다.
4×□=3×200, 4×□=600, □=150
따라서 잡곡을 150 g 넣어야 합니다.

21 옆 건물의 높이를 □m라 하고 비례식을 세우면
6 : 2=□ : 3입니다.
6×3=2×□, 2×□=18, □=9
따라서 옆 건물의 높이는 9 m입니다.

22 실제 거리를 □km라 하고 비례식을 세우면
5 : 200=20 : □입니다.
5×□=200×20, 5×□=4000, □=800이므로
지도에서의 거리 20 cm는 실제 거리 800 km를 나타냅니다.

23 물을 받아야 하는 시간을 □분이라 하고 비례식을 세우면 4 : 15=□ : 90입니다.
4×90=15×□, 15×□=360, □=24
따라서 24분 동안 물을 받아야 합니다.

24 6학년 여학생을 □명이라 하고 비례식을 세우면
12 : 11=180 : □입니다.
12×□=11×180, 12×□=1980, □=165
따라서 소영이네 학교 6학년 여학생은 165명입니다.

25 • 7×24=□×28, □×28=168, □=6
• $\frac{3}{4}×□=\frac{1}{5}×15$, $\frac{3}{4}×□=3$, □=4
• 5×27=9×□, 9×□=135, □=15
➡ 15>6>4이므로 □ 안에 알맞은 수가 큰 순서대로 ○ 안에 숫자를 쓰면 위에서부터 2, 3, 1입니다.

26 1시간=60분
자동차가 60분 동안 갈 수 있는 거리를 □km라 하고 비례식을 세우면 8 : 10=60 : □입니다.
8×□=10×60, 8×□=600, □=75
따라서 1시간 동안 갈 수 있는 거리는 75 km입니다.

주의
시간의 단위를 분으로 통일해야 합니다.

27 5 : 3=15 : ■
➡ 5×■=3×15, 5×■=45, ■=9
높이가 9 cm이므로 평행사변형의 넓이는
15×9=135 (cm²)입니다.

28 비례식에서 외항의 곱과 내항의 곱은 같습니다.
(외항의 곱)=㉮×㉯=48
(내항의 곱)=□×2=48 ➡ □=24

29 ㉠ : ㉡=㉢ : 27
• 내항의 곱이 108이므로 외항의 곱도 108입니다.
➡ ㉠×27=108, ㉠=4
• 비율이 $\frac{4}{9}$이므로 $\frac{4}{㉡}=\frac{4}{9}$ ➡ ㉡=9,
$\frac{㉢}{27}=\frac{4}{9}=\frac{12}{27}$ ➡ ㉢=12

단계 1 교과서 바로 알기

100~101쪽

확인 문제

1 5, 21 / 2, 2, 14
2 6, 15 / 1, 3
3 서아
4 (1) $\frac{5}{9}$, $\frac{4}{9}$
　　(2) 45 cm / 36 cm

한번 더! 확인

5 5, 5, 25 / 8, 15
6 8, 6 / 6, 18
7 ( ) (○)
8 7, 70 / 5, 50
답 70개 / 50개

2 $18×\frac{5}{5+1}=18×\frac{5}{6}=15$, $18×\frac{1}{5+1}=18×\frac{1}{6}=3$

3 $20×\frac{4}{4+1}=20×\frac{4}{5}=16$, $20×\frac{1}{4+1}=20×\frac{1}{5}=4$

4 (2) 은석: $81×\frac{5}{9}=45$ (cm), 승준: $81×\frac{4}{9}=36$ (cm)

6 $24×\frac{2}{2+6}=24×\frac{2}{8}=6$, $24×\frac{6}{2+6}=24×\frac{6}{8}=18$

7 $42×\frac{4}{4+3}=42×\frac{4}{7}=24$
$42×\frac{3}{4+3}=42×\frac{3}{7}=18$

8 시현: $120×\frac{7}{7+5}=120×\frac{7}{12}=70$(개)
영진: $120×\frac{5}{7+5}=120×\frac{5}{12}=50$(개)

102~103쪽 2단계 익힘책 바로 풀기

1 비례배분
2 3, 12 / 4, 4, 16
3 ( ) ( ) (○)
4 2 / 35
5 6, 6000 / 4, 4000
6 56, 16
7 $12 \times \dfrac{1}{1+2} = 12 \times \dfrac{1}{3} = 4$(송이)
8
9 42 kg

10 방법1 예 $4400 \times \dfrac{5}{5+6} = 4400 \times \dfrac{5}{11} = 2000$

따라서 주원이의 입장료는 2000원입니다.

방법2 예 주원이의 입장료를 □원이라 하고 비례
식을 세우면 5 : 11 = □ : 4400입니다.
$5 \times 4400 = 11 \times$□, $11 \times$□$= 22000$, □$= 2000$
이므로 주원이의 입장료는 2000원입니다.

11 (1) 400 cm² (2) 300 cm²
12 ❶ 2 ❷ 2, 7 ❸ 2, 2, 14 / 7, 7, 7, 49
답 14, 49

3 은총이는 전체의 $\dfrac{8}{8+3} = \dfrac{8}{11}$만큼 가졌습니다.

4 $49 \times \dfrac{2}{2+5} = 49 \times \dfrac{2}{7} = 14 ➡ ㉠ = 2$

$49 \times \dfrac{5}{2+5} = 49 \times \dfrac{5}{7} = 35 ➡ ㉡ = 35$

5 정아: $10000 \times \dfrac{6}{6+4} = 10000 \times \dfrac{6}{10} = 6000$(원)

동생: $10000 \times \dfrac{4}{6+4} = 10000 \times \dfrac{4}{10} = 4000$(원)

6 $72 \times \dfrac{7}{7+2} = 72 \times \dfrac{7}{9} = 56$

$72 \times \dfrac{2}{7+2} = 72 \times \dfrac{2}{9} = 16$

7 전체를 주어진 비로 나누려면 전항과 후항의 합을 분모
로 하는 분수의 비로 나타내야 합니다.

8 동생: $85 \times \dfrac{2}{2+3} = 85 \times \dfrac{2}{5} = 34$(장)

형: $85 \times \dfrac{3}{2+3} = 85 \times \dfrac{3}{5} = 51$(장)

9 $96 \times \dfrac{7}{9+7} = 96 \times \dfrac{7}{16} = 42$ (kg)

11 (1) (나누기 전 종이의 넓이)$= 20 \times 20 = 400$ (cm²)

(2) (더 넓은 종이의 넓이)$= 400 \times \dfrac{3}{3+1} = 300$ (cm²)

104~105쪽 3단계 실력 바로 쌓기

1-1 ❶ 공배수, 12, 3, 4 ❷ 15, 4, 20 답 15, 20
1-2 답 42, 36
2-1 ❶ 3, 2, 3, 2 ❷ 6, 2, 3 답 2 : 3
2-2 답 예 4 : 5
3-1 ❶ 7, 200 ❷ 7, 200, 1400, 140, 140
답 140번
3-2 답 80번
4-1 ❶ 112, 112, 56 ❷ 3, 21 / 5, 5, 35
❸ 35, 735 답 735 cm²
4-2 답 972 cm²

1-2 ❶ 전항과 후항에 10을 곱합니다.
$(0.7 \times 10) : (0.6 \times 10) ➡ 7 : 6$

❷ 78을 7 : 6으로 나누면

$78 \times \dfrac{7}{7+6} = 78 \times \dfrac{7}{13} = 42$,

$78 \times \dfrac{6}{7+6} = 78 \times \dfrac{6}{13} = 36$

2-2 ❶ 한 시간 동안 수지는 전체의 $\dfrac{1}{5}$만큼, 석현이는 전체

의 $\dfrac{1}{4}$만큼 읽었습니다. ➡ $\dfrac{1}{5} : \dfrac{1}{4}$

❷ 위 ❶에서 구한 비의 전항과 후항에
두 분모의 공배수인 20을 곱하면

$\left(\dfrac{1}{5} \times 20\right) : \left(\dfrac{1}{4} \times 20\right) ➡ 4 : 5$

3-2 ❶ 공을 300번 찼을 때 골을 넣을 것으로 예상되는 횟
수를 ■라 하고 비례식을 세우면
15 : 4 = 300 : ■입니다.

❷ 외항의 곱과 내항의 곱이 같으므로
$15 \times$■$= 4 \times 300$,
$15 \times$■$= 1200$, ■$= 80$
따라서 골을 80번 넣을 것으로 예상됩니다.

4-2 ❶ 직사각형의 둘레가 126 cm이므로
(가로)+(세로)$= 126 \div 2 = 63$ (cm)

❷ 가로: $63 \times \dfrac{4}{4+3} = 63 \times \dfrac{4}{7} = 36$ (cm)

세로: $63 \times \dfrac{3}{4+3} = 63 \times \dfrac{3}{7} = 27$ (cm)

❸ (만든 직사각형의 넓이)
$= 36 \times 27 = 972$ (cm²)

106~108쪽 TEST 단원 마무리 하기

1 4 / 7

2 (×)
(○)

3 8, 9 / 3, 24

4 12, 21, 예 4 : 7=12 : 21

5 60, 40 / ×

6 16, 40

7 예 3 : 10

8 다

9 예 27 : 12=9 : 4

10 예 5 : 2

11 현서

12 25개

13 30분

14

15 10시간 / 14시간

16 방법1 예 $240 \times \dfrac{2}{2+1} = 240 \times \dfrac{2}{3} = 160$ (g)

따라서 스파게티를 만드는 데 사용한 토마토는 160 g입니다.

방법2 예 스파게티를 만드는 데 사용한 토마토를 □ g이라 하고 비례식을 세우면 2 : 3=□ : 240입니다. $2 \times 240 = 3 \times □$, $3 \times □ = 480$, □=160이므로 스파게티를 만드는 데 사용한 토마토는 160 g입니다.

17 7

18 16자루

19 예 ❶ 외항의 곱이 180이므로
$90 \times ⓛ = 180$, ⓛ=2입니다.
❷ 비례식의 성질을 이용하면 외항의 곱과 내항의 곱이 같으므로 ㉠$\times 15 = 180$, ㉠=12입니다.
답 12, 2

20 예 ❶ 전기 자동차로 600 km를 갈 때 충전해야 하는 시간을 □분이라 하고 비례식을 세우면
8 : 120=□ : 600입니다.
❷ 외항의 곱과 내항의 곱이 같으므로
$8 \times 600 = 120 \times □$, $120 \times □ = 4800$, □=40입니다. 따라서 이 전기 자동차로 600 km를 가려면 40분 동안 충전해야 합니다. 답 40분

6 $56 \times \dfrac{2}{2+5} = 16$, $56 \times \dfrac{5}{2+5} = 40$

7 $\dfrac{1}{4} : \dfrac{5}{6}$ → $\left(\dfrac{1}{4} \times 12\right) : \left(\dfrac{5}{6} \times 12\right)$ → 3 : 10

8 삼각형의 밑변의 길이와 높이의 비를 각각 구하면
가는 6 : 8 → 3 : 4, 나는 6 : 4 → 3 : 2,
다는 4 : 6 → 2 : 3입니다.

9 27 : 12의 비율 → $\dfrac{27}{12}\left(=\dfrac{9}{4}\right)$

12 : 18의 비율 → $\dfrac{12}{18}\left(=\dfrac{2}{3}\right)$

9 : 4의 비율 → $\dfrac{9}{4}$

비율이 같은 두 비는 27 : 12와 9 : 4이므로 비례식으로 나타내면 27 : 12=9 : 4 (또는 9 : 4=27 : 12)입니다.

11 [현서] 14 : □=7 : 4
→ $14 \times 4 = □ \times 7$, $□ \times 7 = 56$, □=8
[은우] 18 : 4=9 : □
→ $18 \times □ = 4 \times 9$, $18 \times □ = 36$, □=2

12 튀김 가게에 있는 새우 튀김의 수를 □개라 하고 비례식을 세우면 6 : 5=30 : □입니다.
→ $6 \times □ = 5 \times 30$, $6 \times □ = 150$, □=25

13 소모된 열량이 75킬로칼로리일 때 훌라후프를 한 시간을 □분이라 하고 비례식을 세우면
10 : 25=□ : 75입니다.
→ $10 \times 75 = 25 \times □$, $25 \times □ = 750$, □=30

14 22 : 14 → (22÷2) : (14÷2) → 11 : 7
$1.3 = \dfrac{13}{10}$이므로
$\dfrac{13}{10} : \dfrac{4}{5}$ → $\left(\dfrac{13}{10} \times 10\right) : \left(\dfrac{4}{5} \times 10\right)$ → 13 : 8

15 하루는 24시간이므로
낮은 $24 \times \dfrac{5}{5+7} = 24 \times \dfrac{5}{12} = 10$(시간),
밤은 $24 \times \dfrac{7}{5+7} = 24 \times \dfrac{7}{12} = 14$(시간)입니다.

17 $\dfrac{5}{6} : \dfrac{□}{9}$ → $\left(\dfrac{5}{6} \times 18\right) : \left(\dfrac{□}{9} \times 18\right)$ → 15 : 14
$\dfrac{□}{9} \times 18 = 14$이므로 □$\times 2 = 14$, □=7입니다.

18 1반: $100 \times \dfrac{29}{29+21} = 100 \times \dfrac{29}{50} = 58$(자루)
2반: $100 \times \dfrac{21}{29+21} = 100 \times \dfrac{21}{50} = 42$(자루)
→ 58−42=16(자루)

19

채점 기준		
❶ ⓛ에 알맞은 수를 구함.	3점	5점
❷ ㉠에 알맞은 수를 구함.	2점	

20

채점 기준		
❶ 알맞은 비례식을 세움.	2점	5점
❷ 몇 분 동안 충전을 해야 하는지 구함.	3점	

5 원의 넓이

확인 문제	한번 데! 확인
1 (왼쪽부터) 지름, 원주	**5** 예 
2 길어에 ○표	**6** 커에 ○표
3 나	**7** ㉡
4 (1) 4, 12, 3	**8** (1) 풀이참고
(2) 4, 16, 4	(2) 풀이참고
(3) 3, 4	(3) 풀이참고 / 3, 4

2 원의 지름이 길어지면 원주도 길어집니다.

3 원의 지름이 나가 더 길므로 나의 원주가 더 깁니다.

4 (1) (원의 지름)=4 cm,
(정육각형의 둘레)=2×6=12 (cm)
➡ 12÷4=3(배)이므로
(정육각형의 둘레)=(원의 지름)×3입니다.
(2) (원의 지름)=4 cm,
(정사각형의 둘레)=4×4=16 (cm)
➡ 16÷4=4(배)이므로
(정사각형의 둘레)=(원의 지름)×4입니다.
(3) 원주는 원의 지름의 3배보다 길고 4배보다 짧습니다.

5 • 원주: 원의 둘레이므로 원의 둘레를 따라 그립니다.
• 지름: 원 위의 두 점을 지나면서 원의 중심을 지나는 선분을 그립니다.

6 원주가 길어지면 원의 크기도 커집니다.

7 ㉠ (원의 지름)=7×2=14 (cm)
➡ ㉡의 원의 지름이 더 짧으므로 ㉡의 원주가 더 짧습니다.

8 (1) 원의 지름

0 1 2 3 4 5 6 7 8 9 10 11 12(cm)
(정육각형의 둘레)=1.5×6=9 (cm)
(2) 원의 지름

0 1 2 3 4 5 6 7 8 9 10 11 12(cm)
(정사각형의 둘레)=3×4=12 (cm)
(3) 예 원의 지름

0 1 2 3 4 5 6 7 8 9 10 11 12(cm)

확인 문제	한번 데! 확인
1 원주율	**6** (○) ( )
2 ×	**7** 3.1, 3.14
3 3.1	**8** 3.14
4 3	**9** 3.1
5 (1) 3.14	**10** 3, 1, 3 / 예 원주율
(2) 예 원주율은 나누어 떨어지지 않고, 끝 없이 계속되기 때문 입니다.	은 나누어떨어지지 않고, 끝없이 계속 되기 때문입니다.

2 원의 크기와 상관없이 (원주)÷(지름)의 값은 일정합니다.

4 (원주)÷(지름)=22÷7=3.1⋯ ➡ 3

5 (1) 18.86÷6=3.143⋯ ➡ 3.14

8 3.141⋯ ➡ 3.14

9 (원주)÷(지름)=75.4÷24=3.14⋯ ➡ 3.1

1 원주율	**2** ㉢, ㉠
3 (1) ○ (2) ×	**4** 3.14
5 민재	**6** 3, 3.1, 3.14
7 예	

0 1 2 3 4 5 6 7 8

8 3배	**9** 4배
10 3, 4	**11** 3.1, 3.14
12 ( )	**13** =
( )	
(○)	
14 ❶ 6, 12 ❷ 12, 태희 답 태희	

3 원주는 원의 지름의 3배보다 길고, 원의 지름의 4배보다 짧습니다.

4 (원주)÷(지름)=125.6÷40=3.14

5 소윤: 원주율은 끝없이 계속되므로 필요에 따라 3, 3.1, 3.14 등으로 어림하여 사용합니다.
서준: 원의 크기와 상관없이 원주율은 일정합니다.

6 • 3.1… ➡ 3 • 3.14… ➡ 3.1 • 3.141… ➡ 3.14

7 원주는 지름의 약 3.14배이므로 지름이 2 cm인 원의
원주는 2×3.14=6.28 (cm)입니다.
➡ 자의 6.28 cm 위치와 가까운 곳에 ↓로 표시합니다.

8 한 변의 길이가 2.5 cm인 정육각형의 둘레는
2.5×6=15 (cm)이므로 정육각형의 둘레는 원의 지름
의 15÷5=3(배)입니다.

9 한 변의 길이가 5 cm인 정사각형의 둘레는
5×4=20 (cm)이므로 정사각형의 둘레는 원의 지름
의 20÷5=4(배)입니다.

10 원주는 정육각형의 둘레보다 길고, 정사각형의 둘레보
다 짧으므로 원의 지름의 3배보다 길고, 원의 지름의
4배보다 짧습니다.

11 56.6÷18=3.14… ➡ 3.1
56.6÷18=3.144… ➡ 3.14

12 지름이 4 cm인 원의 원주는 지름의 3배인 12 cm보다
길고, 지름의 4배인 16 cm보다 짧으므로 원주와 가장
비슷한 것은 세 번째 그림입니다.

13 (가의 원주율)=83.21÷26.5=3.14
(나의 원주율)=75.36÷24=3.14
➡ (가의 원주율) ⊜ (나의 원주율)

7 (원주)=15×3.1=46.5 (cm)

8 (원주)=20×3.14=62.8 (cm)

9 호두파이의 둘레는 반지름이 12 cm인 원의 원주와 같
습니다.
➡ (원주)=12×2×3.1=74.4 (cm)

❶단계 교과서 바로 알기
118~119쪽

확인 문제	한번 더! 확인
1 원주	**6** ( ) (○)
2 7 / 21.98, 7	**7** 3.1, 13
3 (1) 31, 10 (2) 5 cm	**8** (1) 14 cm에 ○표 (2) 7 cm
4 6 cm	**9** 60 cm
5 (1) 225÷3=75 (2) 75 cm	**10** 식 47.1÷3.14=15 답 15 cm

3 (1) (지름)=(원주)÷(원주율)=31÷3.1=10 (cm)
(2) (반지름)=(지름)÷2=10÷2=5 (cm)

4 (지름)=18.84÷3.14=6 (cm)

8 (1) (지름)=43.96÷3.14=14 (cm)
(2) (반지름)=14÷2=7 (cm)

9 (지름)=186÷3.1=60 (cm)

❶단계 교과서 바로 알기
116~117쪽

확인 문제	한번 더! 확인
1 지름	**6** ㉠
2 3.14, 31.4	**7** 15, 46.5
3 ㉡	**8** ㉡
4 24 cm	**9** 74.4 cm
5 (1) 9.42 m (2) 3.14 m	**10** 3, 12 / 2, 6 답 12 m, 6 m

3 (원주)=(지름)×(원주율)=6×3.1=18.6 (cm)

4 (원주)=(반지름)×2×(원주율)
=4×2×3=24 (cm)

5 (1) 3×3.14=9.42 (m)
(2) 1×3.14=3.14 (m)

❷단계 익힘책 바로 풀기
120~121쪽

1 (1) 원주율 (2) 지름	**2** 5, 15.7
3 8, 3.14, 25.12	**4** 27.9, 9
5 84 cm	**6** 10 cm
7 18 mm	**8** 42 cm
9	**10** 12
11 식 16×3.14=50.24	답 50.24 cm
12 2.5 cm	**13** 3 cm
14 ㉡	
15 ❶ 3, 147 ❷ 147, 3, 49	답 49 cm

8 (원주)$=7\times2\times3=42$ (cm)

9 (지름이 11 cm인 원의 원주)$=11\times3.1=34.1$ (cm)

(반지름이 6 cm인 원의 원주)$=6\times2\times3.1=37.2$ (cm)

(지름이 14 cm인 원의 원주)$=14\times3.1=43.4$ (cm)

10 (지름)$=75.36\div3.14=24$ (cm)

➡ (반지름)$=24\div2=12$ (cm)

11 (원주)$=16\times3.14=50.24$ (cm)

12 (지름)$=15.5\div3.1=5$ (cm)

➡ (반지름)$=5\div2=2.5$ (cm)

13 컴퍼스를 11 cm만큼 벌려 그린 원의 반지름은 11 cm 입니다.

(반지름이 11 cm인 원의 원주)$=11\times2\times3=66$ (cm)

➡ (두 원의 원주의 차)$=66-63=3$ (cm)

14 (㉠의 지름)$=40.3\div3.1=13$ (cm)

(㉡의 지름)$=5\times2=10$ (cm)

➡ 13 cm > 10 cm이므로 원의 지름이 더 짧은 것은 ㉡입니다.

🚩 단계 **교과서 바로 알기** 122~123쪽

확인 문제	한번 더! 확인
1 (1) < (2) <	**4** (1) 32 (2) 64
2 60, 88 / 60, 88	**5** 164, 224 / 164, 224
3 (1) 98 cm²	**6** 162, 324 /
(2) 196 cm²	예 원 밖에 있는 정사각형의 넓이보다 작기 때문입니다.
(3) 98, 196	

3 (1) $14\times14\div2=98$ (cm²)

(2) $14\times14=196$ (cm²)

참고
- (마름모의 넓이)
  $=$(한 대각선의 길이)$\times$(다른 대각선의 길이)$\div2$
- (정사각형의 넓이)$=$(한 변의 길이)$\times$(한 변의 길이)

4 (1) (원 안에 있는 마름모의 넓이)
  $=8\times8\div2=32$ (cm²)

(2) (원 밖에 있는 정사각형의 넓이)$=8\times8=64$ (cm²)

5 원의 넓이는 분홍색 모눈의 넓이인 164 cm²보다 크고, 빨간색 선 안쪽 모눈의 넓이인 224 cm²보다 작습니다.

🚩 단계 **교과서 바로 알기** 124~125쪽

확인 문제	한번 더! 확인
1 직사각형에 ○표	**6** (왼쪽부터) 원주, 반지름
2 12.56	**7** (왼쪽부터) 15.5, 5
3 7, 147	**8** 9, 3.14, 254.34
4 314 cm²	**9** 198.4 cm²
5 (1) 6 cm	**10** 2, 11 / 11, 11, 363
(2) 111.6 cm²	답 363 cm²

2 (가로)$=$(원주)$\times\dfrac{1}{2}=4\times2\times3.14\times\dfrac{1}{2}=12.56$ (cm)

3 (원의 넓이)$=$(반지름)$\times$(반지름)$\times$(원주율)
  $=7\times7\times3=147$ (cm²)

4 (원의 넓이)$=10\times10\times3.14=314$ (cm²)

5 (1) (거울의 반지름)$=12\div2=6$ (cm)

(2) (거울의 넓이)$=6\times6\times3.1=111.6$ (cm²)

6 직사각형의 가로는 (원주)$\times\dfrac{1}{2}$과 같고, 직사각형의 세로는 원의 반지름과 같습니다.

7 (가로)$=$(원주)$\times\dfrac{1}{2}=5\times2\times3.1\times\dfrac{1}{2}=15.5$ (cm)

(세로)$=$(원의 반지름)$=5$ cm

8 (원의 넓이)$=$(반지름)$\times$(반지름)$\times$(원주율)
  $=9\times9\times3.14=254.34$ (cm²)

9 (원의 넓이)$=8\times8\times3.1=198.4$ (cm²)

🚩 단계 **익힘책 바로 풀기** 126~127쪽

1 162 cm²	**2** 324 cm²
3 162, 324	**4** 9, 243
5 32, 60	**6** 12.56 cm²
7 77.5 cm²	**8** 153.86 cm²
9 식 $12\times12\times3.1=446.4$ 답 446.4 cm²	
10 ㉡	**11** 198.4 cm²
12 162 cm²	**13** 216 cm²
14 162, 216, 예 189	
15 ❶ 4, 48 ❷ 13, 507 ❸ 507, 48, 459	
답 459 cm²	

5 (분홍색 모눈의 수)=32개 ➡ 32 cm²

(빨간색 선 안쪽 모눈의 수)=60개 ➡ 60 cm²

➡ 원의 넓이는 분홍색 모눈의 넓이인 32 cm²보다 크고, 빨간색 선 안쪽 모눈의 넓이인 60 cm²보다 작습니다.

6 (원의 넓이)=(직사각형의 넓이)
=6.28×2=12.56 (cm²)

7 (원의 넓이)=5×5×3.1=77.5 (cm²)

8 (반지름)=14÷2=7 (cm)
➡ (원의 넓이)=7×7×3.14=153.86 (cm²)

10 (㉠의 넓이)=10×10×3=300 (cm²)
➡ 300 cm²<363 cm²이므로 넓이가 더 큰 원은 ㉡입니다.

11 정사각형 안에 들어갈 수 있는 가장 큰 원의 지름이 16 cm이므로 반지름은 8 cm입니다.
➡ (원의 넓이)=8×8×3.1=198.4 (cm²)

12 (원 안에 있는 정육각형의 넓이)
=(삼각형 ㄹㅇㅂ의 넓이)×6=27×6=162 (cm²)

참고
정육각형은 모양과 크기가 같은 정삼각형 6개로 이루어져 있습니다.

13 (원 밖에 있는 정육각형의 넓이)
=(삼각형 ㄱㅇㄷ의 넓이)×6=36×6=216 (cm²)

14 원의 넓이는 원 안에 있는 정육각형의 넓이인 162 cm²보다 크고, 원 밖에 있는 정육각형의 넓이인 216 cm²보다 작게 썼으면 모두 정답으로 합니다.

단계1 교과서 바로 알기
128~129쪽

확인 문제	한번 더! 확인
1 4	**5** 9
2 48, 99	**6** 8, 198.4, 52.7
3 (1) 100 cm²	**7** (1) 144 cm²
(2) 78.5 cm²	(2) 111.6 cm²
(3) 21.5 cm²	(3) 32.4 cm²
4 (1) 2 cm	**8** 2, 8 / 8, 8, 192
(2) 12.4 cm²	답 192 m²

2 (색칠한 부분의 넓이)=(큰 원의 넓이)−(작은 원의 넓이)
=147−48=99 (cm²)

3 (1) (정사각형의 넓이)=10×10=100 (cm²)

(2) (반지름)=10÷2=5 (cm)
➡ (원의 넓이)=5×5×3.14=78.5 (cm²)

(3) (색칠한 부분의 넓이)
=(정사각형의 넓이)−(원의 넓이)
=100−78.5=21.5 (cm²)

4 (1) (원 모양 반죽의 반지름)=16÷2=8 (cm)
➡ (구멍의 반지름)=8−6=2 (cm)

(2) (구멍의 넓이)=2×2×3.1=12.4 (cm²)

7 (1) (정사각형의 넓이)=12×12=144 (cm²)

(2) 색칠하지 않은 부분은 반지름이 12÷2=6 (cm)인 원과 같습니다.
➡ (색칠하지 않은 부분의 넓이의 합)
=6×6×3.1=111.6 (cm²)

(3) (색칠한 부분의 넓이)=144−111.6=32.4 (cm²)

단계2 익힘책 바로 풀기
130~131쪽

1 (1) 27 cm², 243 cm²   (2) 9배

2 2, 2, 12.56, 141.3   **3** ㉡

4 (1) 1   (2) 13.95 cm²   **5** (1) $\frac{3}{4}$ (2) 339.12 cm²

6 (1) 108 cm²   (2) 27 cm²   (3) 54 cm²

7 식 16×8=128   답 128 cm²

8 6 cm   **9** =

10 ❶ 15 / 15, 15, 675   ❷ 10 / 10, 10, 300
❸ 675, 300, 375   답 375 cm²

2 (색칠한 부분의 넓이)
=(큰 원의 넓이)−(작은 원의 넓이)
=153.86−12.56=141.3 (cm²)

4 (2) (반지름이 3 cm인 반원의 넓이)
=3×3×3.1×$\frac{1}{2}$=13.95 (cm²)

5 (1) 원의 $\frac{1}{4}$만큼을 잘라내고 원의 $\frac{3}{4}$이 남았습니다.

(2) (반지름이 12 cm인 원의 넓이)
=12×12×3.14=452.16 (cm²)
➡ (남은 부분의 넓이)=452.16×$\frac{3}{4}$=339.12 (cm²)

정답과 해설

6 (1) 큰 원의 반지름이 6 cm이므로
(큰 원의 넓이)=6×6×3=108 (cm²)입니다.
(2) 작은 원의 지름이 6 cm이므로
(반지름)=6÷2=3 (cm)입니다.
➡ (작은 원 1개의 넓이)=3×3×3=27 (cm²)
(3) (색칠한 부분의 넓이)
=(큰 원의 넓이)−(작은 원 1개의 넓이)×2
=108−27×2=54 (cm²)

7 색칠한 부분의 반원 부분을 빈 곳으로 옮기면 가로가
16 cm, 세로가 8 cm인 직사각형이 됩니다.
➡ (색칠한 부분의 넓이)=16×8=128 (cm²)

8 원의 넓이가 9배가 되면 3×3=9이므로 반지름은 3배
가 됩니다. ➡ (가의 반지름)=2×3=6 (cm)

[다른 풀이]
(나의 넓이)=2×2×3.14=12.56 (cm²)
(가의 넓이)=12.56×9=113.04 (cm²)
가의 반지름을 □cm라 하면 □×□×3.14=113.04,
□×□=36, □=6입니다.
➡ 가의 반지름은 6 cm입니다.

9 (가의 색칠한 부분의 넓이)=(지름이 8 cm인 원의 넓이)
=4×4×3.1=49.6 (cm²)
(나의 색칠한 부분의 넓이)
=(반지름이 8 cm인 원의 넓이)×$\frac{1}{4}$
=8×8×3.1×$\frac{1}{4}$=49.6 (cm²)
➡ (가의 색칠한 부분의 넓이)
=(나의 색칠한 부분의 넓이)

실력 바로 쌓기
132~133쪽

1-1 ❶ 3.1, 27.9 ❷ 3.1, 9, 3 / 3 [답] 3 cm
1-2 [답] 5 cm
2-1 ❶ 14, 2, 21.7 ❷ 21.7, 35.7 [답] 35.7 cm
2-2 [답] 41.12 cm
3-1 ❶ 14 ❷ 14, 7 ❸ 7, 7, 153.86
[답] 153.86 cm²
3-2 [답] 192 cm²
4-1 ❶ 15, 15, 675 ❷ 30, 2100
❸ 675, 2100, 2775 [답] 2775 m²
4-2 [답] 2110 m²

1-2 ❶ 나무 단면의 반지름을 ●cm라 하여 넓이 구하는
식 세우기: ●×●×3.14=78.5
❷ ●×●=78.5÷3.14=25, ●=5
➡ (나무 단면의 반지름)=5 cm

2-2 ❶ (곡선의 길이)=16×3.14×$\frac{1}{2}$=25.12 (cm)
❷ (도형의 둘레)=25.12+16=41.12 (cm)

3-1 ❶ 만들 수 있는 가장 큰 원의 지름은 직사각형 모양
종이의 가로와 세로 중 더 짧은 길이와 같습니다.

3-2 ❶ (만들 수 있는 가장 큰 원의 지름)=16 cm
❷ (만들 수 있는 가장 큰 원의 반지름)
=16÷2=8 (cm)
❸ (만들 수 있는 가장 큰 원의 넓이)
=8×8×3=192 (cm²)

4-2 ❶ (반원 부분 2개의 넓이의 합)
=10×10×3.1=310 (m²)
❷ (직사각형 부분의 넓이)=90×20=1800 (m²)
❸ (잔디밭의 넓이)=310+1800=2110 (m²)

[TEST] 단원 마무리 하기
134~136쪽

1 ·×·
2 3, 9.42
3 3.14, 3.14
4 ㉡
5 2, 6.2 / 6.2, 12.4
6 30 cm
7 유찬
8 26 cm
9 30 cm
10 243 m²
11 [식] 34.54÷3.14=11 [답] 11 cm
12 147 cm²
13 36$\frac{3}{4}$ cm²
14 ㉡
15 ㉠ 288, ㉡ 576
16 37.68, 12 / 452.16 cm²
17 ㉢
18 86 cm²
19 [예] ❶ (곡선의 길이)=20×3.1×$\frac{1}{2}$=31 (cm)
❷ (도형의 둘레)=31+20=51 (cm) [답] 51 cm
20 [예] ❶ 반원의 반지름이 3 cm이므로
(원의 넓이)=3×3×3=27 (cm²)입니다.
❷ (정사각형의 넓이)=6×6=36 (cm²)
❸ (색칠한 부분의 넓이)=27+36=63 (cm²)
[답] 63 cm²

7 (원의 넓이)$=6×6×3.1=111.6\,(\mathrm{cm}^2)$

8 (지름)$=81.64÷3.14=26\,(\mathrm{cm})$

9 (원 모양의 고리가 한 바퀴 굴러간 거리)$=$(원주)
➡ (지름)$=93÷3.1=30\,(\mathrm{cm})$

10 (텃밭의 넓이)$=9×9×3=243\,(\mathrm{m}^2)$

11 (지름)$=34.54÷3.14=11\,(\mathrm{cm})$

12 (원의 넓이)$=7×7×3=147\,(\mathrm{cm}^2)$

13 도형의 넓이는 반지름이 $7\,\mathrm{cm}$인 원의 넓이의 $\dfrac{1}{4}$입니다.
➡ (도형의 넓이)$=147×\dfrac{1}{4}=\dfrac{147}{4}=36\dfrac{3}{4}\,(\mathrm{cm}^2)$

14 지름이 $2\,\mathrm{cm}$인 원의 원주는 지름의 3배인 $6\,\mathrm{cm}$보다 길고, 지름의 4배인 $8\,\mathrm{cm}$보다 짧으므로 원주와 가장 비슷한 길이는 ㉡입니다.

15 (원 안에 있는 마름모의 넓이)
$=24×24÷2=288\,(\mathrm{cm}^2)$
(원 밖에 있는 정사각형의 넓이)$=24×24=576\,(\mathrm{cm}^2)$
$288\,\mathrm{cm}^2<$(원의 넓이), (원의 넓이)$<576\,\mathrm{cm}^2$
➡ ㉠$=288$, ㉡$=576$

16 (직사각형의 가로)$=$(원주)$×\dfrac{1}{2}$
$\qquad\qquad\qquad=12×2×3.14×\dfrac{1}{2}=37.68\,(\mathrm{cm})$
(직사각형의 세로)$=$(원의 반지름)$=12\,\mathrm{cm}$
➡ (원의 넓이)$=$(직사각형의 넓이)
$\qquad\qquad\qquad=37.68×12=452.16\,(\mathrm{cm}^2)$

17 지름을 각각 구하면 ㉠ $4×2=8\,(\mathrm{cm})$, ㉡ $7\,\mathrm{cm}$, ㉢ $27÷3=9\,(\mathrm{cm})$입니다.
➡ $9\,\mathrm{cm}>8\,\mathrm{cm}>7\,\mathrm{cm}$이므로 가장 큰 원은 ㉢입니다.

18 (정사각형의 넓이)$=20×20=400\,(\mathrm{cm}^2)$
(지름이 $20\,\mathrm{cm}$인 원의 넓이)
$=10×10×3.14=314\,(\mathrm{cm}^2)$
➡ (색칠한 부분의 넓이)$=400-314=86\,(\mathrm{cm}^2)$

19

채점 기준		
❶ 곡선의 길이를 구함.	3점	5점
❷ 도형의 둘레를 구함.	2점	

20 하트 모양은 반원 2개와 정사각형 1개로 이루어져 있습니다.

채점 기준		
❶ 반원 2개의 넓이를 구함.	2점	5점
❷ 정사각형의 넓이를 구함.	2점	
❸ 색칠한 부분의 넓이를 구함.	1점	

---

6 원기둥, 원뿔, 구

단계 1 교과서 바로 알기

138~139쪽

확인 문제

1 원기둥

2 (위에서부터) 밑면, 옆면, 높이

3 ㉡

4 $6\,\mathrm{cm}$

5 $9\,\mathrm{cm}$

6 (1) 아닙니다에 ○표
(2) 위와 아래에 있는 면이 합동 이 아니기 때문입니다.

한번 더! 확인

7 (○) (×)

8 (1) 밑면 (2) 옆면 (3) 높이

9 ㉠

10 $8\,\mathrm{cm}$

11 $4\,\mathrm{cm}$

12 답 아닙니다.
/ 예 합동이 아니고 서로 평행하지 않기 때문입니다.

5 한 변을 기준으로 직사각형 모양의 종이를 돌리면 높이가 $9\,\mathrm{cm}$인 원기둥이 만들어집니다.

10 두 밑면에 수직인 선분의 길이는 $8\,\mathrm{cm}$입니다.

11 한 변을 기준으로 직사각형 모양의 종이를 돌리면 원기둥이 만들어지고, 밑면의 지름은 반지름의 2배이므로 $2×2=4\,(\mathrm{cm})$입니다.

단계 1 교과서 바로 알기

140~141쪽

확인 문제

1 원

2 밑면, 옆면

3

4 $31.4\,\mathrm{cm}$

5 (1) 아닙니다에 ○표
(2) 예 서로 겹쳐지기 때문입니다.

한번 더! 확인

6 직사각형

7

8

9 $18.6\,\mathrm{cm}$

10 답 아닙니다.
/ 예 두 밑면이 합동이 아니기 때문입니다.

4 원기둥의 전개도에서 선분 ㄱㄴ의 길이는 밑면의 둘레와 같으므로 $5×2×3.14=31.4\,(\mathrm{cm})$입니다.

1 나　　　　　　　**2** 원기둥

3 (위에서부터) 밑면, 옆면, 높이, 밑면

4 8 cm　　　　　　**5** 원, 2

6 (1) 선분 ㄱㄹ, 선분 ㄴㄷ　(2) 선분 ㄱㄴ, 선분 ㄹㄷ

7 (×) (○)　　　　**8** 현서

9 (1) ○　(2) ×　　　**10** ㉢

11 43.4 cm　　　　　**12** 6 cm, 5 cm

13 ❶ 36, 12　❷ 12, 6　답 6 cm

14 ㉢

15 예

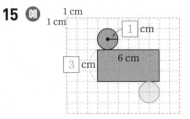

16 10 cm　　　　　　**17** ㉠, ㉢

18 (위에서부터) 2, 12.56

19 14 cm　　　　　　**20** 24 cm

21 32 cm　　　　　　**22** ㉢, ㉠, ㉡

23 예

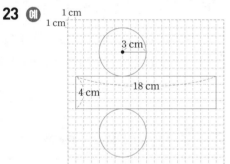

24 ❶ 3, 30　❷ 30, 120　답 120 cm²

10 원기둥의 밑면은 서로 평행합니다.

11 (옆면의 가로)＝(밑면의 둘레)
$$＝7 \times 2 \times 3.1＝43.4\,(cm)$$

12 한 변을 기준으로 직사각형 모양의 종이를 돌리면 밑면의 지름은 반지름의 2배이므로 3×2＝6 (cm)이고, 높이는 5 cm인 원기둥이 만들어집니다.

13 ❶ (옆면의 가로)＝(밑면의 지름)×(원주율)
　➡ (밑면의 지름)＝(옆면의 가로)÷(원주율)

14 ㉢ 옆면의 세로의 길이와 원기둥의 높이는 같습니다.

15 • 두 밑면은 합동인 원 모양이므로 반지름이 1 cm인 원 모양 1개를 더 그립니다.
　• (밑면의 반지름)＝1 cm
　(옆면의 세로)＝(원기둥의 높이)＝3 cm

16 앞에서 본 모양이 정사각형이고 가로가 10 cm이므로 세로도 10 cm입니다. 따라서 원기둥의 높이는 10 cm입니다.

17 ㉡ 원기둥은 밑면이 원, 각기둥은 밑면이 다각형입니다.

18 (밑면의 반지름)＝2 cm
　(옆면의 가로)＝(밑면의 둘레)
$$＝2 \times 2 \times 3.14＝12.56\,(cm)$$

19 원기둥의 전개도에서 밑면의 둘레는 옆면의 가로와 같으므로 밑면의 둘레는 43.4 cm입니다.
　➡ (밑면의 지름)＝(밑면의 둘레)÷(원주율)
$$＝43.4 \div 3.1＝14\,(cm)$$

20 한 변을 기준으로 직사각형 모양의 종이를 돌려 만든 입체도형의 밑면은 반지름이 4 cm인 원입니다. 따라서 밑면의 지름은 4×2＝8 (cm)이므로 한 밑면의 둘레는 8×3＝24 (cm)입니다.

21 밑면의 지름은 16 cm입니다. 앞에서 본 직사각형 모양에서 가로는 원기둥의 밑면의 지름과 같고 세로는 원기둥의 높이입니다. 직사각형의 세로는 가로의 2배이므로 16×2＝32 (cm)입니다.

22 ㉠ 2개　㉡ 1개　㉢ 5개
　➡ 5개＞2개＞1개이므로 개수가 많은 것부터 차례로 쓰면 ㉢, ㉠, ㉡입니다.

23 (옆면의 가로)＝(밑면의 둘레)＝3×2×3＝18 (cm)
　(옆면의 세로)＝(원기둥의 높이)＝4 cm

확인 문제	한번 더! 확인
1 (○) (　)	**6** 나
2 (위에서부터) 원뿔의 꼭짓점, 높이, 모선	**7** (1) 모선 (2) 높이
3 높이	**8**
4 8 cm	**9** 8 cm
5 (1) ㉡ (2) 예 항상 모선의 길이 보다 짧습니다.	**10** 서준 / 예 원뿔의 모선은 셀 수 없이 많습니다.

4 한 변을 기준으로 직각삼각형을 돌리면 원뿔이 만들어지고, 원뿔의 높이는 8 cm입니다.

9 한 변을 기준으로 직각삼각형 모양의 종이를 돌리면 원뿔이 만들어지고, 밑면의 지름은 직각삼각형의 밑변의 길이의 2배이므로 $4 \times 2 = 8$ (cm)입니다.

 단계 1 **교과서 바로 알기**
148~149쪽

확인 문제	**한번 더! 확인**
1 구	**7** ( )( )(○)
2 구의 반지름	**8** ㉡
3 7 cm	**9** 4 cm
4 4, 8	**10** 7 cm
5 가	**11** 나
6 예 굽은 면이 있습니다.	**12** 예 삼각형이고, 구는 앞에서 본 모양이 원입니다.

4 만든 구의 반지름은 반원의 반지름과 같으므로 4 cm 이고, 만든 구의 지름은 반지름의 2배이므로 $4 \times 2 = 8$ (cm)입니다.

5 나, 다: 원뿔은 뿔 모양이므로 뾰족한 부분이 있습니다.

11 가: 원기둥은 원 모양인 밑면이 2개 있습니다.
나: 구는 밑면이 없습니다.
다: 원뿔은 원 모양인 밑면이 1개 있습니다.

 단계 2 **익힘책 바로 풀기**
150~151쪽

1 예 셀 수 없이 많습니다.
2 중심, 반지름
3 18 cm
4
5 (1) 다 (2) 16 cm
6 원뿔에 ○표
7 구, 8 cm
8 □ , △ ○
9 (위에서부터) 사각형 / 원, 삼각형
10 ㉡
11 공통점 예 밑면의 모양이 원입니다.
차이점 예 원기둥에는 꼭짓점이 없고, 원뿔에는 꼭짓점이 있습니다.
12 ① 11 ② 9 ③ 11, 9, 2 답 2 cm

5 ② 만들어진 입체도형은 원뿔이고, 원뿔의 밑면의 지름은 직각삼각형의 밑변의 길이의 2배이므로 $8 \times 2 = 16$ (cm)입니다.

7 지름을 기준으로 반원 모양의 종이를 돌리면 구가 만들어지고, 구의 반지름은 반원의 지름의 반이므로 $16 \div 2 = 8$ (cm)입니다.

8 원기둥, 원뿔, 구를 옆에서 본 모양은 각각 직사각형, 삼각형, 원입니다.

10 ㉡ 구는 밑면이 없습니다.

11 평가 기준
원기둥과 원뿔의 공통점과 차이점을 바르게 썼으면 정답으로 합니다.

 **단계** 3 **실력 바로 쌓기**
152~153쪽

1-1 ① 12, 12 ② 12, 12, 72 답 72 cm²
1-2 답 36 cm²
2-1 ① 90, 15 ② 15, 5 답 5 cm
2-2 답 4 cm
3-1 ① 6 ② 6, 6, 54 답 54 cm²
3-2 답 99.2 cm²
4-1 ① 2, 29.7 ② 8, 24.8 ③ 29.7, 24.8, 4.9 답 4.9 cm
4-2 답 6 cm

1-2 ① 원뿔을 앞에서 본 모양은 밑변의 길이가 8 cm, 높이가 9 cm인 삼각형입니다.
② (앞에서 본 모양의 넓이)$= 8 \times 9 \div 2 = 36$ (cm²)

2-2 ① (한 밑면의 둘레)$= 62 \div 5 = 12.4$ (cm)
② (밑면의 지름)$= 12.4 \div 3.1 = 4$ (cm)

3-2 ① 돌리기 전 평면도형은 반지름이 8 cm인 반원입니다.
② (돌리기 전 평면도형의 넓이)$= 8 \times 8 \times 3.1 \times \dfrac{1}{2}$
$= 99.2$ (cm²)

4-2 ① (옆면의 가로와 세로의 길이의 합)
$= 96 \div 2 = 48$ (cm)
② (옆면의 가로)$= 14 \times 3 = 42$ (cm)
③ (원기둥의 높이)$= 48 - 42 = 6$ (cm)

154~156쪽 **TEST** 단원 마무리 **하기**

1 라　　　　　　　　**2** 가
3

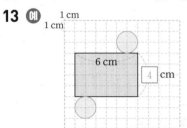

4 4 cm

5 구　　　　　　　　**6** 원뿔
7 ╳　　　　　　　　**8** 나
9 □　　　　　　　　**10** 구

11 9 cm　　　　　　　**12** 현규
13 예

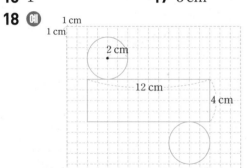

14 서아
15 ㉡ / 예 원뿔에는 꼭짓점만 있고, 각뿔에는 꼭짓점과 모서리가 모두 있습니다.
16 1　　　　　　　　**17** 3 cm
18 예

2 cm
12 cm
4 cm

19 예 **①** 한 변을 기준으로 직각삼각형 모양의 종이를 돌려 만든 입체도형의 밑면은 반지름이 3 cm인 원입니다.
　　② (밑면의 지름)=3×2=6 (cm)
　　③ (밑면의 둘레)=6×3=18 (cm)　답 18 cm
20 예 **①** (옆면의 가로와 세로의 길이의 합)
　　　　＝70÷2=35 (cm)
　　② (옆면의 가로)=9×3=27 (cm)
　　③ (원기둥의 높이)=35－27=8 (cm)
　　답 8 cm

7 한 변을 기준으로 직사각형을 돌리면 원기둥이 만들어지고, 직각삼각형을 돌리면 원뿔이 만들어집니다.

8 가: 두 원이 합동이지만 전개도를 접었을 때 서로 겹쳐지므로 원기둥을 만들 수 없습니다.
　　다: 두 원이 합동이 아니므로 원기둥을 만들 수 없습니다.

9 원기둥을 앞에서 본 모양은 직사각형입니다.

10 구는 어느 방향에서 보아도 원 모양입니다.

11 지름을 기준으로 반원 모양의 종이를 돌리면 구가 만들어지고, 구의 반지름은 반원의 지름의 반이므로 18÷2=9 (cm)입니다.

12 나는 밑면의 지름을 재는 방법입니다. 지름이 6 cm이므로 반지름은 3 cm입니다.

13 • 전개도의 위와 아래에 반지름이 1 cm인 원을 2개 그립니다.
　　• (밑면의 반지름)=1 cm
　　　(옆면의 세로)=(원기둥의 높이)=4 cm

14 원뿔의 높이는 모선의 길이보다 짧습니다.

15 각뿔에는 꼭짓점과 모서리가 모두 있지만 원뿔은 옆면이 굽은 면이므로 꼭짓점은 있고, 모서리는 없습니다.

평가 기준
　원뿔에는 꼭짓점만 있고, 각뿔에는 꼭짓점과 모서리가 모두 있다는 내용을 썼으면 정답으로 합니다.

16 구의 밑면은 없으므로 ㉠=0,
　　원뿔의 밑면은 1개이므로 ㉡=1입니다.
　　➡ ㉠＋㉡＝0＋1＝1

17 옆면의 가로는 밑면의 둘레와 같습니다.
　　(지름)=18.6÷3.1=6 (cm)
　　(반지름)=(지름)÷2=6÷2=3 (cm)

18 (밑면의 반지름)=2 cm
　　(옆면의 가로)=(밑면의 둘레)=2×2×3=12 (cm)
　　(옆면의 세로)=(원기둥의 높이)=4 cm

19

채점 기준		
❶ 만든 입체도형의 밑면의 반지름을 구함.	2점	
❷ 만든 입체도형의 밑면의 지름을 구함.	1점	5점
❸ 만든 입체도형의 밑면의 둘레를 구함.	2점	

20

채점 기준		
❶ 옆면의 가로와 세로의 길이의 합을 구함.	1점	
❷ 옆면의 가로를 구함.	2점	5점
❸ 원기둥의 높이를 구함.	2점	

1 분수의 나눗셈

1 단원 **익힘책 다시 풀기**

1 8

2 (선 잇기)

3 <

4 식 $\dfrac{9}{10} \div \dfrac{1}{10} = 9$ 답 9개

5 3

6 ㉢

7 2

8 3도막

9 $\dfrac{9}{10} \div \dfrac{7}{10} = 9 \div 7 = \dfrac{9}{7} = 1\dfrac{2}{7}$

10 $1\dfrac{3}{5}$

11 $\dfrac{5}{16} \div \dfrac{9}{16} = 5 \div 9 = \dfrac{5}{9}$

12 ( )(×)( )

13 $\dfrac{3}{4}$

14 $2\dfrac{3}{4}$배

15 ❶ 13, 5, 13, 5, $\dfrac{13}{5}$, $2\dfrac{3}{5}$ ❷ $2\dfrac{3}{5}$, $7\dfrac{4}{5}$

　　답 $7\dfrac{4}{5}$ km

2 $\dfrac{12}{13} \div \dfrac{1}{13} = 12 \div 1 = 12$, $\dfrac{7}{12} \div \dfrac{1}{12} = 7 \div 1 = 7$

3 $\dfrac{2}{7} \div \dfrac{1}{7} = 2 \div 1 = 2$ ➡ 2<4

4 (필요한 컵의 수)$= \dfrac{9}{10} \div \dfrac{1}{10} = 9 \div 1 = 9$(개)

6 ▲⌷ ÷ ●⌷ = ▲ ÷ ● ➡ $\dfrac{8}{15} \div \dfrac{2}{15} = 8 \div 2$

7 $\square \times \dfrac{2}{9} = \dfrac{4}{9}$, $\square = \dfrac{4}{9} \div \dfrac{2}{9} = 4 \div 2 = 2$

8 (자른 끈의 수)$= \dfrac{15}{16} \div \dfrac{5}{16} = 15 \div 5 = 3$(도막)

10 $\dfrac{8}{9} > \dfrac{5}{9}$ ➡ $\dfrac{8}{9} \div \dfrac{5}{9} = 8 \div 5 = \dfrac{8}{5} = 1\dfrac{3}{5}$

12 $\dfrac{9}{11} \div \dfrac{10}{11} = 9 \div 10 = \dfrac{9}{10}$

13 ㉮ $\dfrac{3}{7}$, ㉯ $\dfrac{4}{7}$ ➡ ㉮ ÷ ㉯ $= \dfrac{3}{7} \div \dfrac{4}{7} = 3 \div 4 = \dfrac{3}{4}$

14 (배 한 개의 무게)÷(귤 한 개의 무게)

　　$= \dfrac{11}{15} \div \dfrac{4}{15} = 11 \div 4 = \dfrac{11}{4} = 2\dfrac{3}{4}$(배)

1 단원 **익힘책 다시 풀기**

1 $1\dfrac{3}{7}$

2 $\dfrac{3}{8} \div \dfrac{2}{3} = \dfrac{9}{24} \div \dfrac{16}{24} = 9 \div 16 = \dfrac{9}{16}$

3 ( )(○)

4 $1\dfrac{1}{5}$

5 식 $\dfrac{2}{3} \div \dfrac{13}{15} = \dfrac{10}{13}$ 답 $\dfrac{10}{13}$ m

6 ㉢, ㉠, ㉡

7 3, 4, 5

8 $3\dfrac{1}{3}$

9 10, 7, 35

10 20

11 (위에서부터) 39, 54

12 ㉡

13 120분

14 4개

15 ❶ 3, 2, 6 ❷ 6, $\dfrac{2}{3}$, 9 답 9개

5 (땅의 세로)$= \dfrac{2}{3} \div \dfrac{13}{15} = \dfrac{10}{15} \div \dfrac{13}{15} = 10 \div 13 = \dfrac{10}{13}$ (m)

6 ㉠ $\dfrac{1}{2} \div \dfrac{1}{4} = 2$ ㉡ $\dfrac{2}{9} \div \dfrac{7}{8} = \dfrac{16}{63}$ ㉢ $\dfrac{5}{6} \div \dfrac{2}{7} = 2\dfrac{11}{12}$

　　➡ ㉢ > ㉠ > ㉡

7 $\dfrac{7}{10} \div \dfrac{4}{15} = \dfrac{21}{30} \div \dfrac{8}{30} = 21 \div 8 = \dfrac{21}{8} = 2\dfrac{5}{8}$,

　　$\dfrac{4}{9} \div \dfrac{1}{12} = \dfrac{16}{36} \div \dfrac{3}{36} = 16 \div 3 = \dfrac{16}{3} = 5\dfrac{1}{3}$

　　➡ $2\dfrac{5}{8} < \square < 5\dfrac{1}{3}$이므로 $\square$ 안에 들어갈 수 있는 자연수는 3, 4, 5입니다.

8 어떤 수를 $\square$라 하면 $\square \times \dfrac{3}{22} = \dfrac{5}{11}$,

　　$\square = \dfrac{5}{11} \div \dfrac{3}{22} = \dfrac{10}{22} \div \dfrac{3}{22} = 10 \div 3 = \dfrac{10}{3} = 3\dfrac{1}{3}$

　　입니다.

12 ㉠ $3 \div \dfrac{3}{7} = (3 \div 3) \times 7 = 7$

　　㉡ $4 \div \dfrac{2}{3} = (4 \div 2) \times 3 = 2 \times 3 = 6$

13 $75 \div \dfrac{5}{8} = (75 \div 5) \times 8 = 15 \times 8 = 120$(분)

14 $8 \div \dfrac{●}{11} = (8 \div ●) \times 11$은 자연수이므로 ●는 8의 약수입니다.

　　➡ ●=1, 2, 4, 8로 모두 4개입니다.

1 $\dfrac{9}{8}$

2 방법1 예 $\dfrac{5}{8} \div \dfrac{4}{5} = \dfrac{25}{40} \div \dfrac{32}{40} = 25 \div 32 = \dfrac{25}{32}$

방법2 예 $\dfrac{5}{8} \div \dfrac{4}{5} = \dfrac{5}{8} \times \dfrac{5}{4} = \dfrac{25}{32}$

3 $1\dfrac{1}{5}$, $1\dfrac{2}{5}$ **4** $2\dfrac{4}{5}$ **5** $\dfrac{28}{45}$ m

6 식 $\dfrac{7}{10} \div \dfrac{5}{6} = \dfrac{21}{25}$ 답 $\dfrac{21}{25}$ kg

7 $1\dfrac{1}{6}$ L   **8** $4\dfrac{1}{4}$

9 $1\dfrac{2}{7} \div 2\dfrac{1}{4} = \dfrac{9}{7} \div \dfrac{9}{4} = \dfrac{\overset{1}{\cancel{9}}}{7} \times \dfrac{4}{\underset{1}{\cancel{9}}} = \dfrac{4}{7}$

10 예 대분수를 가분수로 바꾸어 계산하지 않았습니다.

/ $3\dfrac{3}{8} \div \dfrac{3}{5} = \dfrac{27}{8} \div \dfrac{3}{5} = \dfrac{\overset{9}{\cancel{27}}}{8} \times \dfrac{5}{\underset{1}{\cancel{3}}} = \dfrac{45}{8} = 5\dfrac{5}{8}$

11 <   **12** $1\dfrac{1}{2}$배

13 ❶ $\dfrac{4}{5}$, $2\dfrac{5}{8}$ / 2   ❷ $\dfrac{5}{8}$, $\dfrac{5}{8}$, $\dfrac{1}{2}$ 답 2개, $\dfrac{1}{2}$ m

---

5 (높이)=(평행사변형의 넓이)÷(밑변의 길이)

$= \dfrac{4}{9} \div \dfrac{5}{7} = \dfrac{4}{9} \times \dfrac{7}{5} = \dfrac{28}{45}$ (m)

6 $\dfrac{7}{10} \div \dfrac{5}{6} = \dfrac{7}{\underset{5}{\cancel{10}}} \times \dfrac{\overset{3}{\cancel{6}}}{5} = \dfrac{21}{25}$ (kg)

7 남은 주스의 양은 전체의 $1 - \dfrac{2}{5} = \dfrac{3}{5}$입니다.

처음에 있던 주스의 양을 □L라 하면 $\square \times \dfrac{3}{5} = \dfrac{7}{10}$,

$\square = \dfrac{7}{10} \div \dfrac{3}{5} = \dfrac{7}{\underset{2}{\cancel{10}}} \times \dfrac{\overset{1}{\cancel{5}}}{3} = \dfrac{7}{6} = 1\dfrac{1}{6}$입니다.

10 평가 기준

대분수를 가분수로 바꾸지 않았다고 까닭을 쓰고 바르게 계산했으면 정답으로 합니다.

11 $\dfrac{11}{6} \div \dfrac{3}{4} = \dfrac{11}{\underset{3}{\cancel{6}}} \times \dfrac{\overset{2}{\cancel{4}}}{3} = \dfrac{22}{9} = 2\dfrac{4}{9}$,

$2\dfrac{1}{3} \div \dfrac{5}{6} = \dfrac{7}{3} \div \dfrac{5}{6} = \dfrac{7}{\underset{1}{\cancel{3}}} \times \dfrac{\overset{2}{\cancel{6}}}{5} = \dfrac{14}{5} = 2\dfrac{4}{5}$

→ $2\dfrac{4}{9} < 2\dfrac{4}{5}$

---

12 (학교에서 석진이네 집까지의 거리)
÷(학교에서 윤기네 집까지의 거리)

$= 2\dfrac{1}{2} \div 1\dfrac{2}{3} = \dfrac{5}{2} \div \dfrac{5}{3} = \dfrac{\overset{1}{\cancel{5}}}{2} \times \dfrac{3}{\underset{1}{\cancel{5}}} = \dfrac{3}{2} = 1\dfrac{1}{2}$(배)

13 ❶ $2\dfrac{1}{10} \div \dfrac{4}{5} = \dfrac{21}{10} \div \dfrac{4}{5} = \dfrac{21}{\underset{2}{\cancel{10}}} \times \dfrac{\overset{1}{\cancel{5}}}{4} = \dfrac{21}{8} = 2\dfrac{5}{8}$

연습 **1** ❷ 15, $1\dfrac{7}{8}$ ❸ 75, $4\dfrac{11}{16}$ 답 $4\dfrac{11}{16}$

실전 **1-1** 예 ❶ 어떤 수를 □라 하여 잘못 계산한 식을

세우면 $\square \times \dfrac{3}{7} = \dfrac{4}{5}$입니다.

❷ $\square = \dfrac{4}{5} \div \dfrac{3}{7} = \dfrac{4}{5} \times \dfrac{7}{3} = \dfrac{28}{15} = 1\dfrac{13}{15}$

❸ 바르게 계산한 값은

$1\dfrac{13}{15} \div \dfrac{3}{7} = \dfrac{28}{15} \div \dfrac{3}{7} = \dfrac{28}{15} \times \dfrac{7}{3} = \dfrac{196}{45} = 4\dfrac{16}{45}$

입니다.

답 $4\dfrac{16}{45}$

실전 **1-2** 예 ❶ 어떤 수를 □라 하여 잘못 계산한 식을

세우면 $\square \times \dfrac{5}{8} = \dfrac{2}{3}$입니다.

❷ $\square = \dfrac{2}{3} \div \dfrac{5}{8} = \dfrac{2}{3} \times \dfrac{8}{5} = \dfrac{16}{15} = 1\dfrac{1}{15}$

❸ 바르게 계산한 값은

$1\dfrac{1}{15} \div \dfrac{5}{8} = \dfrac{16}{15} \div \dfrac{5}{8} = \dfrac{16}{15} \times \dfrac{8}{5} = \dfrac{128}{75} = 1\dfrac{53}{75}$

입니다.

답 $1\dfrac{53}{75}$

연습 **2** ❶ 5   ❷ $\dfrac{5}{9}$ ❸ 27, 27   답 27명

실전 **2-1** 예 ❶ 동생이 없는 학생은 전체의 $1 - \dfrac{5}{8} = \dfrac{3}{8}$

입니다.

❷ 소민이네 반 학생 수를 □명이라 하면

$\square \times \dfrac{3}{8} = 12$입니다.

❸ $\square = 12 \div \dfrac{3}{8} = \overset{4}{\cancel{12}} \times \dfrac{8}{\underset{1}{\cancel{3}}} = 32$이므로 소민이네

반 학생은 모두 32명입니다.

답 32명

실전 2-2 예 ❶ 안경을 쓰지 않은 학생은 전체의

$1-\dfrac{2}{7}=\dfrac{5}{7}$입니다.

❷ 미연이네 반 학생 수를 □명이라 하면

$□×\dfrac{5}{7}=20$입니다.

❸ $□=20÷\dfrac{5}{7}=\overset{4}{20}×\dfrac{7}{\underset{1}{5}}=28$이므로 미연이네

반 학생은 모두 28명입니다.　**답** 28명

연습 3 ❶ 5　❷ 7, 5, 35　**답** 35대

실전 3-1 예 ❶ (8시간 동안 만드는 로봇의 수)

$=8÷2\dfrac{2}{3}=8÷\dfrac{8}{3}=\overset{1}{8}×\dfrac{3}{\underset{1}{8}}=3$(개)

❷ 일주일은 7일이므로 일주일 동안 만들 수 있는 로봇은 모두 $3×7=21$(개)입니다.

답 21개

실전 3-2 예 ❶ (9시간 동안 만드는 자동차의 수)

$=9÷2\dfrac{1}{4}=9÷\dfrac{9}{4}=\overset{1}{9}×\dfrac{4}{\underset{1}{9}}=4$(대)

❷ 일주일은 7일이므로 일주일 동안 만들 수 있는 자동차는 모두 $4×7=28$(대)입니다.

답 28대

연습 4 ❶ 29, 7, 1 / 7　❷ 4, 8 / 8　❸ 7　**답** 7인분

실전 4-1 예 ❶ $7\dfrac{1}{8}÷1\dfrac{3}{8}=\dfrac{57}{8}÷\dfrac{11}{8}=\dfrac{57}{11}=5\dfrac{2}{11}$

➡ 밀가루로 5봉지까지 만들 수 있습니다.

❷ $2÷\dfrac{1}{2}=2×2=4$

➡ 팥소로 4봉지까지 만들 수 있습니다.

❸ 붕어빵을 4봉지까지 나누어 줄 수 있습니다.

답 4봉지

실전 4-2 예 ❶ $80\dfrac{4}{5}÷\dfrac{3}{5}=\dfrac{404}{5}÷\dfrac{3}{5}=\dfrac{404}{3}=134\dfrac{2}{3}$

➡ 밥은 134명까지 나누어 줄 수 있습니다.

❷ $40÷\dfrac{5}{16}=(40÷5)×16=128$

➡ 국은 128명까지 나누어 줄 수 있습니다.

❸ 밥과 국을 함께 128명까지 나누어 줄 수 있습니다.　**답** 128명

연습 4 밀가루와 만두소를 같은 수만큼 사용해 만두를 만들어야 합니다.

2　소수의 나눗셈

12~13쪽 2 단원 익힘책 다시 풀기

1 (위에서부터) 10, 10, 105, 35, 3 / 3

2 2배　　　　　　**3** 4배

4 (1) 2　(2) 8　　**5** 5

6 <　　　　　　　**7** 14그루

8 232, 58, 232, 58, 4

9 9

10

$$
\begin{array}{r}
23 \\
0.61\,\overline{)\,14.03} \\
\underline{12\ 2} \\
1\ 83 \\
\underline{1\ 83} \\
0
\end{array}
$$

11 ㉡　　　　　　**12** 서준

13 8

14 ❶ 0.68, 0.32　❷ 0.32, 102　**답** 102 cm

2　$13.6÷6.8$
　　10배 ↓　10배 ↓
　　$136÷68=2$
➡ $13.6÷6.8=2$(배)

3　$80.48÷20.12$
　　100배 ↓　100배 ↓
　　$8048÷2012=4$
➡ $80.48÷20.12=4$(배)

4 (1)
$$
\begin{array}{r}
2 \\
1.9\,\overline{)\,3.8} \\
\underline{3\ 8} \\
0
\end{array}
$$
(2)
$$
\begin{array}{r}
8 \\
2.6\,\overline{)\,20.8} \\
\underline{20\ 8} \\
0
\end{array}
$$

5
$$
\begin{array}{r}
5 \\
2.5\,\overline{)\,12.5} \\
\underline{12\ 5} \\
0
\end{array}
$$

6　$8.5÷1.7=5$ ➡ $5<5.2$

7 (필요한 나무의 수)=(연못의 둘레)÷(간격의 길이)
　　　　$=47.6÷3.4=14$(그루)

9　$4.23÷0.47=9$

11 ㉠ $3.36÷0.84=\dfrac{336}{100}÷\dfrac{84}{100}=336÷84=4$

㉡ $1.14÷0.19=\dfrac{114}{100}÷\dfrac{19}{100}=114÷19=6$

12 • 서아: $15.75 \div 1.75 = 9$

• 서준: $19.38 \div 3.23 = 6$

➡ 몫이 7보다 작은 나눗셈을 말한 사람은 서준입니다.

13 어떤 수를 □라 하여 식을 쓰면 잘못 계산한 식은

□$\times 0.54 = 4.32$입니다.

➡ □$= 4.32 \div 0.54 = 8$

---

1 1.6

2

3 예 몫의 소수점을 옮긴 소수점의 위치에 맞춰 찍지 않았습니다.

4 2.3   **5** 2.8배

6 4.5 cm   **7** ㉡, 29.7

8 ㉡   **9** 18

10 >   **11** 20명

12 식 $60 \div 2.4 = 25$ 답 25분

13 2000원

14 ❶ 30, 5, 2.5 ❷ 2.5, 82 답 82 km

2

$$1.8 \overline{)\begin{array}{r} 4.9 \\ 8.8\ 2 \\ \hline 7\ 2 \\ \hline 1\ 6\ 2 \\ 1\ 6\ 2 \\ \hline 0 \end{array}}$$

$$13.5 \overline{)\begin{array}{r} 3.7 \\ 4\ 9.9\ 5 \\ \hline 4\ 0\ 5 \\ \hline 9\ 4\ 5 \\ 9\ 4\ 5 \\ \hline 0 \end{array}}$$

3 평가 기준

몫의 소수점을 옮긴 소수점의 위치에 맞춰 찍지 않았다고 썼으면 정답으로 합니다.

4 $9.66 > 5.01 > 4.2$ ➡ $9.66 \div 4.2 = 2.3$

5 (가 막대의 길이)÷(나 막대의 길이)

$= 17.64 \div 6.3 = 2.8$(배)

6 (세로)=(직사각형의 넓이)÷(가로)

$= 75.15 \div 16.7 = 4.5$ (cm)

7 ㉠ $5.94 \div 2 = 2.97$ ➡ $5.94 > 2.97$

㉡ $5.94 \div 0.2 = 29.7$ ➡ $5.94 < 29.7$

㉢ $5.94 \div 1.5 = 3.96$ ➡ $5.94 > 3.96$

8 ㉠ $35 \div 2.5 = 350 \div 25$

9

$$4.5 \overline{)\begin{array}{r} 1\ 8 \\ 8\ 1.0 \\ \hline 4\ 5 \\ \hline 3\ 6\ 0 \\ 3\ 6\ 0 \\ \hline 0 \end{array}}$$

10 $\left.\begin{array}{l} 36 \div 1.44 = 25 \\ 42 \div 1.75 = 24 \end{array}\right\rbrace$ ➡ $25 > 24$

11 $25 \div 1.25 = 20$(명)

12 (받아야 할 물의 양)÷(1분 동안 나오는 물의 양)

$= 60 \div 2.4 = 25$(분)

13 (서현이의 저금통에 있는 돈)

=(은별이의 저금통에 있는 돈)$\times 2.3$

➡ (은별이의 저금통에 있는 돈)

$= 4600 \div 2.3 = 2000$(원)

1

$$7 \overline{)\begin{array}{r} 0.1\ 5\ /\ 0.2 \\ 1.1 \\ \hline 7 \\ \hline 4\ 0 \\ 3\ 5 \\ \hline 5 \end{array}}$$

2 ㉠

3 15

4 <

5 2.7배

6 1.57분 뒤

7 ❶ 0.28, 1.54 ❷ 6.07, 1.54, 3, 9, 4 답 4배

8 식 $2.2 - 0.4 - 0.4 - 0.4 - 0.4 - 0.4 = 0.2$

/ 5개, 0.2 kg

9

$$0.4 \overline{)\begin{array}{r} 5\ /\ 5개,\ 0.2\ kg \\ 2.2 \\ \hline 2\ 0 \\ \hline 0.2 \end{array}}$$

10

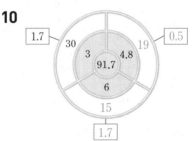

11

$$4 \overline{)\begin{array}{r} 7\ /\ 7봉지,\ 2.3\ kg \\ 3\ 0.3 \\ \hline 2\ 8 \\ \hline 2.3 \end{array}}$$

12 28개, 1.8 m   **13** 23권

14 0.9 kg

4 $60.82 \div 2.7 = 22.525\cdots$

소수 첫째 자리까지: $22.5\underline{2} \rightarrow 22.5$

소수 둘째 자리까지: $22.52\underline{5} \rightarrow 22.53$

$\rightarrow 22.5 < 22.53$

5 $0.8 \div 0.3 = 2.6\underline{6}\cdots \rightarrow 2.7$배

6 $33 \div 21 = 1.57\underline{1}\cdots \rightarrow 1.57$분 뒤

10 • $91.7 \div 4.8 \rightarrow$ 몫: 19, 남는 양: 0.5

• $91.7 \div 6 \rightarrow$ 몫: 15, 남는 양: 1.7

12
```
        2 8    ← 만들 수 있는 목도리 수
   5) 1 4 1.8
      1 0
        4 1
        4 0
        1.8   ← 남는 털실의 길이
```

13
```
          2 3
   2.4) 5 5.5
        4 8
          7 5
          7 2
          0.3
```
→ 책꽂이 한 칸의 가로보다 더 길게 꽂을 수 없으므로 23권까지 꽂을 수 있습니다.

14
```
          8
   3) 2 6.1
      2 4
      2.1
```
→ 남는 블루베리는 2.1 kg이므로 블루베리가 적어도 $3-2.1=0.9$ (kg)이 있어야 남김없이 판매할 수 있습니다.

18~21쪽 **2** 단원 서술형 바로 쓰기

연습 1 ❶ 5, 3.2 ❷ 96, 30 답 30년

실전 1-1 예 ❶ (소나무가 1년 동안 자란 높이)
$=2.52 \div 3 = 0.84$ (m)

❷ (소나무의 높이를 관찰한 기간)
$=6.72 \div 0.84 = 8$(년)

답 8년

실전 1-2 예 ❶ (물이 1분 동안 증발한 양)
$=5.2 \div 2 = 2.6$ (mL)

❷ (물의 증발을 관찰한 시간)
$=221 \div 2.6 = 85$(분)

답 85분

연습 2 ❶ 1.2, 9500 ❷ 0.8, 9750 ❸ 정우
답 정우네 가게

실전 2-1 예 ❶ (시원 망고주스 1 L의 가격)
$=3600 \div 1.8 = 2000$(원)

❷ (달다 망고주스 1 L의 가격)
$=600 \div 0.24 = 2500$(원)

❸ 같은 양일 때 시원 망고주스가 더 저렴합니다.

답 시원 망고주스

실전 2-2 예 ❶ (가 컵 1 kg의 가격)
$=7200 \div 0.96 = 7500$(원)

❷ (나 컵 1 kg의 가격)
$=11100 \div 1.5 = 7400$(원)

❸ 같은 무게일 때 나 컵이 더 저렴합니다.

답 나 컵

연습 3 ❶ 1.26 ❷ 1.26, 1.26 ❸ 1, 13 답 13번

실전 3-1 예 ❶ (전체 보리차의 양)÷(보리차를 담는 병의 들이)$=31.5 \div 2$의 몫은 15이고 남는 양은 1.5입니다.

❷ 보리차를 2 L씩 병 15개에 담으면 1.5 L가 남고 남는 보리차 1.5 L도 병에 담아야 합니다.

❸ 병은 적어도 $15+1=16$(개) 필요합니다.

답 16개

실전 3-2 예 ❶ (수확한 포도의 양)÷(한 상자에 담는 포도의 양)$=130.4 \div 3$의 몫은 43이고 남는 양은 1.4입니다.

❷ 포도를 3 kg씩 상자 43개에 담으면 1.4 kg이 남고 남는 포도 1.4 kg도 상자에 담아야 합니다.

❸ 상자는 적어도 $43+1=44$(개) 필요합니다.

답 44개

연습 4 ❶ 31.62 ❷ 63.24, 10.2, 5.4 ❸ 5.4
답 5.4 m

실전 4-1 예 ❶ 윗변의 길이를 □m라 하여 넓이를 구하는 식을 쓰면 $(\square+4.3) \times 3.5 \div 2 = 11.2$입니다.

❷ $(\square+4.3) \times 3.5 \div 2 = 11.2$, $(\square+4.3) \times 3.5 = 22.4$, $\square+4.3 = 6.4$, $\square = 2.1$

❸ 사다리꼴의 윗변의 길이는 2.1 m입니다.

답 2.1 m

실전 4-2 예 ❶ 아랫변의 길이를 □m라 하여 넓이를 구하는 식을 쓰면 $(6.4+\square) \times 5.5 \div 2 = 44.55$입니다.

❷ $(6.4+\square) \times 5.5 \div 2 = 44.55$, $(6.4+\square) \times 5.5 = 89.1$, $6.4+\square = 16.2$, $\square = 9.8$

❸ 사다리꼴의 아랫변의 길이는 9.8 m입니다.

답 9.8 m

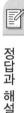

3 공간과 입체

1 ㉡, ㉠
2 옆, 앞
3 라
4

5 ( ) (×) ( )
6 은우
/ **예** 은우의 방향에서 보면 분홍색 쌓기나무가 앞의 쌓기나무에 가려져 보이지 않습니다.
7 ( ) (○)
8 11개
9 10개
10 9, 10
11

위에서 본 모양

12 ❶ 7 ❷ 3 ❸ 7, 3, 4 **답** 4개

1 첫 번째 모양은 ㉡, 두 번째 모양은 ㉠ 방향에서 본 모양입니다.

2 첫 번째 모양은 옆, 두 번째 모양은 앞에서 본 모양입니다.

3 파란색 쌓기나무가 왼쪽에 있으려면 라 방향에서 찍어야 합니다.

4

화살표 방향에서 찍은 사진입니다. 빨간색 컵의 손잡이가 오른쪽에 오도록 그립니다.

5 초록색 블록이 가운데 앞쪽에 있으면 노란색 블록이 오른쪽에 있고 파란색 블록이 왼쪽에 있어야 합니다.

6 평가 기준
앞의 쌓기나무에 가려져 보이지 않는다고 썼으면 정답으로 합니다.

7 쌓기나무가 7개만 보이므로 뒤에 보이지 않는 쌓기나무가 1개 있습니다.

8 1층: 5개, 2층: 4개, 3층: 2개
➡ 5+4+2=11(개)

9 1층: 6개, 2층: 3개, 3층: 1개
➡ 6+3+1=10(개)

10 위에서 본 모양을 보면 뒤에 보이지 않는 쌓기나무가 있고, 보이지 않는 쌓기나무는 1개 또는 2개입니다.

11 쌓기나무 10개로 쌓은 모양인데 쌓기나무가 9개만 보이므로 뒤에 보이지 않는 쌓기나무가 1개 있습니다.

12 ❷
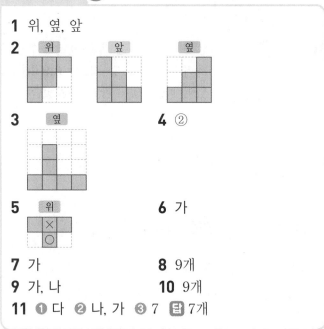
㉠과 ㉡ 자리가 없어졌고, ㉠ 자리에는 쌓기나무가 2개, ㉡ 자리에는 쌓기나무가 1개 있었으므로 빼낸 쌓기나무는 3개입니다.

1 위, 옆, 앞
2

3 옆

4 ②

5 위

6 가
7 가
8 9개
9 가, 나
10 9개
11 ❶ 다 ❷ 나, 가 ❸ 7 **답** 7개

1 위에서 본 모양은 바닥에 닿는 면의 모양과 같고, 앞과 옆에서 본 모양은 각 방향에서 각 줄의 가장 높은 층만큼 그린 것입니다.

2 쌓기나무가 10개 보이므로 뒤에 보이지 않는 쌓기나무가 없습니다.

참고
• 위에서 본 모양은 1층에 쌓은 모양과 같게 그립니다.
• 앞과 옆에서 본 모양은 각 방향에서 각 줄의 가장 높은 층만큼 그립니다.

3

위와 앞에서 본 모양을 보면 ○ 부분에만 쌓기나무가 3개이고 나머지 부분에는 쌓기나무가 1개입니다.

4 ①에 쌓으면 옆에서 본 모양에 맞지 않고, ③, ④에 쌓으면 앞에서 본 모양에 맞지 않습니다.

5 위와 앞에서 본 모양을 보면 가운데에 1층과 3층으로 쌓아야 할 자리가 각각 있음을 알 수 있고, 위와 옆에서 본 모양을 보면 1층과 3층으로 쌓아야 할 자리를 정확히 알 수 있습니다.

6 가를 위, 앞, 옆에서 본 모양입니다.
나는 옆에서 본 모양이 다릅니다.
다는 앞과 옆에서 본 모양이 다릅니다.

8 1층: 4개, 2층: 3개, 3층: 2개
➡ 4+3+2=9(개)

9 다는 옆에서 본 모양이 오른쪽과 같습니다.

다른 풀이

앞, 옆에서 본 모양을 보면 ○ 부분은 쌓기나무가 2개씩 쌓여 있습니다.
쌓기나무 9개로 쌓은 모양이므로 쌓기나무가 △ 부분에 1개 쌓여 있으면 × 부분에 2개, △ 부분에 2개 쌓여 있으면 × 부분에 1개 쌓여 있습니다.
따라서 가능한 모양은 가, 나입니다.

10

위와 앞에서 본 모양을 보면 ○ 부분에는 쌓기나무가 1개씩, 위와 옆에서 본 모양을 보면 △ 부분에는 쌓기나무가 2개씩, × 부분에는 쌓기나무가 3개 쌓여 있습니다.
➡ 1+1+2+2+3=9(개)

11 ❸

위와 옆에서 본 모양을 보면 ○ 부분은 쌓기나무가 1개씩 쌓여 있습니다.
위와 앞에서 본 모양을 보면 △ 부분은 쌓기나무가 3개, × 부분은 2개 쌓여 있습니다.
➡ 1+1+3+2=7(개)

1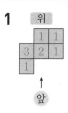
2
3
4 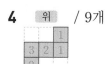 / 9개
5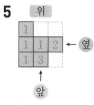
6 ❶ 1, 3, 2 / 3, 2 ❷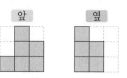
7 4개
8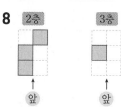
9 나
10 가, 나, 다
11 14개
12 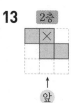 / 12개
13
14 ❶ 6, 5, 11 ❷ 12 ❸ 12, 11, 1 답 1개
15 ( ) ( ) (○)
16
17 나
18
19
20 나
21 나
22 2가지

43

23 (1)

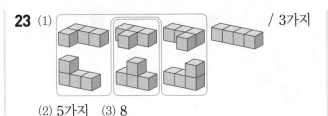 / 3가지

(2) 5가지　(3) 8

1 각 자리에 쌓인 쌓기나무의 개수를 세어 위에서 본 모양에 수를 씁니다.

> **참고**
> 위에서 본 모양에 수를 쓰면 사용된 쌓기나무의 개수를 한 가지 경우로만 알 수 있기 때문에 쌓은 모양을 정확하게 알 수 있습니다.

2 실제로 쌓기나무로 쌓은 모양에서 보이는 위의 면들과 위에서 본 모양이 다르므로 뒤에 보이지 않는 쌓기나무가 있습니다.

3 각 자리에 쌓여 있는 쌓기나무의 개수를 세어 봅니다.

4 위와 앞에서 본 모양을 보면 ○ 부분은 쌓기나무가 1개씩, △ 부분은 쌓기나무가 2개 쌓여 있습니다.
위와 옆에서 본 모양을 보면 × 부분은 쌓기나무가 3개, ☆ 부분은 쌓기나무가 2개 쌓여 있습니다. 따라서 똑같은 모양으로 쌓는 데 필요한 쌓기나무는 1+3+2+1+2=9(개)입니다.

5 위와 앞에서 본 모양을 보면 ○ 부분은 쌓기나무가 1개씩, △ 부분은 쌓기나무가 2개 쌓여 있습니다.
위와 옆에서 본 모양을 보면 × 부분은 쌓기나무가 3개 쌓여 있고, 쌓기나무 9개로 쌓은 모양이므로 ☆ 부분은 쌓기나무가
9−(1+1+1+2+3)=1(개) 쌓여 있게 됩니다.

7 1층에 쌓인 쌓기나무의 개수는 위에서 본 모양의 색칠된 자리의 수와 같으므로 1층에 쌓인 쌓기나무는 4개입니다.

8 바로 아래층에 쌓은 모양을 보고 쌓기나무를 위치에 맞게 그립니다.

> **주의**
> 같은 위치에 쌓은 쌓기나무는 층별로 같은 위치에 그려야 합니다.

9 1층 모양으로 가능한 모양은 나와 다입니다. 다는 2층 모양이 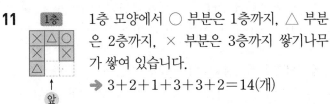 이므로 쌓은 모양으로 가능한 것은 나입니다.

10 색칠한 칸 수가 많을수록 낮은 층의 모양입니다.

11 1층 모양에서 ○ 부분은 1층까지, △ 부분은 2층까지, × 부분은 3층까지 쌓기나무가 쌓여 있습니다.
→ 3+2+1+3+3+2=14(개)

12 1층 모양에서 ○ 부분은 1층까지, △ 부분은 2층까지, × 부분은 3층까지 쌓기나무가 쌓여 있습니다.
→ 3+1+3+2+1+2=12(개)

13 쌓기나무 10개로 쌓았으므로 색칠된 자리가 10개여야 하고 1층에 쌓여 있지 않은 자리에는 2층에도 쌓여 있지 않아야 합니다.

15 주어진 모양에 쌓기나무 1개를 붙여서 만들 수 있는 모양은 오른쪽 모양입니다.

16 뒤집거나 돌렸을 때 서로 같은 모양을 찾아봅니다.

17 주어진 모양을 사용하여 만들 수 있는 모양을 찾으면 나입니다.

나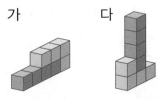

20 주어진 두 가지 모양을 사용하여 만들 수 있는 모양이 아닌 것을 찾으면 나입니다.

가　　　　다

21 왼쪽 모양과 연결하여 오른쪽 새로운 모양을 만들 수 있는 것을 찾으면 나입니다.

22 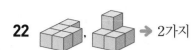 ➡ 2가지

23 (1) 뒤집거나 돌렸을 때 같은 모양을 한 가지로 생각하면 만들 수 있는 모양은 3가지입니다.

(2) ×표 한 두 모양은 (1)에서 만든 모양과 같습니다.

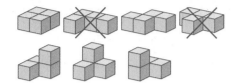

(3) 3+5=8(가지)

30~33쪽 ③ 단원 서술형 바로 쓰기

연습 1 ❶ 3, 2 ❷ 3, 9 답 9개

실전 1-1 예 ❶ 3층: 3개, 2층: 6개, 1층: 9개
➡ 아래층으로 내려갈수록 쌓기나무의 개수가 3씩 커집니다.
❷ (사용된 쌓기나무의 개수)
=3+6+9=18(개) 답 18개

실전 1-2 예 ❶ 3층: 2개, 2층: 3개, 1층: 4개
➡ 아래층으로 내려갈수록 쌓기나무의 개수가 1씩 커집니다.
❷ (사용된 쌓기나무의 개수)
=2+3+4=9(개) 답 9개

연습 2 ❶ 4, 2 ❷ 2, 6 답 6개

실전 2-1 예 ❶ • 2층에 쌓은 쌓기나무의 개수: 3개
• 4층에 쌓은 쌓기나무의 개수: 2개
❷ (2층과 4층에 쌓은 쌓기나무의 개수)
=3+2=5(개) 답 5개

실전 2-2 예 ❶ • 1층에 쌓은 쌓기나무의 개수: 6개
• 5층에 쌓은 쌓기나무의 개수: 2개
❷ (1층과 5층에 쌓은 쌓기나무의 개수)
=6+2=8(개) 답 8개

연습 3 ❶ 9, 4 ❷ 2, 3, 3 답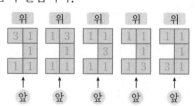

실전 3-1 예 ❶ ㉠+㉡=9-(1+2+1)
=5

❷ (㉠, ㉡)이 될 수 있는 경우는
(1, 4), (2, 3), (3, 2), (4, 1)입니다.
이때 (1, 4)와 (4, 1), (2, 3)과 (3, 2)는 앞에서 본 모양이 같습니다.

답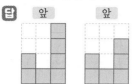

실전 3-2 예 ❶ ㉠+㉡+㉢=10-(3+1+2)=4
❷ (㉠, ㉡, ㉢)이 될 수 있는 경우는
(1, 1, 2), (1, 2, 1), (2, 1, 1)입니다.
이때 모두 앞에서 본 모양이 같습니다.

답

연습 4 ❶ 2 ❷ [위 1 1 3 / 1] [위 1 1 1 / 3] ↑앞 ↑앞 ❸ 4 답 4가지

실전 4-1 예 ❶ 1층에 쌓기나무 5개가 있고, 남은 쌓기나무 7-5=2(개)를 한 자리에 모두 쌓아야 3층으로 쌓을 수 있습니다.
❷ 위에서 본 모양에 수를 쓰는 방법으로 나타내면 다음과 같습니다.

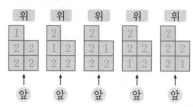

❸ 쌓은 모양은 모두 5가지로 나올 수 있습니다.
답 5가지

실전 4-2 예 ❶ 1층에 쌓기나무 5개가 있고, 남은 쌓기나무 9-5=4(개)를 4칸에 각각 1개씩 더 쌓아야 2층으로 쌓을 수 있습니다.
❷ 위에서 본 모양에 수를 쓰는 방법으로 나타내면 다음과 같습니다.

❸ 쌓은 모양은 모두 5가지로 나올 수 있습니다.
답 5가지

4 비례식과 비례배분

1 3, 8   **2** 5, 10
3 2, 9   **4** 0
5 ⤬   **6** 2 : 3, 48 : 72
7 다   **8** 5, 15
9 (위에서부터) 4, 6   **10** (위에서부터) 12, 8, 12
11 소윤   **12** 예 5 : 6
13 ㉡   **14** 11
15 ❶ 0.8, 10, 3 ❷ 200, 100, 9
    답 3 : 8, 2 : 9

1 비 3 : 8에서 기호 ' : ' 앞에 있는 3을 전항, 뒤에 있는 8을 후항이라고 합니다.

2 5 : 2는 전항과 후항에 5를 곱한 25 : 10과 비율이 같습니다.

3 18 : 10은 전항과 후항을 2로 나눈 9 : 5와 비율이 같습니다.

4 비율이 같은 비를 만들려면 비의 전항과 후항에 0이 아닌 같은 수를 곱해야 합니다.

5 7 : 9는 전항과 후항에 20을 곱한 140 : 180과 비율이 같습니다. 6 : 30은 전항과 후항을 6으로 나눈 1 : 5와 비율이 같습니다.

6 12 : 18의 전항과 후항을 6으로 나누면 2 : 3이 되고, 전항과 후항에 4를 곱하면 48 : 72가 됩니다.

7 가: 가로 9 cm, 세로 3 cm,
    (가로) : (세로)=9 : 3 ➡ 3 : 1
나: 가로 2 cm, 세로 4 cm,
    (가로) : (세로)=2 : 4 ➡ 1 : 2
다: 가로 6 cm, 세로 3 cm,
    (가로) : (세로)=6 : 3 ➡ 2 : 1

8 • 비율이 $\frac{2}{5}$인 비는 2 : 5이므로 2 : □에서 □=5입니다.
• 두 비의 비율이 같으므로 2 : 5의 전항과 후항에 3을 곱하면 6 : 15이므로 6 : □에서 □=15입니다.

9 24 : 42의 전항과 후항을 두 수의 공약수 6으로 나누면 4 : 7이 됩니다.

10 $\frac{2}{3} : \frac{1}{4}$의 전항과 후항에 두 분모의 공배수 12를 곱하면 8 : 3이 됩니다.

11 서준 ➡ 1.5 : 0.2의 전항과 후항에 10을 곱하면 15 : 2가 됩니다.
소윤 ➡ $\frac{5}{6} : \frac{1}{2}$의 전항과 후항에 두 분모의 공배수 6을 곱하면 5 : 3이 됩니다.

12 $\frac{1}{3} : \frac{2}{5}$의 전항과 후항에 두 분모의 공배수 15를 곱하면 5 : 6이 됩니다.

13 ㉠ 1.1 : 0.8 ➡ (1.1×10) : (0.8×10) ➡ 11 : <u>8</u>
㉡ $\frac{4}{5} : 0.5$ ➡ 0.8 : 0.5 ➡ (0.8×10) : (0.5×10)
    ➡ <u>8</u> : 5

14 $\frac{9}{10} : \frac{1}{5}$ ➡ $\left(\frac{9}{10}×10\right) : \left(\frac{1}{5}×10\right)$ ➡ 9 : 2
따라서 전항과 후항의 합은 9+2=11입니다.

1 6, 4 / 8, 3   **2** 9, 24 / 3, 24 / 8, 9
3 9, 7 / 81, 7 / 63, 9   **4** ㉡
5 ㉠   **6** ④
7 ⑴ $\frac{2}{9}$, $\frac{4}{15}$, $\frac{6}{27}\left(=\frac{2}{9}\right)$
    ⑵ 예 2 : 9=6 : 27
8 현서
    / 예 두 비 2 : 5와 6 : 15의 비율이 같으므로 비례식이 맞습니다.
9 4×15=60 / 5×12=60
10 22 / 22, 132, 12   **11** 16
12 16   **13** (○) ( )
14 ⤬   **15** 6
16 ❶ 6, 2 ❷ 12, 3 답 3, 2

1 비례식 6 : 8=3 : 4에서 바깥쪽에 있는 6과 4를 외항, 안쪽에 있는 8과 3을 내항이라고 합니다.

$$6 : 8 = 3 : 4$$

외항 / 내항

4 ㉡ 내항은 9, 20입니다.

5 ㉠ 2 : 9 = 4 : 18   ㉡ 4 : 3 = 12 : 9

외항 / 내항

6 ① 11 : 5=6 (비례식이 아님)

② 3 : 7의 비율 ➡ $\frac{3}{7}$, 7 : 3의 비율 ➡ $\frac{7}{3}$

(비율이 같지 않으므로 비례식이 아님)

③ 6+4=10 (덧셈식)

④ 8 : 24의 비율 ➡ $\frac{8}{24}\left(=\frac{1}{3}\right)$,

1 : 3의 비율 ➡ $\frac{1}{3}$ (비례식)

⑤ 30÷5=6 (나눗셈식)

7 비율이 같은 두 비는 2 : 9와 6 : 27이므로 비례식으로 나타내면 2 : 9=6 : 27 (또는 6 : 27=2 : 9)입니다.

9 외항의 곱은 비례식의 바깥쪽에 있는 두 수의 곱이고, 내항의 곱은 비례식의 안쪽에 있는 두 수의 곱입니다.

10 (외항의 곱)=(내항의 곱)
➡ 6×22=11×●, 11×●=132, ●=12

11 ㉠ : 14=8 : 7
➡ ㉠×7=14×8, ㉠×7=112, ㉠=16

12 $\frac{2}{5} : \frac{3}{8} = \square : 15$

➡ $\frac{2}{5}×15=\frac{3}{8}×\square$, $\frac{3}{8}×\square=6$, $\square=16$

13 • 5×6=30, 2×15=30으로 외항의 곱과 내항의 곱이 같으므로 비례식입니다.

• 0.2×15=3, 0.9×4=3.6으로 외항의 곱과 내항의 곱이 다르므로 비례식이 아닙니다.

14 • 12 : $\square$=3 : 2
➡ 12×2=$\square$×3, $\square$×3=24, $\square$=8

• 9 : 4=$\square$: 12
➡ 9×12=4×$\square$, 4×$\square$=108, $\square$=27

15 (외항의 곱)=(내항의 곱)이므로 구하려는 내항을 $\square$라 하면 3×$\square$=18, $\square$=6입니다.

---

1 1200 / 1200, 6000, 2000, 2000
2 (1) 10, 180 (2) 72분
3 14000원   **4** 30컵
5 15분   **6** 450 g
7 800 g   **8** 2 / 12
9 21개 / 28개

10 방법 1 예 $350×\frac{7}{7+3}=350×\frac{7}{10}=245$ (cm)

방법 2 예 경민이가 가질 수 있는 털실의 길이를 $\square$ cm라 하고 비례식을 세우면 10 : 7=350 : $\square$ 입니다. 10×$\square$=7×350, 10×$\square$=2450, $\square$=245이므로 경민이가 가질 수 있는 털실의 길이는 245 cm입니다.

11 (1) 36 cm (2) 16 cm
12 ❶ 3 ❷ 64, 3, 3, 48 / 64, 3, 16 답 48개, 16개

2 4 : 10=▲ : 180
4×180=10×▲, 10×▲=720, ▲=72
➡ ▲=72이므로 72분이 걸립니다.

3 주스 10병을 사는 데 필요한 돈을 $\square$원이라 하고 비례식을 세우면 2 : 2800=10 : $\square$입니다.
➡ 2×$\square$=2800×10, 2×$\square$=28000, $\square$=14000이므로 주스 10병을 사려면 14000원이 필요합니다.

4 필요한 물의 양을 $\square$컵이라 하고 비례식을 세우면 4 : 15=8 : $\square$입니다.
4×$\square$=15×8, 4×$\square$=120, $\square$=30이므로 물은 30컵이 필요합니다.

5 수조에 물을 가득 채우는 데 걸리는 시간을 $\square$분이라 하고 비례식을 세우면 3 : 12=$\square$: 60입니다.
3×60=12×$\square$, 12×$\square$=180, $\square$=15이므로 수조에 물을 가득 채우는 데 걸리는 시간은 15분입니다.

6 준비해야 하는 밀가루의 양을 $\square$ g이라 하고 비례식을 세우면 2 : 180=5 : $\square$입니다.
➡ 2×$\square$=180×5, 2×$\square$=900, $\square$=450
준비해야 하는 밀가루는 450 g입니다.

7 12000원으로 살 수 있는 고기 양을 $\square$ g이라 하고 비례식을 세우면 600 : 9000=$\square$: 12000입니다.
600×12000=9000×$\square$, 9000×$\square$=7200000, $\square$=800이므로 12000원으로 살 수 있는 고기는 800 g입니다.

9 빨간색 바구니: $49 \times \dfrac{3}{3+4} = 49 \times \dfrac{3}{7} = 21$(개)

파란색 바구니: $49 \times \dfrac{4}{3+4} = 49 \times \dfrac{4}{7} = 28$(개)

10 **다른 풀이**

경민이가 가질 수 있는 털실의 길이를 □cm라 하고 비례식을 세우면 $10 : 7 = 350 : $□입니다.

비의 성질을 이용하면 350은 10의 35배이므로 □$= 7 \times 35 = 245$ (cm)입니다.

11 (1) 둘레가 72 cm이므로

(가로)+(세로)$= 72 \div 2 = 36$ (cm)입니다.

(2) $36 \times \dfrac{4}{4+5} = 36 \times \dfrac{4}{9} = 16$ (cm)

40~43쪽 **4** 단원 **서술형** 바로 쓰기

연습1 ❶ 5, 3 ❷ 12, 4 ❸ ㉡ 답 ㉡

실전1-1 예 ❶ ㉠의 밑변의 길이와 높이의 비 $35 : 28$의 전항과 후항을 7로 나눕니다. ➡ $5 : 4$

❷ ㉡의 밑변의 길이와 높이의 비 $28 : 20$의 전항과 후항을 4로 나눕니다. ➡ $7 : 5$

❸ 밑변의 길이와 높이의 비가 $7 : 5$인 평행사변형은 ㉡입니다. 답 ㉡

실전1-2 예 ❶ ㉠의 밑변의 길이와 높이의 비 $27 : 18$의 전항과 후항을 9로 나눕니다. ➡ $3 : 2$

❷ ㉡의 밑변의 길이와 높이의 비 $15 : 12$의 전항과 후항을 3으로 나눕니다. ➡ $5 : 4$

❸ 밑변의 길이와 높이의 비가 $3 : 2$인 삼각형은 ㉠입니다. 답 ㉠

연습2 ❶ 16, 4 ❷ 4, 16 답 $2 : 4 = 8 : 16$

실전2-1 예 ❶ 두 수의 곱이 같은 수 카드를 찾으면 $3 \times 15 = 45$, $5 \times 9 = 45$입니다.

❷ 외항의 곱과 내항의 곱이 같도록 외항과 내항에 각각 놓아 비례식으로 나타내면 $3 : 5 = 9 : 15$입니다. 답 예 $3 : 5 = 9 : 15$

실전2-2 예 ❶ 두 수의 곱이 같은 수 카드를 찾으면 $6 \times 14 = 84$, $7 \times 12 = 84$입니다.

❷ 외항의 곱과 내항의 곱이 같도록 외항과 내항에 각각 놓아 비례식으로 나타내면 $6 : 7 = 12 : 14$입니다. 답 예 $6 : 7 = 12 : 14$

연습3 ❶ 3.2, 25 ❷ 57, 64 답 64개

실전3-1 예 ❶ 시호가 마신 물의 양과 찬미가 마신 물의 양의 비는 $\dfrac{1}{2} : \dfrac{1}{3}$이고, 전항과 후항에 6을 곱하여 간단한 자연수의 비로 나타내면 $3 : 2$입니다.

❷ (찬미에게 줄 초콜릿 수)

$= 35 \times \dfrac{2}{3+2} = 35 \times \dfrac{2}{5} = 14$(개)

답 14개

실전3-2 예 ❶ 가 반의 헌 종이의 무게와 나 반의 헌 종이의 무게의 비는 $5.7 : 4.3$이고, 전항과 후항에 10을 곱하여 간단한 자연수의 비로 나타내면 $57 : 43$입니다.

❷ (나 반에 줄 공책 수)

$= 300 \times \dfrac{43}{57+43}$

$= 300 \times \dfrac{43}{100}$

$= 129$(권)

답 129권

연습4 ❶ 5 ❷ 600, 600 ❸ 600, 3000 답 3000원

실전4-1 예 ❶ 비의 전항과 후항에 0이 아닌 같은 수 ■를 곱하여도 비율은 같으므로

진주가 받은 용돈을 $(3 \times ■)$원이라 하면 미소가 받은 용돈은 $(4 \times ■)$원입니다.

❷ 미소가 진주보다 700원 더 많이 받았으므로 $4 \times ■ - 3 \times ■ = 700$, ■$= 700$입니다.

❸ (미소가 받은 용돈)$= 4 \times 700 = 2800$(원)

답 2800원

실전4-2 예 ❶ 비의 전항과 후항에 0이 아닌 같은 수 ■를 곱하여도 비율은 같으므로

주희가 받은 용돈을 $(6 \times ■)$원이라 하면 인수가 받은 용돈은 $(7 \times ■)$원입니다.

❷ 인수가 주희보다 800원 더 많이 받았으므로 $7 \times ■ - 6 \times ■ = 800$, ■$= 800$입니다.

❸ (인수가 받은 용돈)$= 7 \times 800 = 5600$(원)

답 5600원

실전2-1 참고

$3 : 9 = 5 : 15$, $5 : 3 = 15 : 9$, $15 : 5 = 9 : 3$ 등도 모두 답이 될 수 있습니다.

실전2-2 참고

$6 : 12 = 7 : 14$, $7 : 14 = 6 : 12$, $12 : 6 = 14 : 7$ 등도 모두 답이 될 수 있습니다.

5 원의 넓이

1 (왼쪽부터) 반지름, 원주

2 서아

3 (1) 길어집니다에 ◯표 (2) 길어집니다에 ◯표

4 ⓒ   **5** 3배

6 4배   **7** 재덕

8 ⓒ   **9** 3

10 ④   **11** ⓒ

12 3.1   **13** 3.14배

14 ＝

15 ❶ 9 ❷ 9, 3.1, 3 답 3

---

1 ・원 위의 한 점과 원의 중심을 이은 선분이므로 원의 반지름입니다.
・원의 둘레이므로 원주입니다.

2 원주는 원의 지름의 3배보다 길고, 원의 지름의 4배보다 짧습니다.

4 지름이 길어지면 원주도 길어지므로 지름의 길이를 비교합니다.
ⓒ (지름)＝8×2＝16 (cm)
➡ 12 cm<16 cm이므로 원주가 더 긴 원은 ⓒ입니다.

5 한 변의 길이가 1 cm인 정육각형의 둘레는
1×6＝6 (cm)이므로 정육각형의 둘레는 원의 지름의
6÷2＝3(배)입니다.

6 한 변의 길이가 2 cm인 정사각형의 둘레는
2×4＝8 (cm)이므로 정사각형의 둘레는 원의 지름의
8÷2＝4(배)입니다.

7 원주는 정육각형의 둘레보다 길고, 정사각형의 둘레보다 짧으므로 원의 지름의 3배보다 길고, 원의 지름의 4배보다 짧습니다.
➡ 유진: (원의 지름)×3<(원주)

8 지름이 1.5×2＝3 (cm)인 원의 원주는 지름의 3배인
3×3＝9 (cm)보다 길고, 지름의 4배인
3×4＝12 (cm)보다 짧으므로 원주와 가장 비슷한 길이는 ⓒ입니다.

---

9 3.1… ➡ 3

참고
원주율은 끝없이 계속되므로 필요에 따라 3, 3.1, 3.14 등으로 어림하여 사용합니다.

10 (원주율)＝(원주)÷(지름)
                ⓐ   ⓑ

11 ⓒ 원의 크기와 상관없이 원주율은 항상 일정합니다.

12 (원주)÷(지름)＝113.1÷36＝3.14… ➡ 3.1

13 (원주)÷(지름)＝47.14÷15＝3.142… ➡ 3.14배

14 43.96÷14＝3.14 ＝ 25.12÷8＝3.14

1 15.7 cm   **2** 지안

3 ✕   **4** 24.8 cm

5 60 cm   **6** 50.24 cm

7 ❶ 9 / 9, 55.8 ❷ 9, 7 / 7, 43.4
   ❸ 55.8, 43.4, 12.4 답 12.4 cm

8 21   **9** 8 cm

10 식 34.1÷3.1＝11 답 11 cm

11 3 cm   **12** 34 cm

13 ⓒ   **14** 14 cm

---

1 (원주)＝(지름)×(원주율)＝5×3.14＝15.7 (cm)

2 (원주)＝(지름)×(원주율)＝18×3.1＝55.8 (cm)

3 (지름이 6 cm인 원의 원주)＝6×3＝18 (cm)
(지름이 12 cm인 원의 원주)＝12×3＝36 (cm)

4 (원주)＝(반지름)×2×(원주율)
        ＝4×2×3.1＝24.8 (cm)

5 실의 길이가 원의 반지름입니다.
➡ (소정이가 그린 원의 원주)＝10×2×3＝60 (cm)

6 (큰 원의 지름)＝8×2＝16 (cm)
➡ (큰 원의 원주)＝16×3.14＝50.24 (cm)

8 (지름)＝(원주)÷(원주율)＝63÷3＝21 (cm)

9 (반지름)=50.24÷3.14÷2=8 (cm)

> **참고**
> (지름)=(원주)÷(원주율)이고, (반지름)=(지름)÷2이므로
> (반지름)=(원주)÷(원주율)÷2로 구할 수 있습니다.

10 (지름)=34.1÷3.1=11 (cm)

11 (반지름)=18.84÷3.14÷2=3 (cm)

12 (자전거 바퀴가 1바퀴 굴러간 거리)=(바퀴의 원주)
➔ (자전거 바퀴의 지름)=102÷3=34 (cm)

13 ㉡ (지름)=43.4÷3.1=14 (cm)
➔ 12 cm<14 cm이므로 지름이 더 긴 ㉡이 더 큰
원입니다.

> **다른 풀이**
> ㉠ (원주)=12×3.1=37.2 (cm)
> ➔ 37.2 cm<43.4 cm이므로 원주가 더 긴 ㉡이 더
> 큰 원입니다.

14 (원 가의 지름)=136.4÷3.1=44 (cm)
➔ 44−30=14 (cm)

48~51쪽 5단원 익힘책 다시 풀기

1 (1) 128 cm² (2) 256 cm² (3) 128, 256
2 216, 284 **3** 54 cm²
4 72 cm² **5** (×) ( ) ( )
6 서준 **7** 원주, 원의 반지름
8 반지름, 지름, 반지름, 반지름, 반지름
9 151.9 cm²
10 (1) 78.5 cm² (2) 113.04 cm²
11 식 13×13×3=507 답 507 cm²
12 ❶ 3.14, 11 ❷ 11, 11, 379.94
답 379.94 cm²
13 > **14** 452.16 cm²
15 2
16 (1) 20 cm (2) 1240 cm²
17 ㉡ **18** 78.5 cm²
19 24 cm² **20** 432 cm²
21 182.25 cm² **22** 249.75 cm²
23 (위에서부터) 30, 314, 1256, 2826
24 4, 9
25 = / 99.2, 99.2

---

1 (1) 16×16÷2=128 (cm²)
(2) 16×16=256 (cm²)
(3) 원의 넓이는 원 안에 있는 마름모의 넓이인 128 cm²
보다 크고, 원 밖에 있는 정사각형의 넓이인
256 cm²보다 작습니다.

2 (분홍색 모눈의 수)=216개 ➔ 216 cm²
(빨간색 선 안쪽 모눈의 수)=284개 ➔ 284 cm²
➔ 원의 넓이는 분홍색 모눈의 넓이인 216 cm²보다
크고, 빨간색 선 안쪽 모눈의 넓이인 284 cm²보다
작습니다.

3 원 안에 있는 초록색 정육각형에는 삼각형 ㄹㅇㅂ과 넓
이가 같은 삼각형이 6개 있습니다.
➔ 9×6=54 (cm²)

4 원 밖에 있는 빨간색 정육각형에는 삼각형 ㄱㅇㄷ과 넓
이가 같은 삼각형이 6개 있습니다.
➔ 12×6=72 (cm²)

5 원의 넓이는 원 안에 있는 정육각형의 넓이보다 크고,
원 밖에 있는 정육각형의 넓이보다 작으므로 54 cm²
보다 크고, 72 cm²보다 작습니다.

6 (원 안에 있는 정사각형의 넓이)
=20×20÷2=200 (cm²)
(원 밖에 있는 정사각형의 넓이)
=20×20=400 (cm²)
➔ 200 cm²<(원의 넓이), (원의 넓이)<400 cm²이
므로 원의 넓이를 바르게 어림한 사람은 서준입니다.

7 도형의 가로는 (원주)×$\frac{1}{2}$과 같고, 세로는 원의 반지름
과 같습니다.

9 (원의 넓이)=7×7×3.1=151.9 (cm²)
> **다른 풀이**
> (가로)=(원주)×$\frac{1}{2}$=7×2×3.1×$\frac{1}{2}$=21.7 (cm)
> (세로)=(원의 반지름)=7 cm
> (원의 넓이)=(직사각형의 넓이)
> =21.7×7=151.9 (cm²)

10 (1) (원의 넓이)=5×5×3.14=78.5 (cm²)
(2) (원의 넓이)=6×6×3.14=113.04 (cm²)

11 (쟁반의 넓이)=13×13×3=507 (cm²)

13 (반지름이 9 cm인 원의 넓이)
$=9\times9\times3.1=251.1 \ (cm^2)$
지름이 16 cm이면 반지름은 8 cm이므로
(지름이 16 cm인 원의 넓이)
$=8\times8\times3.1=198.4 \ (cm^2)$입니다.
➡ $251.1 \ cm^2 > 198.4 \ cm^2$

14 (반지름)$=24\div2=12 \ (cm)$
➡ (원의 넓이)$=12\times12\times3.14=452.16 \ (cm^2)$

참고
정사각형 안에 그릴 수 있는 가장 큰 원의 지름은 정사각형의 한 변의 길이와 같습니다.

15 $\square\times\square\times3=12$, $\square\times\square=4$, $\square=2$
➡ (반지름)$=2 \ cm$

16 ① (색칠한 원의 반지름)$=40\div2=20 \ (cm)$
② (색칠한 부분의 넓이)
$=20\times20\times3.1=1240 \ (cm^2)$

17 (색칠한 부분의 넓이)
$=$(지름이 18 cm인 원 1개의 넓이)
$=9\times9\times3=243 \ (cm^2)$

18 (색칠한 부분의 넓이)
$=$(반지름이 5 cm인 원 1개의 넓이)
$=5\times5\times3.14=78.5 \ (cm^2)$

19 (반지름이 5 cm인 반원의 넓이)
$=5\times5\times3\times\frac{1}{2}=37.5 \ (cm^2)$
(반지름이 3 cm인 반원의 넓이)
$=3\times3\times3\times\frac{1}{2}=13.5 \ (cm^2)$
➡ (색칠한 부분의 넓이)$=37.5-13.5=24 \ (cm^2)$

20 (가 종이의 넓이)
$=12\times12\times3=432 \ (cm^2)$

21 나 종이의 넓이는 반지름이 9 cm인 원의 넓이의 $\frac{3}{4}$입니다.
➡ (나 종이의 넓이)$=9\times9\times3\times\frac{3}{4}=182.25 \ (cm^2)$

22 (다 종이에서 보이는 주황색 부분의 넓이)
$=$(가 종이의 넓이)$-$(나 종이의 넓이)
$=432-182.25=249.75 \ (cm^2)$

23 (노란색 도화지의 넓이)
$=10\times10\times3.14=314 \ (cm^2)$
(빨간색 도화지의 넓이)
$=20\times20\times3.14=1256 \ (cm^2)$
(파란색 도화지의 넓이)
$=30\times30\times3.14=2826 \ (cm^2)$

24

반지름 (cm)	10	20	30
넓이 (cm²)	314	1256	2826

2배, 3배 / 4배, 9배

➡ 원의 반지름이 2배, 3배가 되면 원의 넓이는 4배, 9배가 됩니다.

25 (왼쪽 원의 색칠한 부분의 넓이)
$=8\times8\times3.1\times\frac{1}{2}=99.2 \ (cm^2)$
(오른쪽 원의 색칠한 부분의 넓이)
$=8\times8\times3.1-(4\times4\times3.1)\times2$
$=198.4-99.2=99.2 \ (cm^2)$
➡ (왼쪽 원의 넓이) $=$ (오른쪽 원의 넓이)

52~55쪽 5 단원 서술형 바로 쓰기

연습 **1** ❶ 78.5 ❷ 78.5, 25 답 25 cm

실전 **1-1** 예 ❶ 만들 수 있는 가장 큰 원의 원주는 96 cm입니다.
❷ (가장 큰 원의 지름)$=96\div3=32 \ (cm)$
답 32 cm

실전 **1-2** 예 ❶ 만들 수 있는 가장 큰 원의 원주는 65.1 cm입니다.
❷ (가장 큰 원의 지름)$=65.1\div3.1=21 \ (cm)$
답 21 cm

연습 **2** ❶ 3.1, 11 ❷ 11, 33 답 33 cm

실전 **2-1** 예 ❶ (시계 한 개의 지름)
$=47.1\div3.14=15 \ (cm)$
❷ 상자에 시계가 한 줄에 2개씩 2줄 들어 있으므로 상자 밑면의 한 변의 길이는
$15\times2=30 \ (cm)$입니다.
답 30 cm

실전 **2-2** 예 ❶ (통조림 통 한 개의 밑면의 지름)
$=30\div3=10 \ (cm)$

정답과 해설

51

❷ 상자에 통조림 통이 한 줄에 5개씩 5줄 들어 있으므로 상자 밑면의 한 변의 길이는
$10 \times 5 = 50$ (cm)입니다.
답 50 cm

연습 3 ❶ 1, 8 ❷ 113.04
❸ 113.04, 8, 100.48 **답** 100.48 cm²

실전 3-1 예 ❶ 잘라낸 부분은 왼쪽 원의 넓이의
$\dfrac{72°}{360°} = \dfrac{1}{5}$이므로 오른쪽 도형의 넓이는 왼쪽 원의 넓이의 $\dfrac{4}{5}$입니다.

❷ (왼쪽 원의 넓이) $= 13 \times 13 \times 3$
$= 507$ (cm²)

❸ (오른쪽 도형의 넓이) $= 507 \times \dfrac{4}{5}$
$= 405.6$ (cm²)

답 405.6 cm²

실전 3-2 예 ❶ 잘라낸 부분은 왼쪽 원의 넓이의
$\dfrac{108°}{360°} = \dfrac{3}{10}$이므로 오른쪽 도형의 넓이는 왼쪽 원의 넓이의 $\dfrac{7}{10}$입니다.

❷ (왼쪽 원의 넓이) $= 10 \times 10 \times 3.1 = 310$ (cm²)

❸ (오른쪽 도형의 넓이) $= 310 \times \dfrac{7}{10}$
$= 217$ (cm²)

답 217 cm²

연습 4 ❶ 100.48 ❷ 2, 50.24 ❸ 50.24, 150.72
답 150.72 cm²

실전 4-1 예 ❶ (반지름이 12 cm인 반원의 넓이)
$= 12 \times 12 \times 3 \times \dfrac{1}{2} = 216$ (cm²)

❷ (지름이 12 cm인 반원 2개의 넓이의 합)
$= 6 \times 6 \times 3 \times \dfrac{1}{2} \times 2 = 108$ (cm²)

❸ (도형의 넓이) $= 216 + 108 = 324$ (cm²)
답 324 cm²

실전 4-2 예 ❶ (반지름이 20 m인 반원의 넓이)
$= 20 \times 20 \times 3.1 \times \dfrac{1}{2} = 620$ (m²)

❷ (지름이 20 m인 반원 2개의 넓이의 합)
$= 10 \times 10 \times 3.1 \times \dfrac{1}{2} \times 2 = 310$ (m²)

❸ (도형의 넓이) $= 620 + 310 = 930$ (m²)
답 930 m²

---

6 원기둥, 원뿔, 구

56~57쪽 6단원 익힘책 다시 풀기

1 가
2 ②
3 5 cm, 7 cm
4 8 cm, 6 cm
5 ㉡
6

육각형	2	육각형
원	2	원

7 원기둥입니다. /
예 두 밑면이 서로 평행하고 합동인 원이기 때문입니다.
8 나
9

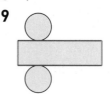

10 14 cm
11 **예** 원기둥의 밑면과 맞닿는 부분의 길이를 같게 그립니다.
12

13 ❶ 6, 3.1, 37.2 ❷ 186, 37.2, 5 **답** 5 cm

---

1 위와 아래에 있는 면이 서로 평행하고 합동인 원으로 이루어진 입체도형을 찾으면 가입니다.
나와 다는 각기둥입니다.

2 두 밑면에 수직인 선분의 길이 ➡ ② 높이

참고
원기둥에서 서로 평행하고 합동인 두 면을 밑면, 두 밑면과 만나는 면을 옆면, 두 밑면에 수직인 선분의 길이를 높이라고 합니다.

3 원기둥의 밑면의 지름은 5 cm, 높이는 7 cm입니다.

5 cm → 밑면의 지름
7 cm → 높이

4 한 변을 기준으로 직사각형 모양의 종이를 돌리면 밑면의 지름이 $4 \times 2 = 8$ (cm)이고, 높이가 6 cm인 원기둥이 만들어집니다.

5 ㉡ 원기둥에는 모서리가 없습니다.

6

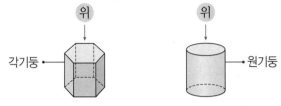

각기둥 ←→ 원기둥

- 각기둥은 밑면의 모양이 육각형, 원기둥은 밑면의 모양이 원입니다.
- 각기둥과 원기둥은 모두 밑면이 2개입니다.
- 각기둥은 위에서 본 모양이 육각형, 원기둥은 위에서 본 모양이 원입니다.

7 평가 기준
> 두 밑면이 서로 평행하고 합동인 원이기 때문입니다라고 썼으면 정답으로 합니다.

8 가, 다: 전개도를 접었을 때 원기둥의 밑면과 맞닿는 부분의 길이가 다르므로 원기둥을 만들 수 없습니다.

참고
- 원기둥의 전개도의 특징
  ① 밑면이 원 모양이고 2개입니다.
  ② 두 밑면이 서로 합동이고 맞닿는 부분의 길이가 같습니다.

9 원기둥의 전개도에서 밑면의 둘레와 옆면의 가로가 같고, 원기둥의 높이는 옆면의 세로와 같습니다.

10 원기둥의 전개도에서
(옆면의 가로의 길이)=(밑면의 둘레)이므로
42=(밑면의 지름)×(원주율)입니다.
➡ (밑면의 지름)=42÷3=14 (cm)

참고
원기둥의 전개도에서 옆면의 가로는 밑면의 둘레와 같습니다.
(옆면의 가로)=(밑면의 둘레)
            =(밑면의 지름)×(원주율)
➡ (밑면의 지름)=(옆면의 가로)÷(원주율)

11 원기둥의 전개도에서 서로 맞닿는 부분의 길이가 같아야 합니다.

평가 기준
> 원기둥의 밑면과 맞닿는 부분의 길이를 같게 그려야 한다고 썼으면 정답으로 합니다.

12 원기둥의 전개도에서 밑면의 반지름의 길이는 4 cm이고, 옆면의 가로의 길이는 밑면의 둘레와 같으므로
4×2×3.14=25.12 (cm)입니다.
옆면의 세로의 길이는 높이와 같으므로 6 cm입니다.

58~59쪽 **6** 단원 **익힘책 다시 풀기**

1 점 ㄱ
2 선분 ㄱㅁ (또는 선분 ㅁㄱ)
3 ㉣
4 (1) ○ (2) ○ (3) ×
5 예

6 ❶ 5, 10, 8, 16 ❷ 16, 10, 6 답 6 cm
7 가, 다, 바   **8** 8 cm
9 구   **10** 건우
11 5 cm
12 (1) 가, 다 (2) 가, 나, 다
13 진아 / 예 원기둥과 원뿔은 위에서 본 모양이 원입니다.

1 원뿔에서 뾰족한 부분의 점을 찾으면 점 ㄱ입니다.

2 원뿔의 꼭짓점에서 밑면에 수직으로 내린 선분을 찾으면 선분 ㄱㅁ입니다.

3 ㉣ 선분 ㄱㅁ은 높이입니다.

참고
원뿔에서 꼭짓점과 밑면인 원의 둘레의 한 점을 이은 선분을 모선이라고 합니다. 원뿔의 모선은 셀 수 없이 많습니다.

4 (3) 원뿔의 밑면은 평평한 면이고 원입니다.

5 밑변의 길이가 3 cm이고, 높이가 6 cm인 직각삼각형을 돌리면 원뿔이 됩니다.

7 구는 굽은 면으로 둘러싸여 있는 공 모양의 입체도형이므로 가, 다, 바입니다.
나는 원기둥, 라는 원뿔입니다.

8 구의 중심에서 구의 겉면의 한 점을 이은 선분의 길이는 8 cm입니다.

9 모양을 만드는 데 원기둥 1개와 원뿔 4개를 사용했습니다. 따라서 모양을 만드는 데 사용하지 않은 입체도형은 구입니다.

10 구에는 꼭짓점이 없습니다.

11 지름을 기준으로 반원 모양의 종이를 돌리면 구가 만들어집니다. 구의 반지름은 반원의 반지름과 같습니다.
→ $10 \div 2 = 5$ (cm)

12 (1) 구인 나는 밑면이 없습니다.
(2) 원기둥인 가와 원뿔인 다는 옆면이 굽은 면이고, 구인 나는 굽은 면으로 둘러싸여 있습니다.

13 원기둥과 원뿔을 위에서 본 모양은 원이고, 앞과 옆에서 본 모양은 각각 직사각형, 삼각형입니다.

> **참고**
> 어느 방향에서 보아도 모양이 모두 원인 입체도형은 구입니다.

> **평가 기준**
> 원기둥과 원뿔을 위에서 본 모양이 원이라고 썼으면 정답으로 합니다.

60~63쪽 **6** 단원 **서술형** 바로 쓰기

연습 1 ❶ 8 ❷ 8, 96 **답** 96 cm²

실전 1-1 예 ❶ 돌리기 전 평면도형은 가로가 13 cm, 세로가 10 cm인 직사각형입니다.
❷ (돌리기 전 평면도형의 넓이)
$= 13 \times 10 = 130$ (cm²)
답 130 cm²

실전 1-2 예 ❶ 돌리기 전 평면도형은 밑변의 길이가 $30 \div 2 = 15$ (cm), 높이가 8 cm인 직각삼각형입니다.
❷ (돌리기 전 평면도형의 넓이)
$= 15 \times 8 \div 2 = 60$ (cm²)
답 60 cm²

연습 2 ❶ 18 ❷ 2, 9 **답** 9 cm

실전 2-1 예 ❶ 구의 지름은 정육면체의 한 모서리의 길이와 같으므로 34 cm입니다.
❷ 구의 반지름은 $34 \div 2 = 17$ (cm)입니다.
답 17 cm

실전 2-2 예 ❶ 구의 지름은 정육면체의 한 모서리의 길이와 같으므로 100 cm입니다.
❷ 구의 반지름은 $100 \div 2 = 50$ (cm)입니다.
답 50 cm

연습 3 ❶ 3, 15 ❷ 15, 225 ❸ 225, 675
답 675 cm²

실전 3-1 예 ❶ (옆면의 가로)$= 7 \times 3 = 21$ (cm)
❷ (옆면의 넓이)$= 21 \times 10 = 210$ (cm²)
❸ (종이에 물감이 묻은 부분의 넓이)
$= 210 \times 4 = 840$ (cm²)
답 840 cm²

실전 3-2 예 ❶ (옆면의 가로)$= 10 \times 3.1 = 31$ (cm)
❷ (옆면의 넓이)$= 31 \times 8 = 248$ (cm²)
❸ (종이에 페인트가 묻은 부분의 넓이)
$= 248 \times 5 = 1240$ (cm²)
답 1240 cm²

연습 4 ❶ 원 ❷ 3, 18, 4, 24 ❸ 24, 18, 6
답 6 cm

실전 4-1 예 ❶ 한 변을 기준으로 직사각형 모양의 종이를 돌리면 밑면의 모양이 원입니다.
❷ (입체도형 가의 한 밑면의 둘레)
$= 7 \times 2 \times 3 = 42$ (cm)
(입체도형 나의 한 밑면의 둘레)
$= 4 \times 2 \times 3 = 24$ (cm)
❸ (두 입체도형의 한 밑면의 둘레의 차)
$= 42 - 24 = 18$ (cm)
답 18 cm

실전 4-2 예 ❶ 한 변을 기준으로 직각삼각형 모양의 종이를 돌리면 밑면의 모양이 원입니다.
❷ (입체도형 가의 밑면의 둘레)
$= 4 \times 2 \times 3 = 24$ (cm)
(입체도형 나의 밑면의 둘레)
$= 6 \times 2 \times 3 = 36$ (cm)
❸ (두 입체도형의 밑면의 둘레의 차)
$= 36 - 24 = 12$ (cm)
답 12 cm

정답과 해설

단원평가

1 3

2 ( )(○)

3 8, 8, 8, $1\frac{7}{8}$

4 5, 15, $1\frac{7}{8}$

5 8

6 3

7 $\frac{7}{9} \div \frac{5}{9} = 7 \div 5 = \frac{7}{5} = 1\frac{2}{5}$

8 $8\frac{3}{4}$

9 5, 5

10 ㉠

11 $2\frac{3}{16}$

12 28

13 ㉡

14 <

15 $1\frac{5}{9}$배

16 ㉡

17 6일

18 $4\frac{3}{8}$

19 30개

20 12 cm

10 ㉡ $\frac{3}{8} \div \frac{1}{8} = 3 \div 1 = 3$

11 ㉠÷㉡$= 3\frac{1}{2} \div 1\frac{3}{5} = \frac{7}{2} \div \frac{8}{5} = \frac{7}{2} \times \frac{5}{8} = \frac{35}{16} = 2\frac{3}{16}$

12 $\frac{4}{7}$: 분수, 16: 자연수 ➡ $16 \div \frac{4}{7} = \overset{4}{16} \times \frac{7}{\underset{1}{4}} = 28$

14 $1\frac{4}{5} \div 1\frac{1}{7} = \frac{9}{5} \div \frac{8}{7} = \frac{9}{5} \times \frac{7}{8} = \frac{63}{40} = 1\frac{23}{40} \,\textless\, 2$

15 (집에서 학교까지의 거리)÷(집에서 병원까지의 거리)
$= \frac{7}{12} \div \frac{3}{8} = \frac{7}{\underset{3}{12}} \times \frac{\overset{2}{8}}{3} = \frac{14}{9} = 1\frac{5}{9}$(배)

16 ㉠ $2 \div \frac{8}{5} = \overset{1}{2} \times \frac{5}{\underset{4}{8}} = \frac{5}{4} = 1\frac{1}{4}$

   ㉡ $14 \div \frac{7}{8} = \overset{2}{14} \times \frac{8}{\underset{1}{7}} = 16$

   ㉢ $6 \div \frac{4}{9} = \overset{3}{6} \times \frac{9}{\underset{2}{4}} = \frac{27}{2} = 13\frac{1}{2}$

17 (전체 빵의 양)÷(하루에 먹는 빵의 양)
$= \frac{12}{13} \div \frac{2}{13} = 12 \div 2 = 6$(일)

18 $\square \times 1\frac{4}{5} = 7\frac{7}{8}$ ➡ $\square = 7\frac{7}{8} \div 1\frac{4}{5}$

   $\square = 7\frac{7}{8} \div 1\frac{4}{5} = \frac{63}{8} \div \frac{9}{5} = \frac{\overset{7}{63}}{8} \times \frac{5}{\underset{1}{9}} = \frac{35}{8} = 4\frac{3}{8}$

19 (전체 주스의 양)$= 2 \times 3 = 6$ (L)
   ➡ (필요한 컵의 수)
      =(전체 주스의 양)÷(한 컵에 담을 주스의 양)
      $= 6 \div \frac{1}{5} = 6 \times 5 = 30$(개)

20 (삼각형의 넓이)=(밑변의 길이)×(높이)÷2
   ➡ (밑변의 길이)=(삼각형의 넓이)×2÷(높이)
      $= 5\frac{1}{4} \times 2 \div \frac{7}{8} = \frac{21}{4} \times 2 \div \frac{7}{8}$
      $= \frac{\overset{3}{21}}{\underset{2}{4}} \times \overset{1}{2} \times \frac{\overset{4}{8}}{\underset{1}{7}} = 12$ (cm)

1 2, 8

2 5

3 4, 2

4 ╳ (선 잇기)

5 12명

6 $1\frac{3}{32}$

7 ㉠

8 $\frac{5}{22}$배

9 방법 1 예 $6 \div \frac{2}{3} = (6 \div 2) \times 3 = 3 \times 3 = 9$

   방법 2 예 $6 \div \frac{2}{3} = \overset{3}{6} \times \frac{3}{\underset{1}{2}} = 9$

10 (○)( )

11 $2\frac{1}{3}$

12 12

13 $13\frac{1}{2}$

14 $3\frac{3}{5}$

15 예 $4\frac{1}{6} \div \frac{2}{3} = \frac{25}{6} \div \frac{2}{3} = \frac{25}{\underset{2}{6}} \times \frac{\overset{1}{3}}{2} = \frac{25}{4} = 6\frac{1}{4}$

16 $10\frac{1}{2}$

17 ㉡

18 7번

19 4

20 35개

5 $3 \div \frac{1}{4} = 3 \times 4 = 12$(명)

6 두 분수를 통분하여 비교하면

$\frac{5}{8} = \frac{5 \times 7}{8 \times 7} = \frac{35}{56} \, \bigcirc\!\!< \, \frac{4}{7} = \frac{4 \times 8}{7 \times 8} = \frac{32}{56}$입니다.

➡ $\frac{5}{8} \div \frac{4}{7} = \frac{35}{56} \div \frac{32}{56} = \frac{35}{32} = 1\frac{3}{32}$

7 ㉡ $8 \div \frac{4}{13} = \overset{2}{\cancel{8}} \times \frac{13}{\underset{1}{\cancel{4}}} = 2 \times 13 = 26$

8 $\frac{2}{11} \div \frac{4}{5} = \frac{\overset{1}{\cancel{2}}}{11} \times \frac{5}{\underset{2}{\cancel{4}}} = \frac{5}{22}$(배)

9 방법1 자연수를 분자로 나눈 후 분모를 곱합니다.

방법2 분수의 곱셈으로 고쳐서 계산합니다.

10 $\frac{11}{14} \div \frac{10}{21} = \frac{11}{\underset{2}{\cancel{14}}} \times \frac{\overset{3}{\cancel{21}}}{10} = \frac{33}{20} = 1\frac{13}{20}$ ➡ $1\frac{13}{20} \, \bigcirc\!\!< \, 2$

11 $\frac{7}{8} \div \frac{3}{8} = 7 \div 3 = \frac{7}{3} = 2\frac{1}{3}$

12 $8 \div \frac{2}{3} = \overset{4}{\cancel{8}} \times \frac{3}{\underset{1}{\cancel{2}}} = 12$

13 어떤 수를 □라 하면 □$\times \frac{4}{9} = 2\frac{2}{3}$,

□$= 2\frac{2}{3} \div \frac{4}{9} = \frac{8}{3} \div \frac{4}{9} = \frac{\overset{2}{\cancel{8}}}{\underset{1}{\cancel{3}}} \times \frac{\overset{3}{\cancel{9}}}{\underset{1}{\cancel{4}}} = 6$입니다.

바르게 계산하면 $6 \div \frac{4}{9} = \overset{3}{\cancel{6}} \times \frac{9}{\underset{2}{\cancel{4}}} = \frac{27}{2} = 13\frac{1}{2}$입니다.

14 ▲$\div$■$= 1\frac{3}{5} \div \frac{4}{9} = \frac{8}{5} \div \frac{4}{9} = \frac{\overset{2}{\cancel{8}}}{5} \times \frac{9}{\underset{1}{\cancel{4}}} = \frac{18}{5} = 3\frac{3}{5}$

16 $8\frac{1}{6} \div 2\frac{1}{3} \div \frac{1}{3} = \frac{49}{6} \div \frac{7}{3} \div \frac{1}{3} = \frac{\overset{7}{\cancel{49}}}{\underset{2}{\cancel{6}}} \times \frac{\overset{1}{\cancel{3}}}{\underset{1}{\cancel{7}}} \div \frac{1}{3}$

$= \frac{7}{2} \times 3 = \frac{21}{2} = 10\frac{1}{2}$

17 ㉠ $\frac{4}{11} \div \frac{7}{11} = 4 \div 7 = \frac{4}{7} \, \bigcirc\!\!< \, 1$

㉡ $2\frac{1}{3} \div \frac{7}{8} = \frac{7}{3} \div \frac{7}{8} = \frac{\overset{1}{\cancel{7}}}{3} \times \frac{8}{\underset{1}{\cancel{7}}} = \frac{8}{3} = 2\frac{2}{3} \, \bigcirc\!\!> \, 1$

㉢ $\frac{7}{12} \div \frac{14}{15} = \frac{\overset{1}{\cancel{7}}}{\underset{4}{\cancel{12}}} \times \frac{\overset{5}{\cancel{15}}}{\underset{2}{\cancel{14}}} = \frac{5}{8} \, \bigcirc\!\!< \, 1$

18 $4\frac{2}{5} \div \frac{2}{3} = \frac{22}{5} \div \frac{2}{3} = \frac{\overset{11}{\cancel{22}}}{5} \times \frac{3}{\underset{1}{\cancel{2}}} = \frac{33}{5} = 6\frac{3}{5}$이므로

적어도 7번 퍼내야 합니다.

19 $2\frac{3}{5} \div \frac{7}{10} = \frac{13}{5} \div \frac{7}{10} = \frac{13}{\underset{1}{\cancel{5}}} \times \frac{\overset{2}{\cancel{10}}}{7} = \frac{26}{7} = 3\frac{5}{7}$

➡ $3\frac{5}{7} < $□이므로 □ 안에 들어갈 수 있는 가장 작은 자연수는 4입니다.

20 $(8\frac{1}{2}$시간 동안 만드는 로봇의 수$)$

$= 8\frac{1}{2} \div 1\frac{7}{10} = \frac{17}{2} \div \frac{17}{10} = \frac{\overset{1}{\cancel{17}}}{2} \times \frac{\overset{5}{\cancel{10}}}{\underset{1}{\cancel{17}}} = 5$(개)

일주일은 7일이므로 일주일 동안 만들 수 있는 로봇은 모두 $5 \times 7 = 35$(개)입니다.

69~70쪽	**A**	2. 소수의 나눗셈

1 4	**2** 432, 2
3 81, 27, 81, 27, 3	**4** 6.5
5 3개, 6.5 L	**6** 4.2
7 23, 230, 2300	**8** 2.9
9 (◯)( )	**10** 4.99
11 ✕	**12** 8
13 0.7	**14** >
15 4도막	**16** 2.6
17 29일	**18** ㉠
19 18개, 0.2 m	**20** 6, 4, 2 / 320

5 8씩 3번 뺄 수 있으므로 3개의 통에 담을 수 있고, 남는 페인트의 양은 6.5 L입니다.

6
$$\begin{array}{r} 4.2 \\ 1.9{\overline{\smash{\big)}\,7.9\,8}} \\ \underline{7\,6} \\ 3\,8 \\ \underline{3\,8} \\ 0 \end{array}$$

7 나누어지는 수가 같고 나누는 수가 $\frac{1}{10}$이 되면 몫은 10배가 됩니다.

참고

첫 번째 식의 몫을 구한 후 식의 관계를 이용하여 두 번째, 세 번째 식의 몫을 구할 수 있습니다.

8

$$0.6\overline{)1.7\,4}$$
$$\underline{1\,2}$$
$$5\,4$$
$$\underline{5\,4}$$
$$0$$
(몫: 2.9)

9 $35÷2.5=14$, $51÷3.4=15$

10 몫: $4.98\underline{5}\cdots$ ➡ 4.99

11 ・$12.48÷2.4=5.2$
・$15.84÷3.6=4.4$

12 $20.8>2.6$ ➡ $20.8÷2.6=8$

13

$$9\overline{)5.8\,7}$$
$$\underline{5\,4}$$
$$4\,7$$
$$\underline{4\,5}$$
$$2$$
(몫: 0.65)

$5.87÷9=0.6\underline{5}\cdots$ ➡ 0.7

14 $11÷2.2=5$ ➡ $5\;\text{⑤}\;4.5$

15 $13.6÷3.4=4$(도막)

16 $4.42÷\square=1.7$ ➡ $\square=4.42÷1.7=2.6$

17 $180.96÷6.24=29$(일)

18 $53.2÷6=8.866\cdots$
㉠ 소수 첫째 자리까지 나타내기: $8.8\underline{6}\cdots$ ➡ 8.9
㉡ 소수 둘째 자리까지 나타내기: $8.86\underline{6}\cdots$ ➡ 8.87

19

$$3\overline{)5\,4.2}$$
$$\underline{3}$$
$$2\,4$$
$$\underline{2\,4}$$
$$0.2$$
(몫: 18)

➡ 상자를 18개까지 묶을 수 있고 남는 끈은 $0.2\,\text{m}$ 입니다.

주의
상자 수는 소수가 아닌 자연수이므로 몫을 자연수까지만 구해야 합니다.

20 나누어지는 수를 가장 크게 만들고, 나누는 수를 가장 작게 만듭니다. $6>4>2$이므로 나누어지는 수는 64, 나누는 수는 0.2입니다.
➡ $64÷0.2=320$

---

1 $30.6÷3.4=\dfrac{306}{10}÷\dfrac{34}{10}=306÷34=9$

2 (위에서부터) 3, 4, 0   **3** (◯)( )

4 7   **5** 9, 90, 900

6 11   **7** 0.3

8 5, 1.4   **9** 44

10 11분   **11** ㉠

12 $90÷0.6=\dfrac{900}{10}÷\dfrac{6}{10}=900÷6=150$

13 31.2   **14** 14.5

15 1.3배   **16** 우영

17 ㉠   **18** 3

19 >   **20** $3.7\,\text{kg}$

1 소수 한 자리 수이므로 분모가 10인 분수로 고쳐서 계산합니다.

3 나누는 수 4.3이 자연수가 되도록 나누는 수와 나누어지는 수의 소수점을 오른쪽으로 한 칸씩 옮깁니다.

4

$$0.35\overline{)2.4\,5}$$
$$\underline{2\,4\,5}$$
$$0$$
(몫: 7)

5 나누는 수가 같고 나누어지는 수가 10배, 100배가 되면 몫도 10배, 100배가 됩니다.

6 $9.02÷0.82=11$

8 $16.4\underbrace{-3-3-3-3-3}_{5번}=\underset{\text{남는 물의 양}}{1.4}$

9

$$0.75\overline{)3\,3.0\,0}$$
$$\underline{3\,0\,0}$$
$$3\,0\,0$$
$$\underline{3\,0\,0}$$
$$0$$
(몫: 44)

10 (걸리는 시간)
＝(받을 물의 양)÷(1분에 나오는 물의 양)
＝$32.56÷2.96=11$(분)

11 ㉠ $47.04÷8.4=5.6$
㉡ $6.08÷0.76=8$
➡ ㉠ $5.6<$ ㉡ 8

12 분수로 나타내어 분자끼리 나누려면 90과 0.6의 분모를 모두 10으로 고쳐서 $900÷6$을 계산합니다.

13 어떤 수를 □라 하면 □×0.5=7.8,
□=7.8÷0.5=15.6입니다.
따라서 바르게 계산하면 15.6÷0.5=31.2입니다.

14 87.1÷6=14.51… ➡ 14.5

15 (닭의 무게)÷(토끼의 무게)=3.64÷2.8=1.3(배)

16 혜성: 14.4÷0.4=144÷4=36

17 ㉡ 2.08÷1.3=208÷130

18 10.7÷6=1.7833…이므로 몫의 소수 셋째 자리부터 숫자 3이 반복됩니다. 따라서 몫의 소수 일곱째 자리 숫자는 3입니다.

19 7.91÷9=0.878…
┌ 소수 첫째 자리까지: 0.8<u>7</u>… ➡ 0.9
└ 소수 둘째 자리까지: 0.87<u>8</u>… ➡ 0.88

20 2 m 10 cm=2.1 m
7.8÷2.1=78÷21=3.7<u>1</u>… ➡ 3.7
따라서 철근 1 m의 무게를 반올림하여 소수 첫째 자리까지 나타내면 3.7 kg입니다.

73~74쪽 A 3. 공간과 입체

1 (예) 6개 **2** 6개
3 ( )(○) **4** 2, 2, 1
5 8개 **6** 9개
7 가 **8** 6개
9 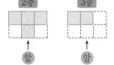 **10** 12개
11 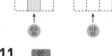 **12**
13 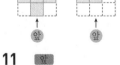 **14** 다
 15 6개
 16 나, 다
 17 4개
18 **19** 9개 **20** 10개

---

1 위에서 본 모양이 없으면 뒤에 보이지 않는 쌓기나무가 있는지 없는지 알 수 없습니다.
 ➡ 6개 또는 7개 또는 8개로 예상할 수 있습니다.

2 1층: 3개, 2층: 2개, 3층: 1개 ➡ 3+2+1=6(개)

5 3+2+2+1=8(개)

6 1층: 5개, 2층: 3개, 3층: 1개 ➡ 5+3+1=9(개)

8 필요한 쌓기나무가 가장 적은 경우:
 ➡ 2+1+2+1=6(개)

10 1층: 6개, 2층: 4개, 3층: 2개 ➡ 6+4+2=12(개)

15 3+2+1=6(개)

16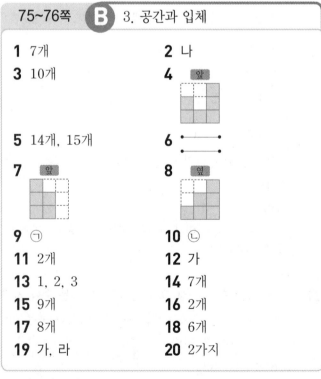

17 2층에 쌓은 쌓기나무의 수는 2 이상인 수가 적힌 칸의 수와 같으므로 4개입니다.

18 보이지 않는 부분에 쌓기나무가 1개 또는 2개 있을 수 있습니다.

19 1층: 5개, 2층: 2개, 3층: 2개 ➡ 5+2+2=9(개)

20 1층: 5개, 2층: 3개, 3층: 2개 ➡ 5+3+2=10(개)

75~76쪽 B 3. 공간과 입체

1 7개 **2** 나
3 10개 **4**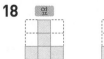
5 14개, 15개 **6**
7 **8**
9 ㉠ **10** ㉡
11 2개 **12** 가
13 1, 2, 3 **14** 7개
15 9개 **16** 2개
17 8개 **18** 6개
19 가, 라 **20** 2가지

1 필요한 쌓기나무가 가장 적은 경우의 쌓기나무의 수는 7개입니다.

3 $6+3+1=10$(개)

4 1층의 ○ 부분은 2층까지, △ 부분은 1층까지, ☆ 부분은 3층까지 쌓여 있으므로 앞에서 본 모양은 왼쪽에서부터 2층, 1층, 3층으로 보입니다.

5 ㉠ 자리에는 쌓기나무가 1개 또는 2개입니다.
위에서 본 모양
1층: 7개, 2층: 4개 또는 5개, 3층: 3개
➔ $7+4+3=14$(개) 또는 $7+5+3=15$(개)

7~8 앞과 옆에서 본 모양을 그릴 때에는 각 방향에서 가장 높은 층의 수만큼 그립니다.

9 앞에서 보면 왼쪽에서부터 3층, 2층으로 보입니다.

10 옆에서 보면 왼쪽에서부터 1층, 3층으로 보입니다.

11 3층에 쌓은 쌓기나무의 수는 3 이상인 수가 적힌 칸의 수와 같으므로 2개입니다.

12 가 모양을 옆으로 돌리면 'ㄷ' 모양의 구멍에 넣을 수 있습니다.

14 $1+1+2+3=7$(개)

15  ➔ $2+1+3+1+2=9$(개)

16 앞에서 본 모양이 바뀌지 않으려면 ㉠ 위에 최대 2개까지 더 쌓을 수 있습니다.

17 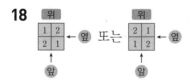 ➔ 8개

18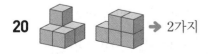

19 주어진 쌓기나무 모양을 연결하여 만들 수 있는 모양은 가, 라입니다.

20 ➔ 2가지

77~78쪽 Ⓐ	4. 비례식과 비례배분
1 2, 7	**2** 45
3 45, 5	**4** ㉠
5 24, 24	**6** 📵 $3:4=9:12$
7 ㉡	**8** 2, 2 / 3, 3
9 2, 6 / 3, 9	**10** 20, 35
11 📵 $5:6$	**12** ㉢
13 (1) 📵 $3:4$ (2) 📵 $8:5$	
14 📵 $4:5=\square:16000$	
15 12800원	**16** 14권
17 960 g	**18** ㉡
19 📵 $16:9$	**20** 24명

6 $3:4$의 비율 ➔ $\dfrac{3}{4}$, $8:6$의 비율 ➔ $\dfrac{8}{6}\left(=\dfrac{4}{3}\right)$,

$9:12$의 비율 ➔ $\dfrac{9}{12}\left(=\dfrac{3}{4}\right)$,

$18:20$의 비율 ➔ $\dfrac{18}{20}\left(=\dfrac{9}{10}\right)$

➔ $3:4=9:12$ 또는 $9:12=3:4$

7 외항의 곱과 내항의 곱이 같은 비례식을 찾습니다.

10 $55\times\dfrac{4}{4+7}=55\times\dfrac{4}{11}=20$

$55\times\dfrac{7}{4+7}=55\times\dfrac{7}{11}=35$

12 ㉠ 전항은 5와 10입니다.   ㉡ 외항은 5와 12입니다.

㉢ $5:6$의 비율 ➔ $\dfrac{5}{6}$, $10:12$의 비율 ➔ $\dfrac{10}{12}\left(=\dfrac{5}{6}\right)$

13 (1) $\dfrac{1}{2}:\dfrac{2}{3}$의 전항과 후항에 각각 분모의 최소공배수인 6을 곱하면 $3:4$가 됩니다.

(2) $\dfrac{1}{2}=0.5$이므로 $0.8:0.5$의 전항과 후항에 각각 10을 곱하면 $8:5$가 됩니다.

15 $4:5=\square:16000$

$4\times16000=5\times\square$, $5\times\square=64000$, $\square=12800$

➔ $\square=12800$이므로 준호의 예금액은 12800원입니다.

16 동생: $35\times\dfrac{2}{3+2}=35\times\dfrac{2}{5}=14$(권)

17 바닷물 40 L를 증발시킬 때 얻을 수 있는 소금의 양을 $\square$ g이라 하면 $5:120=40:\square$, $5\times\square=120\times40$,
$5\times\square=4800$, $\square=960$입니다.
➔ $\square=960$이므로 960 g의 소금을 얻을 수 있습니다.

18 ㉠ $5 : \dfrac{3}{4} = \square : 3$, $5 \times 3 = \dfrac{3}{4} \times \square$, $\dfrac{3}{4} \times \square = 15$,

$\square = 20$

㉡ $1.2 : 0.5 = 60 : \square$, $1.2 \times \square = 0.5 \times 60$,

$1.2 \times \square = 30$, $\square = 25$

➡ ㉠ 20 < ㉡ 25

19 여학생 수는 $300 - 192 = 108$(명)입니다.

(남학생 수) : (여학생 수) $= 192 : 108$이므로 전항과 후항을 각각 전항과 후항의 최대공약수인 12로 나누면 16 : 9가 됩니다.

20 안경을 안 쓴 학생 수를 $\square$명이라 하면

$5 : 3 = \square : 9$, $5 \times 9 = 3 \times \square$, $3 \times \square = 45$, $\square = 15$

➡ 안경을 안 쓴 학생이 15명이므로 은주네 반 전체 학생은 $15 + 9 = 24$(명)입니다.

79~80쪽 Ⓑ **4. 비례식과 비례배분**

1 (위에서부터) 6, 3, 6	**2** 예 8 : 18, 12 : 27
3 가	**4** 예 7 : 15
5 예 5 : 2	**6** 예 3 : 2
7 2, 9 / 3, 6	**8** 지운
9 5, 9, 15	**10** 4
11 8	**12** 27
13 예 11 : 7	**14** 20번
15 80 cm	**16** 18번
17 24, 32	**18** 162자루, 198자루
19 42 kg	**20** 540 cm²

6 소미와 수아가 한 시간에 읽은 책의 양의 비는

$\dfrac{1}{2} : \dfrac{1}{3}$이므로 전항과 후항에 각각 분모의 최소공배수인 6을 곱하면 3 : 2가 됩니다.

9 비례식 $3 : ㉠ = ㉡ : ㉢$에서

• 비율은 $\dfrac{3}{5}$이므로 $\dfrac{3}{㉠} = \dfrac{3}{5}$에서 ㉠ = 5입니다.

• $3 : 5 = ㉡ : ㉢$에서 외항의 곱이 45이므로

$3 \times ㉢ = 45$, ㉢ = 15입니다.

• $㉡ : 15$의 비율도 $\dfrac{3}{5}$이므로 $\dfrac{㉡}{15} = \dfrac{3}{5}$에서

㉡ = 9입니다.

10 비율이 $\dfrac{2}{3}$인 비는 2 : 3이고 $2 : 3 \overset{\times 2}{\underset{\times 2}{\longrightarrow}} 4 : 6 \cdots$이므로

후항이 6인 비는 4 : 6입니다.

따라서 비 4 : 6의 전항은 4입니다.

11 $1\dfrac{2}{5} : \dfrac{7}{8} = \square : 5$, $1\dfrac{2}{5} \times 5 = \dfrac{7}{8} \times \square$, $\dfrac{7}{8} \times \square = 7$, $\square = 8$

12 • $4 : 9 = ㉠ : 27$ ➡ $4 \times 27 = 9 \times ㉠$, $9 \times ㉠ = 108$,

㉠ = 12

• $12 : 20 = 9 : ㉡$ ➡ $12 \times ㉡ = 20 \times 9$,

$12 \times ㉡ = 180$, ㉡ = 15

➡ ㉠ + ㉡ $= 12 + 15 = 27$

13 $\blacksquare \times 7 = \bullet \times 11$ ➡ $\blacksquare : \bullet = 11 : 7$

14 야구 선수가 100타수 중에서 안타를 칠 것으로 예상되는 횟수를 $\square$번이라 하면 $20 : 4 = 100 : \square$,

$20 \times \square = 4 \times 100$, $20 \times \square = 400$, $\square = 20$

➡ $\square = 20$이므로 안타를 20번 칠 것으로 예상됩니다.

15 태극기의 세로를 $\square$cm라 놓고 비례식을 세우면

$3 : 2 = 120 : \square$입니다.

$3 \times \square = 2 \times 120$, $3 \times \square = 240$, $\square = 80$

➡ $\square = 80$이므로 80 cm입니다.

16 (가의 톱니 수) : (나의 톱니 수) $= 12 : 26$이므로 전항과 후항을 각각 2로 나누면 6 : 13이 됩니다.

(가의 회전 수) : (나의 회전 수) $= 13 : 6$이므로

$13 : 6 = 39 : \square$입니다.

➡ $13 \times \square = 6 \times 39$, $13 \times \square = 234$, $\square = 18$

18 (1반의 학생 수) : (2반의 학생 수) $= 18 : 22$이므로 전항과 후항을 각각 2로 나누면 9 : 11이 됩니다.

1반: $360 \times \dfrac{9}{9+11} = 360 \times \dfrac{9}{20} = 162$(자루)

2반: $360 \times \dfrac{11}{9+11} = 360 \times \dfrac{11}{20} = 198$(자루)

19 가 : 나 $= 0.75 : \dfrac{1}{2}$이므로 전항과 후항에 각각 4를 곱하면 3 : 2가 됩니다.

➡ 가: $70 \times \dfrac{3}{3+2} = 70 \times \dfrac{3}{5} = 42$ (kg)

20 (가로) + (세로) $= 96 \div 2 = 48$ (cm)

(가로) $= 48 \times \dfrac{3}{3+5} = 48 \times \dfrac{3}{8} = 18$ (cm),

(세로) $= 48 \times \dfrac{5}{3+5} = 48 \times \dfrac{5}{8} = 30$ (cm)

➡ (직사각형의 넓이) $= 18 \times 30 = 540$ (cm²)

81~82쪽 Ⓐ 5. 원의 넓이	

1 ㉢	**2** ㉠
3 원주율, 지름	**4** 6, 18.84
5 10 / 3.14, 10	**6** 원주, 반지름
7 반지름	**8** 20, 200
9 20, 400	**10** 200, 400
11 3.1, 3.14	**12** 25.12 cm
13 111.6 cm²	**14** 10
15 243 cm²	**16** ㉠
17 21.7 m	**18** 76.93 cm²
19 138 cm	**20** 37.2 cm²

1 ㉠ 원주, ㉡ 원의 지름, ㉢ 원의 반지름, ㉣ 원의 중심

5 (지름)=(원주)÷(원주율)=31.4÷3.14=10 (cm)

6 직사각형의 가로는 (원주)×$\frac{1}{2}$과 같습니다.

직사각형의 세로는 원의 반지름과 길이가 같습니다.

8 원 안에 있는 마름모의 넓이는

(한 대각선의 길이)×(다른 대각선의 길이)÷2이므로
20×20÷2=200 (cm²)입니다. 이 마름모는 원 안에
있으므로 원의 넓이보다 작습니다.

9 원 밖에 있는 정사각형의 넓이는 (한 변의 길이)×(한
변의 길이)이므로 20×20=400 (cm²)입니다. 이 정
사각형은 원 밖에 있으므로 원의 넓이보다 큽니다.

10 원의 넓이는 200 cm²보다는 크고, 400 cm²보다는
작습니다.

11 150.8÷48=3.141…이므로 반올림하여 소수 첫째
자리까지 나타내면 3.1, 반올림하여 소수 둘째 자리
까지 나타내면 3.14입니다.

참고
3.14… ➡ 3.1, 　　3.141… ➡ 3.14
└─5보다 작으므로 버립니다. └─5보다 작으므로 버립니다.

12 (원주)=(지름)×(원주율)
　　　　=8×3.14=25.12 (cm)

13 (원의 넓이)=6×6×3.1=111.6 (cm²)

14 (반지름)=(원주)÷(원주율)÷2
　　　　　=62.8÷3.14÷2=10 (cm)

15 (원의 넓이)=9×9×3=243 (cm²)

16 ㉡ (지름)=37.68÷3.14=12 (cm)

➡ ㉠ 14 cm > ㉡ 12 cm이므로 크기가 더 큰 원은
지름이 더 긴 원인 ㉠입니다.

17 (원주)=7×3.1=21.7 (m)

18 (반원의 넓이)=(원의 넓이)÷2
　　　　　　=7×7×3.14÷2=76.93 (cm²)

19 (굴렁쇠가 1바퀴 굴러간 거리)=23×3=69 (cm)

➡ (굴렁쇠가 2바퀴 굴러간 거리)
　=69×2=138 (cm)

20 (색칠한 부분의 넓이)
=(반지름이 4 cm인 원의 넓이)
　-(지름이 4 cm인 원의 넓이)
=4×4×3.1-2×2×3.1
=49.6-12.4=37.2 (cm²)

83~84쪽 Ⓑ 5. 원의 넓이	

1 ㉡	**2** 4, 12, 16
3 ( )(○)	**4** =
5 3.14배	**6** 21.7 cm
7 7.5 cm	**8** 3 / 18.6, 2, 3
9 8 cm	**10** 13 cm
11 360 cm²	**12** 270 cm²
13 예 315 cm²	**14** 28.26, 9
15 254.34 cm²	**16** 48 cm²
17 ㉠	**18** 148.8 cm²
19 581.25 cm²	**20** 525 cm²

1 ㉡ 원주는 원의 지름의 약 3배입니다.

2 반지름이 2 cm인 원의 원주는 지름의 3배인 12 cm
보다 길고, 지름의 4배인 16 cm보다 짧습니다.

➡ (원의 지름)×3<(원주)
(원주)<(원의 지름)×4

3 원주율은 원의 지름에 대한 원주의 비율입니다.

➡ (원주율)=(원주)÷(지름)

4 15.7÷5=3.14, 21.98÷7=3.14

5 원주는 지름의 75.36÷24=3.14(배)입니다.

6 (원주)=7×3.1=21.7 (cm)

7 (병뚜껑의 원주)=2.5×3=7.5 (cm)

8 (반지름)=(원주)÷(원주율)÷2
$$=18.6÷3.1÷2=3 \text{ (cm)}$$

9 (큰 원의 반지름)=96÷3÷2=16 (cm)
➡ (작은 원의 반지름)=16÷2=8 (cm)

10 만들 수 있는 가장 큰 원의 원주는 40.82 cm입니다.
➡ (가장 큰 원의 지름)=40.82÷3.14=13 (cm)

11 원 밖에 있는 정육각형은 삼각형 ㄱㅇㄷ 6개의 넓이와 같습니다.
➡ (원 밖의 정육각형의 넓이)=60×6=360 (cm²)

12 원 안에 있는 정육각형은 삼각형 ㄹㅇㅂ 6개의 넓이와 같습니다.
➡ (원 안의 정육각형의 넓이)=45×6=270 (cm²)

13 원의 넓이는 원 안에 있는 정육각형의 넓이보다 크고, 원 밖에 있는 정육각형의 넓이보다 작으므로 270 cm²보다 크고, 360 cm²보다 작게 썼으면 모두 정답으로 인정합니다.

14 ㉠=(원주)×$\frac{1}{2}$=18×3.14×$\frac{1}{2}$=28.26 (cm)
㉡=(원의 반지름)=9 cm

15 (원의 넓이)=(직사각형의 넓이)
$$=28.26×9=254.34 \text{ (cm}^2)$$

16 (원의 넓이)=4×4×3=48 (cm²)

17 ㉠ 지름이 2배가 되면 원주는 2배가 됩니다.

18 (색칠한 부분의 넓이)
=(큰 원의 넓이)−(작은 원의 넓이)
=8×8×3.1−4×4×3.1
=198.4−49.6=148.8 (cm²)

19 (오린 화선지의 넓이)
$$=20×20×3.1×\frac{1}{2}−5×5×3.1×\frac{1}{2}$$
$$=620−38.75=581.25 \text{ (cm}^2)$$

20 (중간 원의 반지름)=15+5=20 (cm)
(색칠한 부분의 넓이)
=(중간 원의 넓이)−(가장 작은 원의 넓이)
=20×20×3−15×15×3
=1200−675=525 (cm²)

85~86쪽 Ⓐ 6. 원기둥, 원뿔, 구

1 다

2 (위에서부터) 구의 반지름, 구의 중심

3 3 cm **4** 7 cm

5 18 cm **6** 12 cm

7 ㉠ **8** ㉡

9 26 cm **10** 14 cm

11 원 **12** 에 ○표

13 종희, 4 cm **14** 호준

15 9 cm

16 예 지구본, 배구공, 구슬

17 예 밑면의 모양이 원이 아니기 때문에 원뿔이 아닙니다.

18 ㉠ **19** 200.96 cm²

20 14 cm

1 위와 아래에 있는 면이 서로 평행하고 합동인 원으로 이루어진 입체도형은 다입니다.

2 구의 중심: 구에서 가장 안쪽에 있는 점
구의 반지름: 구의 중심에서 구의 겉면의 한 점을 이은 선분

3 ㉠은 밑면의 반지름이므로 3 cm입니다.

4 ㉡은 원기둥의 높이와 같으므로 7 cm입니다.

5 ㉢은 밑면의 둘레이므로 6×3=18 (cm)입니다.

6 두 밑면에 수직인 선분의 길이는 12 cm입니다.

7 원뿔은 밑면이 1개이고 뾰족한 뿔 모양입니다.

8 ㉡ 전개도를 접었을 때 원기둥의 밑면과 맞닿는 부분의 길이가 다릅니다.

9 원뿔에서 꼭짓점과 밑면인 원의 둘레의 한 점을 이은 선분의 길이는 26 cm입니다.

10 만들어진 입체도형은 원기둥입니다.
➡ 밑면의 지름은 14 cm입니다.

11 원기둥을 잘라서 펼치면 밑면은 원이 됩니다.

12 구는 어느 방향에서 보아도 원 모양입니다.

13 원뿔의 꼭짓점에서 밑면에 수직인 선분의 길이를 잰 사람은 종희입니다.

14 윤아: 밑면이 원기둥은 2개, 원뿔은 1개입니다.

15 반원의 반지름은 구의 반지름이 되므로
18÷2=9 (cm)입니다.

16 주변에서 구 모양의 물건을 찾아봅니다.

17 〈평가 기준〉
'밑면의 모양이 원이 아닙니다.' 또는 '옆면이 굽은 면이 아닙니다.'라고 썼으면 정답입니다.

18 ㉠ 원뿔의 높이는 모선의 길이보다 짧습니다.

19 옆면의 넓이는 (밑면의 둘레)×(높이)입니다.
➜ 8×3.14×8=200.96 (cm²)

20 밑면의 반지름을 □ cm라 하면
□×2×3×6=504, □×36=504, □=14입니다.

87~88쪽 Ⓑ 6. 원기둥, 원뿔, 구

1 원기둥　　　　　　**2** ㉡
3 하은
4 〈예〉 두 밑면이 서로 평행하지도 않고 합동도 아니므로 원기둥이 아닙니다.
5 선분 ㄱㄹ, 선분 ㄴㄷ　　**6** (위에서부터) 3, 18, 9
7 보라　　　　　　**8** 4 cm
9 가, 다　　　　　**10** ㉠
11 원뿔, 2 cm　　　**12** 변 ㄱㄷ, 변 ㄱㄴ
13 54 cm²
14 〈예〉 밑면의 수가 다릅니다.
15 나
16 (위에서부터) ○, ○, ○ / □, △, ○
17 유정　　　　　　**18** 36 cm
19 희수　　　　　　**20** ⑤

1

2 두 밑면에 수직인 선분의 길이를 나타낸 것은 ㉡입니다.

3 두 밑면은 서로 평행합니다.

4 〈평가 기준〉
'두 밑면이 서로 평행하지 않다' 또는 '두 밑면이 합동이 아니다'라는 내용으로 썼으면 정답입니다.

5 밑면의 둘레와 길이가 같은 것을 전개도에서 찾으면 직사각형의 가로이므로 선분 ㄱㄹ과 선분 ㄴㄷ입니다.

---

6 밑면의 반지름은 3 cm이고, 옆면의 가로의 길이는 밑면의 둘레와 같으므로 6×3=18 (cm), 옆면의 세로의 길이는 높이와 같으므로 9 cm입니다.

7 두 밑면이 합동이 아니라서 원기둥의 전개도가 될 수 없습니다.

8 밑면의 반지름을 □ cm라 하면
□×2×3.1=24.8, □×6.2=24.8, □=4입니다.

9 평평한 면이 원이고 옆을 둘러싼 면이 굽은 면인 뿔 모양의 입체도형을 모두 찾으면 가, 다입니다.

10 ㉠ 평평한 면이 1개입니다.

11 원뿔의 높이는 6 cm, 원기둥의 높이는 4 cm이므로 원뿔의 높이가 6−4=2 (cm) 더 높습니다.

12 밑면의 반지름: 변 ㄱㄷ
　　　높이: 변 ㄱㄴ

13 돌리기 전 평면도형은 밑변이 9 cm, 높이가 12 cm인 직각삼각형입니다.
➜ (넓이)=9×12÷2=54 (cm²)

15 cm　12 cm　9 cm

14 원기둥은 기둥 모양, 원뿔은 뿔 모양입니다.

〈평가 기준〉
원기둥과 원뿔의 특징을 비교하여 차이점을 썼으면 정답입니다.

16 원기둥을 위와 앞에서 본 모양은 원과 직사각형이고, 원뿔을 위와 앞에서 본 모양은 원과 삼각형입니다.
구는 어느 방향에서 보아도 원입니다.

17 • 지니: 어느 방향에서 보아도 원 모양인 것은 구입니다.
　　• 동규: 뾰족한 부분이 있는 것은 원뿔입니다.

18 옆에서 본 모양은 가로가 10 cm, 세로가 8 cm인 직사각형입니다.
➜ (둘레)=10+8+10+8=36 (cm)

19 • 지호가 만든 구의 지름: 34 cm
　　• 희수가 만든 구의 지름: 35 cm
➜ 희수가 만든 구가 더 큽니다.

20

	원기둥	원뿔	구
① 꼭짓점의 수(개)	0	1	0
② 밑면의 모양	원	원	·
③ 밑면의 수(개)	2	1	0
④ 옆에서 본 모양	직사각형	삼각형	원
⑤ 위에서 본 모양	원	원	원

수학 성취도 평가

90~92쪽	총정리	수학 성취도 평가

1 9, 3, 3

2 3, 15 / 9

3 8 cm

4 4

5 34

6 4, 50 / 3, 3, $\frac{3}{4}$, 150

7 20 cm

8 6개

9 $4\frac{1}{2}$

10 8

11 예 1 : 10

12 192 cm²

13

14 5병

15 62 cm, 310 cm²

16 21.83

17 ㉡, ㉢

18 4개

19 8개

20 3.14배

21 30.25 cm²

22 4 cm

23 오전 10시 36분

24 모범 답안 ① 어떤 수를 □라 하면

$\square \times \frac{7}{8} = \frac{21}{32}$입니다.⌟+1점

② $\square = \frac{21}{32} \div \frac{7}{8} = \frac{\overset{3}{\cancel{21}}}{\cancel{32}} \times \frac{\overset{1}{\cancel{8}}}{\cancel{7}} = \frac{3}{4}$

따라서 어떤 수는 $\frac{3}{4}$입니다.⌟+2점

답 $\frac{3}{4}$⌟+1점

25 모범 답안 ① 직사각형의 둘레가 200 cm이므로 가로와 세로의 길이의 합은 100 cm입니다.⌟+1점

② 가로는 $100 \times \frac{2}{5} = 40$ (cm)이고

세로는 $100 \times \frac{3}{5} = 60$ (cm)입니다.⌟+1점

③ 직사각형의 넓이는 $40 \times 60 = 2400$ (cm²)입니다.⌟+1점

답 2400 cm²⌟+1점

4

$$2.4)\overline{9.6}$$
$$\underline{9\ 6}$$
$$0$$

몫 4

5

$$0.23)\overline{7.8\ 2}$$
$$\underline{6\ 9}$$
$$9\ 2$$
$$\underline{9\ 2}$$
$$0$$

몫 3 4

7 (구의 지름)=10×2=20 (cm)

9 $3\frac{3}{4} \div \frac{5}{6} = \frac{15}{4} \div \frac{5}{6} = \frac{\overset{3}{\cancel{15}}}{4} \times \frac{\overset{3}{\cancel{6}}}{\cancel{5}} = \frac{9}{2} = 4\frac{1}{2}$

10 (자연수)÷(분수)$=6 \div \frac{3}{4} = \overset{2}{\cancel{6}} \times \frac{4}{\cancel{3}} = 8$

11 $\frac{1}{2} : 5$ ➡ $\left(\frac{1}{2} \times 2\right) : (5 \times 2)$ ➡ 1 : 10

12 (원의 넓이)=(직사각형의 넓이)
$=24 \times 8 = 192$ (cm²)

13 앞에서 보면 왼쪽부터 차례로 2층, 3층, 2층으로 보입니다.

14 (전체 우유의 양)÷(한 병에 담는 우유의 양)
$=8 \div 1.6 = 5$(병)

15 (원주)$=10 \times 2 \times 3.1 = 62$ (cm)
(원의 넓이)$=10 \times 10 \times 3.1 = 310$ (cm²)

16 $152.8 \div 7 = 21.82\underline{8}\cdots$이므로 몫을 반올림하여 소수 둘째 자리까지 나타내면 21.83입니다.

17 ㉠ 원기둥은 꼭짓점이 없고 원뿔은 꼭짓점이 1개 있습니다.

18 2 이상의 수인 4, 3, 2, 3이 쓰인 곳에는 2층에 쌓기나무가 있으므로 2층에 있는 쌓기나무는 4개입니다.

19

➡ 1+2+3+1+1=8(개)

20 (지름)=6×2=12 (cm)
➡ (원주)÷(지름)=37.68÷12=3.14(배)

21 (정사각형의 넓이)−(원의 넓이)
$=11 \times 11 - 5.5 \times 5.5 \times 3$
$=121 - 90.75 = 30.25$ (cm²)

22 (직사각형의 가로)=198.4÷8=24.8 (cm)
(반지름)×2×(원주율)=24.8이므로
(반지름)×2×3.1=24.8, (반지름)=4 cm입니다.

23 오늘 오전 10시부터 다음 날 오전 10시까지는 24시간입니다.
2 : 3=24 : □ ➡ 2×□=3×24, 2×□=72, □=36
다음 날 오전 10시에는 오전 10시 36분을 가리킵니다.